"十四五"时期国家重点出版物出版专项规划项目
现代土木工程精品系列图书
黑龙江省优秀学术著作

寒地农宅附加阳光间围护结构和清洁供热低碳技术

姜 伟 李 清 刘功良 周英明
高 梦 李 栋 马令勇 著

哈爾濱工業大學出版社

内容简介

本书阐述了寒地农宅附加阳光间围护结构和清洁供热低碳技术的数值模拟方法和应用研究。全书共6章，包括绪论、寒地农宅围护结构填充相变材料热工性能研究、寒地保温相变玻璃窗光热性能研究及节能优化、火灾条件下相变玻璃围护结构热力耦合分析、附加阳光间农宅玻璃围护结构优化研究以及主动式太阳能利用技术在农宅中的应用，全书配有相应的数值模拟结果，可供参考。

本书可作为建筑环境与能源应用工程、能源动力工程及工程热物理、土木工程等专业从事建筑节能技术与太阳能利用研究的科研工作者和相关专业院所研究生的参考书，以及寒地农宅附加阳光间围护结构和清洁供热低碳技术分析理论学习的工具，也可为未来寒地农宅低能耗、零能耗节能改造和设计研究提供参考。

图书在版编目(CIP)数据

寒地农宅附加阳光间围护结构和清洁供热低碳技术/姜伟等著. —哈尔滨：哈尔滨工业大学出版社，2025.7
(现代土木工程精品系列图书)
ISBN 978-7-5767-0465-5

Ⅰ.①寒…　Ⅱ.①姜…　Ⅲ.①寒带－农村住宅－围护结构－节能－研究　Ⅳ.①TU111.4

中国版本图书馆CIP数据核字(2022)第194030号

策划编辑　王桂芝　陈雪巍
责任编辑　宗　敏　赵凤娟
出版发行　哈尔滨工业大学出版社
社　　址　哈尔滨市南岗区复华四道街10号　邮编150006
传　　真　0451-86414749
网　　址　http://hitpress.hit.edu.cn
印　　刷　哈尔滨起源印务有限公司
开　　本　787 mm×1 092 mm　1/16　印张12.25　字数298千字
版　　次　2025年7月第1版　2025年7月第1次印刷
书　　号　ISBN 978-7-5767-0465-5
定　　价　78.00元

前　言

随着我国农村经济的不断发展和人民生活水平的提高，居民对农宅室内环境的舒适性提出更高的要求。传统农宅围护结构热工性能较差，导致室内热环境差，建筑能耗高。附加阳光间作为一种被动式利用太阳能改善农宅室内热环境的节能优化形式，在我国农村地区得到广泛应用。然而，附加阳光间农宅室内空气湿度高，温度变化范围大，达不到居民对舒适室内热环境的要求。太阳能空气集热器作为主动式利用太阳能的节能优化形式应用到附加阳光间农宅，是实现太阳能高效利用、改善农宅室内热环境和降低建筑能耗的有效手段之一。此外，可通过蓄能解决太阳能的间歇供应和建筑采暖负荷在时间与用量方面的矛盾，从而减缓室内温度波动，改善室内热环境。本书研究在寒地农宅附加阳光间的围护结构中填充相变材料，做成蓄热调温型围护结构，削弱室温波动，提高室内热舒适度，进一步减少冬季采暖能耗。

本书以大庆地区的典型农宅为例，综合分析现有建筑围护结构的热工性能，建立围护结构传热模型和室内温度模型，利用 EnergyPlus 模拟软件模拟农宅填充相变材料围护结构冬季采暖能耗。通过改变相变材料厚度、相变温度、相变材料在墙体中的位置以及将相变材料填充到不同墙体中 4 个方面，分析墙体填充相变材料后冬季采暖能耗的变化情况，同时对比分析了地面、天花板、屋顶填充相变材料后对室内热环境的影响，以及冬季采暖能耗的变化情况。基于 EnergyPlus 多目标优化，模拟了不同窗户配置试验室在采暖期的能耗，并考虑了采光性能对窗户配置进行优化。为了解农宅室内热环境现状，建立了典型农宅模型，分析了典型农宅采暖期室内热环境变化情况；建立了传统附加阳光间农宅模型，研究传统附加阳光间对农宅室内热环境的影响。分析了传统附加阳光间玻璃围护结构、集热蓄热墙和建筑窗墙比对农宅室内热环境的影响并进行了参数优化。基于 200 多组现场调查数据，建立了我国北方严寒地区典型的农村住宅初始矩形模型，分析了农宅朝向、长宽比、南窗墙比、北窗墙比和围护结构等影响采暖期能耗的 5 个主要因素。基于 EnergyPlus 模拟软件和层次分析法，从不同的功能参数出发，提出了建筑采暖能耗的评价方法。选取了中国北方 3 个严寒地区（1A、1B、1C）4 个城市的气候条件作为建筑模型参数，分析了能耗相关参数的变化率和权重。对附加阳光间农宅玻璃围护结构进行优化研究，建立了含相变中空百叶玻璃围护结构的新型阳光间，对百叶参数进行优化设计，并对其采光、通风、能耗进行模拟。结合火灾荷载作用下玻璃破裂判定准则，建立了含石蜡层玻璃围护结构高温环境条件下热力耦合数学分析模型，对火灾荷载作用下含石蜡层玻璃围护结构进行了探索性研究。建立了含太阳能空气集热器农宅模型，为提高太阳能空气集热器集热效率，对集热器玻璃盖板、吸热板和保温材料参数进行优化，提出了适用于大庆地区的太阳能空气集热器形式，并分析了优化后的太阳能空气集热器对室内热环境的影响。为改善阳光间内热环境，建立了含相变材料（PCM）烟囱的附加阳光间农宅模型，通过数值模拟对农宅的热环境、建筑能耗进行对比分析，并对热惰性进行了讨论。

作者将多年建筑节能科研成果和见解加以整理撰写成此书，希望能为寒地农宅利用太阳能改善室内热环境、利用相变材料降低建筑能耗的研究提供一定的理论和数据支持，为相关研究人员、研究生及工程设计人员提供一定的参考。

本书的出版得到了国家自然科学基金资助项目“保温相变多层复合围护结构光热非均匀时空传输调控机制”（52078110），国家住房城乡建设部项目“严寒地区农村民居建筑附加太阳房性能提升技术”（2018－K1－003）、“相变蓄能隔热玻璃围护结构研发及寒区适用性研究”（2020－K－184）及“基于 BIM 的干打垒工业遗产建筑保护性绿色节能改造技术”（2020－K－162），黑龙江省自然科学基金项目“相变玻璃围护结构室内光热环境分区跨时空协同调控机制”（LH2021E022）及大庆市新能源领域“揭榜挂帅”科技攻关项目“高纬度低海拔复杂环境下光伏电站的设计及结构基础形式的研究”（HGS－KJ/KJGLB－[2021]第 30 号）的支持，在此深表谢意。

本书由黑龙江八一农垦大学姜伟副教授，东北石油大学李清老师，黑龙江八一农垦大学刘功良副教授，北部湾大学周英明教授，东北石油大学高梦老师、李栋教授、马令勇教授共同撰写完成，具体分工如下：第 2、4、5 章由刘功良撰写，合计 12.5 万字；第 1、3 章及参考文献和名词索引由李清撰写，合计 4.9 万字；第 6 章由姜伟撰写，合计 11.2 万字；周英明、高梦、李栋和马令勇负责审稿和修改。感谢金杨、李博、刘星磊三位研究生参与文字校对与图片编辑。

由于作者水平有限，书中难免存在疏漏、不足之处，恳请广大读者提出宝贵意见。

作　者

2025 年 3 月

目　　录

第1章 绪　　论

建筑业是我国国民经济的重要支柱产业，正以超高速持续增长。据统计，我国每年约建成16亿至20亿 m^2 的房屋建筑，这样蓬勃发展的建设态势使得我国年新增建筑面积占世界年新增建筑总面积的一半，居世界首位，但其中大部分未达到国际节能标准。[1]《中国建筑能耗研究报告(2020)》指出，农村居建能耗约占建筑总能耗的24%。尽管近年来我国逐渐重视农村建筑节能，但我国农村建筑在太阳能利用、建筑围护结构保温水平、采暖效率等方面仍需优化。尤其是在我国东北地区，大多数农村住宅(简称农宅)冬季采暖以燃烧煤炭、秸秆为主，不仅无法保证室内环境品质，还容易造成温室效应、雾霾天气等。因此，在保证室内热舒适度的同时，运用技术手段降低建筑能耗逐渐成为农村住宅的发展方向。目前，常见的建筑节能手段有优化建筑围护结构和利用可再生能源。

1.1 严寒地区农宅节能研究现状

东北严寒地区的农村住宅冬季采暖期长，在消耗了大量采暖能耗的同时，室内舒适性差，远达不到人们对热舒适度的要求。造成这种现象的重要原因之一就是东北农村住宅外围护结构保温性能差，热量流失较多。外围护结构作为住宅的重要组成部分，其保温性能的好坏直接影响着室内热舒适度。所以针对东北农村住宅外围护结构进行分析，进而提出改造策略具有重要的现实意义。蓄热相变材料作为一种高新储能材料，已经被广泛地应用到各个领域，尤其在建筑中应用最为普遍。目前将相变墙体材料应用在农村住宅中是东北严寒地区农村住宅的重要节能保温新议题，其已成为严寒地区农村住宅建筑节能领域发展的热点之一。

1.1.1 相变材料研究现状

蓄热相变材料是指随温度变化而改变物质状态，并在此过程中提供潜热的物质。建筑的相变围护结构或蓄热相变系统作为室内的温度调节器，可有效调节室内温度峰谷值，提高冬季室内温度并降低夏季室内温度，缓解室内温度波动，维持室内温度，使其处于舒适温度范围。同时，蓄热相变材料也能承担部分建筑冷热负荷，有效地降低建筑采暖、空调系统能耗，相应地也会减少采暖、空调系统规模、初投资和运行维护费用。这对建筑节能与环保的发展有着十分积极、显著的促进作用。

当前对于相变墙体及其工程应用的研究实例有很多。例如，德国改造了具有70年历

[1]https://www.cabee.org/site/content/24085.html。

史的路德维希港公寓楼，就是在房屋内墙涂上一层含有相变微胶囊的石膏材料，使室内夏季温度降低，保证了室内凉爽和制冷能耗的减少，改造后的建筑比2000年德国颁布的建筑节能标准还要节能50%；湖南大学的凌伟等基于热平衡法建立夏热冬冷地区某办公建筑热环境动态计算模型，对双层相变墙体参数进行优化，并比较分析相变墙体房间与传统保温房间的全年能耗，结果表明，采用双层相变墙体有比较好的节能效果。除此之外蓄热相变材料也被应用到建筑地面中，起到良好的室温调节作用。清华大学超低能耗示范楼的地面就是将20～22 ℃的定形相变材料应用于常规的活动地板中作为填充物，材料白天吸收室内热量和进入室内的太阳辐射热，夜晚放出热量保持室内温度，使室内温度波动不超过6 ℃。上海理工大学的李鹏辉等研究了铺有蓄能相变地板的某采暖房间，并与普通地板房间进行模拟对比分析，结果表明，蓄能相变地板的放热性能更好，室内温度波动小且采暖效果优于普通地板房间。

在建筑围护结构中，玻璃围护结构由于导热系数大，在建筑中大面积使用会造成大量热损失，当前针对玻璃围护结构与相变材料结合的蓄热性能提升研究被越来越多的学者们重视起来，Goia等通过实验分析了北欧气候条件下含相变材料玻璃围护结构的传热性能，其在实际测量中发现，含相变材料玻璃围护结构的蓄热效应导致外界向室内传热量峰值的减小和延迟，与夏季传统玻璃围护结构相比其传热量减小了50%。东南大学的钟克承等通过实验测量了在中国南方气候条件下含相变材料的玻璃围护结构对室内热环境的影响，发现与中空玻璃围护结构相比其传热量减小了13%。东北石油大学的李栋等测量了含相变材料玻璃围护结构的光谱透射比，对含纳米材料相变材料在玻璃围护结构中的应用进行了大量的基础性研究，测量并计算了含相变材料玻璃围护结构的光谱透射比及吸收比和反射比等光学参数。

Baker等通过实验分析了气流玻璃窗和双层充气玻璃窗的传热特性，发现气流玻璃窗有效导热系数（U值）比双层充气玻璃窗降低30%～40%。玻璃性能的研究成果最多，如采用镀膜玻璃、真空玻璃、智能玻璃，并包含将天然气、气凝胶、水、PCM放入多层玻璃之间的空腔中的研究。此外，对封装PCM的窗框及屋顶建筑进行了实验和数值研究。Mcevoy等建立了气流玻璃窗测试单元仿真模型，通过气流玻璃窗实验台进行了验证，发现模型与实验的拟合度较好。Gosselin等提出了一种评估双气流窗口能量性能的计算方法，使用此方法可以确定窗口的气流和热传递。Wei等对比分析了气流玻璃窗在不同气候地区的能耗性能，发现在寒冷气候区，双层气流玻璃窗不仅能降低住宅建筑的能耗，而且可以提高室内舒适性。Carlos等对不同气体流速下的气流玻璃窗的U值进行测量，当气体流速从20 m^3/h增加到80 m^3/h时，双层气流玻璃窗的U值从2.2 W/(m·K)降低到1.8 W/(m·K)。Glorian等对不同气体流速下三层气流玻璃窗的U值进行测量，发现当气体流速从10 m^3/h增加到30 m^3/h时，U值从0.5 W/(m·K)降低到0.1 W/(m·K)。刘昌宇等研究相变材料光学物性对含相变材料玻璃窗光热性能的影响，研究结果表明，相变材料的折射率和吸收系数对含相变材料玻璃窗太阳得热量和透光率影响显著。

相变材料在建筑非透明围护结构中的应用方式多种多样。可以与混凝土掺混后制备相变材料混凝土构件，也可以与其他围护结构构件结合形成具有调节建筑物室内温度的围护结构。美国麻省理工学院的研究小组开发了一种夜间供暖系统，该系统的主体部分是百叶窗反射片和相变天花板，通过向天花板内封装一定质量分数比例的硫酸钠、硼砂、氯化钠、二氧化硅细粉末及水的混合物组成了储热结构，该储热结构可有效降低建筑热量损失。Alawadhi 和 Alqallaf 将相变材料注入有锥截面孔的屋顶并进行了研究，通过对不同类型的相变材料和孔洞的截面尺寸进行研究，找到了最优的布置方案，这种布置方式可以减少 39% 的室内热流量。Hokoi 等将相变材料布置在地板中，使用太阳能作为热源，建立相变地板房间传热过程的物理模型，分析了地板的蓄热和放热的过程，得出了相变材料的最佳用量。美国特拉华大学储能研究所曾研究了一种内装 57 根 1.2 m×0.04 m 的聚乙烯圆管相变墙板。研究人员将该墙板与法国 Odiello 砖石墙的性能进行了比较，结果表明，厚度为 10 cm 的该墙板比砖石墙蓄热强度提高了 8 倍。吴国忠、赵岩等分析了我国严寒地区含相变材料传统屋顶的传热过程，发现在严寒地区室外气候条件下，在屋顶添加相变材料仍可以有效提升室内热环境；建立了相变屋顶、通风屋顶以及相变通风屋顶的非稳态传热模型，利用计算流体力学(CFD) 方法对空调恒温工况下，各种屋顶在夏季的非稳态传热过程进行模拟计算，结果表明，相变通风屋顶既具有相变屋顶良好的衰减及延迟效应，又具有通风屋顶不错的降温隔热效果。

1.1.2　被动式阳光间研究现状

太阳能是最具发展潜力的可再生能源之一，其可持续性和环保性特点适应绿色建筑目标，其在建筑领域的技术应用逐渐成熟。太阳能作为一种可再生能源，其可持续性利用和节能理念呈现出多层次发展的态势。随着太阳能利用技术的日渐成熟，建造有被动式阳光间的太阳能建筑逐渐成为降低建筑能耗的有效手段之一。迄今为止，我国对被动式阳光间的推广和研究从来没有停止过，很多地区都陆续启动对既有建筑进行节能改造的示范工程，但并未探索出适用于我国严寒地区农村民居建筑附加阳光间热性能提升的有效方法。

我国对太阳能建筑的研究与应用始于 20 世纪 70 年代末，天津大学冯佑葆等展开对于多层住宅中被动式阳光间设计的研究，从设计入手探讨住宅平面设计与建筑节能技术的结合应用；华中科技大学李保峰教授针对夏热冬冷地区的被动式太阳能利用、住宅的适应性和节能性设计进行了长期的研究，提出被动式阳光间应根据当地气候条件和生活习惯进行适宜性设计建造；山东建筑工程学院对太阳能保温采暖技术与太阳能建筑一体化设计进行相关研究，并引进加拿大的节能技术、材料开展节能建筑实践研究。

当前，被动式阳光间已走向千家万户，且进入大众普及阶段，也已逐渐从群体太阳能房向更大区域的太阳村、太阳城发展。太阳能发展较为迅速且发展势头正好的莫过于我国西部地区，由于太阳能资源极为丰富，该地区太阳能利用年平均递增达 15%。同时为更加快速地推广太阳能技术，我国将被动式阳光间技术列入了国家科技攻关项目。项目包含了被动式太阳能技术在住宅中方方面面的应用，其中既有对理论的研究与实践，又有对应用在被动式阳光间中的新材料、新构件的研发，并取得了丰硕的研究成果。

在理论研究方面，我国研究了被动式阳光间的工作机理与传热过程，并根据研究成果，对被动式阳光间传热过程进行了数值模拟、数学模型的建立、动态模拟，编制了诸多建筑能耗模拟计算软件。兰州交通大学的张国艳等通过软件模拟计算内蒙古地区某公寓的被动式阳光间改造前后的能耗，结果表明在北方地区附加阳光间节能效果显著，附加被动式阳光间的公寓仅需 15.93 W/m^2 的热量就能满足房间的采暖需求；哈尔滨工业大学的金虹等以吉林省某农村住宅为例，通过计算对比分析得出该建筑被动式阳光间的节能率为 70% 以上，与现有传统住宅相比，具有明显的节能效果；青岛农业大学的陈明东等对被动式阳光间的房间及对比房的监测分析证明，在无室内辅助热源时采用被动式阳光间后室内平均温度升高 3.8 ℃，最高温差可达 7.2 ℃；西安科技大学的杨柳、刘加平在靠山式窑洞民居南向附加阳光间，使窑洞室内温度平均温升达到 13.8 ℃ 以上；中国建筑科学研究院的王选等以青海省藏族聚居区农牧民住宅为对象，模拟研究了室内逐时温度变化情况，文章指出建筑附加阳光间的效果更好且阳光间含集热蓄热墙时比直接受益式采暖期室内空气最低温度高 1.7 ℃。

前人对被动式阳光间技术已有较为详细的研究，但针对严寒地区农村住宅外附加阳光间的节能效果研究较少，实际上被动式阳光间技术在冬季采暖能耗基数大、采暖方式相对落后的严寒地区发展更为迅速。

1.1.3 建筑主动式太阳能利用研究现状

与被动式利用太阳能采暖相反，主动式利用太阳能采暖是指建筑利用机械设备将太阳能转化为热能为建筑采暖提供热源，减少建筑采暖期化石能源的消耗。常见主动式利用太阳能采暖方式按传热介质可以分为太阳能热水采暖和太阳能空气采暖。

太阳能热水采暖以水为介质，利用集热器将收集到的太阳能转化成热能来加热水介质，通过循环水泵等系统进入供热管道，再通过辐射等方式向室内传递热量。以水为介质的太阳能空气集热器集热效率高，使室内温度波动小，但是对系统的可控性要求较高，初投资及维护费用较高。对于农宅来说，农民更加看重系统的经济性和维护简易性，因此太阳能热水集热器采暖并不适用于农村地区。以空气为介质的太阳能空气集热器系统构造简单，集热器内空气吸收太阳辐射并转化为热能向室内传递热量。太阳能空气集热器初投资费用较低，便于维护，虽然在集热效率及可控性上较太阳能热水集热器差，但作为向室内传递热量改善室内热环境的太阳能采暖方式的媒介，其在农宅中使用是可行的。

Morse 在 1881 年最先对太阳能空气集热器进行研究，之后经过大量研究使太阳能空气集热器成功在建筑中应用。国内外对太阳能空气集热器的研究主要针对热性能提高方面，涉及集热器表面盖板、空气流速和保温材料等内容。我国学者对太阳能空气集热器的研究主要为模型的建立与集热器性能研究。季杰等研究了一种新型双效太阳能平板集热器的光热性能，研究结果表明，在空气加热模式下，其光热转换效率比传统集热器高 40%，在热水运行模式下，其光热转换效率高达 49.7%。车永毅等设计出了单层盖板的管板式太阳能空气集热器，针对集热管间距、集热管内径和工质流量等对集热器集热效率的影响进行数值模拟，研究结果表明，减小集热管间距或增加集热管内径、增大工质流量均可提高集热器瞬时效率。太阳能空气集热器主要通过透明盖板将热量进行转移，研究发现，透明盖板应该采用对太阳光谱高透射率的材料。为了观察玻璃对太阳能空气集热器的影响，Michalopoulos 和 Massouros 进行了增减太阳能玻璃盖板层数的试验，结果表明，玻璃盖板需要与吸热层、保温层等的材料构成最佳设计，根据所需的热量选择透明盖板类型。集热器内空气流速对热量传递也有重要影响，与自热对流相比，强制对流不仅可以提高传热速率，还可以为室内提供良好的通风条件。Bevill 和 Brandt 对太阳能空气集热器内吸热板进行研究，通过使空气经过铝制翅片，增加了空气与吸热板接触面积，提高了集热器的集热效率。Chang 等对带翅片吸收器的太阳能空气集热器的热性能进行研究，分析了安装角度、介质流量和进风方式对太阳能空气集热器性能的影响，并通过实验验证了其理论计算模型。研究结果表明，介质流量与集热效率呈正相关，且集热器中的负压可以提高集热效率，但随着压力的升高，到达一个临界值时，集热效率则会下降。除此之外，研究人员对不同集热器开发了理论模型。例如，Karim 等建立了双通道逆流 V 型槽集热器的数学模型。通过实验数据与仿真结果的对比，验证了仿真结果具有准确预测空气集热器性能的能力。他们还对集热器参数进行了研究，发现太阳辐射、进风口温度、流速对集热器的集热效率有显著影响。

由上述研究可知，针对太阳能空气集热器的研究主要集中于单一组件的热工性能和数学模型的研究，而分析集热器对室内热环境、建筑一体化的影响研究较少。本书将传统集热器应用于农宅节能改造中，根据室内热环境和建筑能耗的分析，得到适用于大庆地区农宅的太阳能空气集热器形式。

1.2　本章小结

农宅利用太阳能的研究已经得到大量学者的关注，我国严寒地区具有较丰富的太阳能资源，应当得到高效利用。本章对被动式和主动式太阳能利用技术方面的研究现状进行了分析和比较，得出以下结论。

(1) 附加阳光间明显减小了室内温度波动，使得农宅采暖能耗降低，但其对改善农宅室内热环境的效果有限。

(2) 主动式太阳能利用研究方面，太阳能热水集热器在严寒地区受气候环境和经济条件的制约无法得到普及，而太阳能空气集热器由于具有抗冻和更经济的特点更加适用于农宅。

本书提出主动式与被动式相结合的太阳能利用农宅形式，研究其对农宅室内热环境的影响。首先对大庆地区典型农宅围护结构进行优化，然后将被动式与主动式太阳能利用农宅形式相结合，对主、被动式太阳能利用农宅进行建筑室内热环境分析，在满足居民对室内热环境需求的同时，进一步降低农宅采暖能耗，为主、被动式太阳能联合利用形式在农宅的应用提供一定的借鉴，具有现实指导意义。

第 2 章　寒地农宅围护结构填充相变材料热工性能研究

通过蓄能可以解决太阳能的间歇供应和建筑采暖负荷在时间与用量方面的矛盾，从而减缓室内温度波动，改善室内热环境。本研究认为在附加阳光间的农宅围护结构中填充相变材料可进一步减少冬季采暖能耗，因此可将相变材料与围护结构结合，做成蓄热调温型围护结构。围护结构在室内温度较高的时候蓄存热量，阻止室温的继续升高，当室温降低时再将蓄存的热量释放出来，阻止室温的继续降低，从而削弱室温波动，提高室内热舒适度。

建筑节能率是以建筑的能耗，即建筑的采光、通风、采暖、制冷等运行能耗作为评定指标。而本章中建筑的节能率指的是建筑采暖能耗的能耗效果分析，判定该建筑是否达到预期效果、规定的约束值和标准值。本章以建筑节能率侧面反映建筑的热性能，建筑节能率(R)可用下式进行计算：

$$R=\frac{K_{\mathrm{N}}-K_{\mathrm{P}}}{K_{\mathrm{N}}}\times 100\% \tag{2.1}$$

式中，K_{N} 为原建筑能耗；K_{P} 为改造后建筑能耗。

2.1　寒地农宅能耗参数权重研究

本章研究农宅能耗参数的权重，以便发现能耗与热传导率和本研究中的其他因素之间的相关性。重点研究农宅能耗相关参数的数值变化对能耗影响的敏感性，即能耗参数权重。为了研究寒地农宅能耗参数的权重，提出了层次分析法(AHP)和多参数能耗模拟相结合的方法。通过参考相关文献并结合实际情况，讨论并定义了多个参数[开窗方向、窗的尺寸、窗的长宽比和窗墙面积比(WWR)、墙、楼板和屋顶等]。基于层次分析法，从朝向、窗的长宽比和 WWR、围护结构 3 个层面分析了能耗影响。通过 EnergyPlus 模拟软件估算了不同参数情况下的能耗。利用该方法，选取中国北方 3 个二级地区(1A：黑河，1B：大庆和哈尔滨，1C：沈阳)的 4 个城市的典型农宅模型，综合分析各参数变化率对能源消费的影响，得出不同参数权重的影响比。研究结论可为严寒地区农宅整体和局部节能改造的工程应用、新农宅的节能设计提供参考。

2.1.1　严寒地区农宅调查

中国黑龙江省大庆市属于严寒气候区。建筑在冬季需采用取暖措施，在夏季则不需做过多遮阳处理。“东北石油大学温暖农村研究小组”共有 15 个研究小组，63 名师生，针对本研究共发放了 251 份问卷，由于部分废弃房屋拆除，回收有效问卷 239 份。对现场调查资料进行统计分析得出，杏树岗村农宅承重结构 94% 为黏土砖砌体结构，外墙建筑材料 90% 为黏土砖，70% 的农宅没有外墙保温。如图 2.1 所示的这类建筑大多建于 1990 年至 2000 年之间，由于当时社会经济和施工技术的限制，按照低成本、功能实用、安全可靠的目标建设，很少考虑节能设计，采暖期能耗较高，因此具有成本低、功能全、安全、能耗高等特点。主要原因一方面是农民多采用传统的建筑施工方法，缺乏先进的建筑节能技术支持；另一方面是农民自身经济水平的限制和建筑材料来源单一，这些都导致农民容易忽视建筑节能问题。本研究选择该区域数量最多的典型农宅：建筑面积约 100 m^2，层高约 3 m，长约 12.5 m，宽约 8.5 m；有 3 扇朝南的窗户（宽约 2.4 m、高约 1.8 m）和 3 扇朝北的窗户（宽约 1.2 m、高约 1.8 m）。典型农宅围护结构的材料及其热工参数见表 2.1。该模型在大庆、哈尔滨、黑河和沈阳的供热能耗（Q_0）分别为 20 837 kW · h、21 305 kW · h、25 662 kW · h 和 15 173 kW · h。

图 2.1　杏树岗村典型农宅立面

表 2.1　典型农宅围护结构的材料及其热工参数

位置	结构材料(从外到内)	厚度 /mm	传热系数 /(W · m^{-2} · K^{-1})
外墙	花岗岩灰泥	10	1.17
	水泥砂浆	10	
	实心黏土砖	370	
	水泥砂浆	10	
屋顶	彩色钢板	0.4	1.96
	沥青油毡	10	
	草＋黏土	10	
	水泥砂浆	200	
外窗	玻璃	6	4.89
	钢架	3	
地面	瓷砖	10	0.47
	混凝土	100	
	素土压实	1 500	

2.1.2 农宅参数对能耗的影响

1. 农宅能耗研究方法

本小节根据二级地区4个城市的气候特点，采用EnergyPlus模拟软件和层次分析法，对影响采暖期能耗的影响因素的权重值进行了分析。本小节研究的能耗是指严寒地区的农宅在采暖期(当年10月至次年4月)的供暖能耗。第一步是确定北半球寒冷地区建筑物方位角的值和间隔，并计算每个间隔角随方位变化的能耗特性。第二步是研究长宽比和WWR的影响，分析相同WWR和不同WWR下农宅的能耗变化特征。第三步是分析围护结构(包括外墙、屋顶、外窗和地面)的整体和局部影响，以及传热系数的变化对农宅能耗的影响。研究方法流程图如图2.2所示。

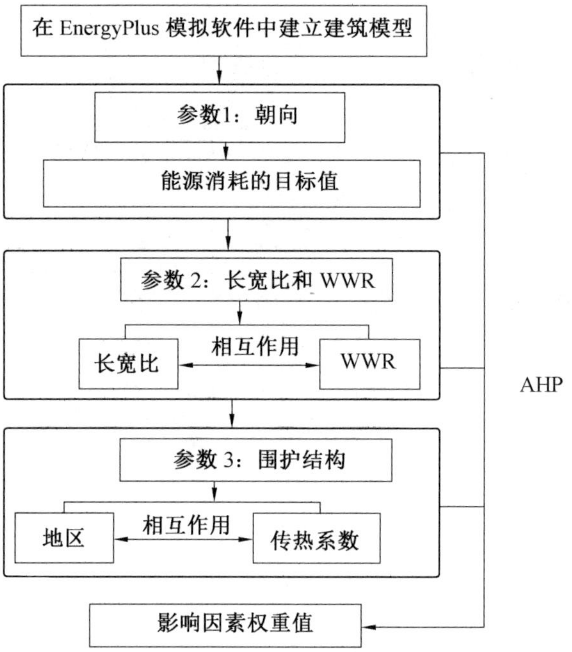

图2.2 研究方法流程图

根据实际情况和相关规范，合理确定了围护结构的朝向、长宽比、WWR和围护结构传热系数的变量、间隔和可变范围、单位。朝向范围为90°～270°，方位角的间隔为15°。其他参数没有单位，因为它们都是比例值。本小节中的建筑模型平面为矩形。农宅平面的长宽比间隔为0.5。南侧和北侧WWR的间隔值均为0.1。设定围护结构在外墙、屋顶、外窗和地面中的传热系数间隔值均为0.5。采暖期能耗的8个参数包括朝向、长宽比、WWR(南)、WWR(北)、外墙、屋顶、外窗、地面。表2.2中列出了这些参数的变量、间隔、可变范围、单位、变化率及权重。

表 2.2　供热能耗参数的变量、间隔、可变范围、单位、变化率及权重

参数	朝向	长宽比	WWR		围护结构传热系数			
			南	北	外墙	屋顶	外窗	地面
变量（V_i）	V_1	V_2	V_3	V_4	V_5	V_6	V_7	V_8
间隔（I_i）	15	0.5	0.1	0.1	0.5	0.5	0.5	0.5
可变范围	90 ～ 270	1 ～ 4	0.2 ～ 0.5	0.1 ～ 0.3	0.5 ～ 2	0.5 ～ 2	0.5 ～ 2	0.5 ～ 2
单位	°	—	—	—	—	—	—	—
变化率（x_i）	x_1	x_2	x_3	x_4	x_5	x_6	x_7	x_8
权重	α_1	α_2	α_3	α_4	α_5	α_6	α_7	α_8

表中 x_i 是通过线性拟合确定的能耗单参数影响的平均比例值，其计算公式为

$$x_i = \frac{\sum_{j=1}^{n} \frac{Q_{j+1} - Q_j}{Q_0}}{n} \tag{2.2}$$

式中，Q_{j+1} 为 $j+1$ 参数区间的加热能耗；Q_j 为 j 参数区间的加热能耗；n 为方案数。

x_i 的权重（α_i）可由下式计算得出：

$$\alpha_i = \frac{x_i}{\sum_{i=1}^{8} x_i} \tag{2.3}$$

各项权重之和为 1。

从公式(2.2) 和公式(2.3) 可以看出，测量性能参数的主要计算步骤基本相同，包括以下几个步骤。

(1) 假设其他参数处于原始状态，EnergyPlus 模拟软件根据表 2.2 中参数的可变范围和间隔模拟每种情况下的 Q_j。

(2) 将各参数的加热能耗值引入公式(2.2)，计算相应的 x_i 并分析其规律性。

(3) 将获得的 8 个参数的 x_i 值代入公式(2.3) 中，以计算相应的权重值 α_i。

需要注意的是，某些参数是相关的，在取值时会添加相关讨论。

2. 仿真方法的验证

仿真方法的准确性直接影响研究结果的可信度，这一直受到学者们的关注。为了验证 EnergyPlus 模拟软件的数据准确性，本研究模拟了 Ji 等(2015) 论文所述农宅西南侧卧室的室内温度，根据其给定参数在 OpenStudio 中建立了三维模型，并用获得的数据绘制了如图 2.3 所示的曲线。可以看出，模拟验证曲线与实测曲线略有不同。第一个原因是原始文献中给出的参数材料不全面，如没有给出实测数据的具体位置、模拟的天气文件与当年的实际天气不同、各部分的具体结构参数解释得不清楚等。第二个原因是火炕用于控制被测建筑东南侧卧室的温度，这对西南侧卧室的室内温度有影响。第三个原因在于软件仿真不能完全替代真实环境，仿真结果是近似值。但总体而言，实测曲线的温度波动趋势与模拟验证曲线相似，波动范围基本在 7.5 ～ 16 ℃ 之间。仿真数据与实测数据相差不大，因此本研究将使用该软件进行后续仿真分析。

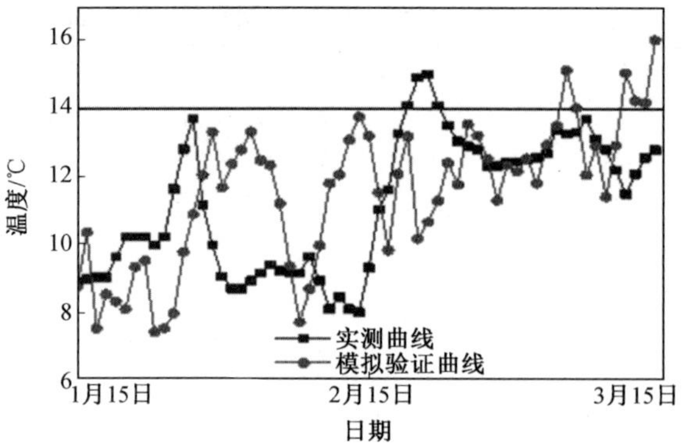

图 2.3　室内温度场的模拟验证

2.1.3　农宅仿真分析与讨论

1.朝向参数分析

中国地处北半球,因此建筑物在冬季最好充分利用太阳能,并避开主导风向,向南或接近南部,风向 90°～270°。根据标准要求,本小节从中国严寒地区的 3 个二级地区中选取了 4 个城市(1A:黑河,1B:大庆和哈尔滨,1C:沈阳),使用 Ecotect 软件的气象工具计算了 4 个城市的最小和最大采光方向,并使用 EnergyPlus 模拟软件模拟了建筑最小和最大能耗方位角,见表 2.3。4 个城市不同朝向的能源消耗结果如图 2.4 所示。

表 2.3　最小和最大采光方向及能耗方位角

位置	严寒地区的二级地区	最小能耗方位角 /(°)		最大能耗方位角 /(°)	
		Ecotect 方位模拟	EnergyPlus 能耗模拟	Ecotect 方位模拟	EnergyPlus 能耗模拟
大庆	1B	162.5	195	72.5	90
哈尔滨	1B	162.5	195	72.5	90
黑河	1A	177.5	180	87.5	90
沈阳	1C	160	195	70	90

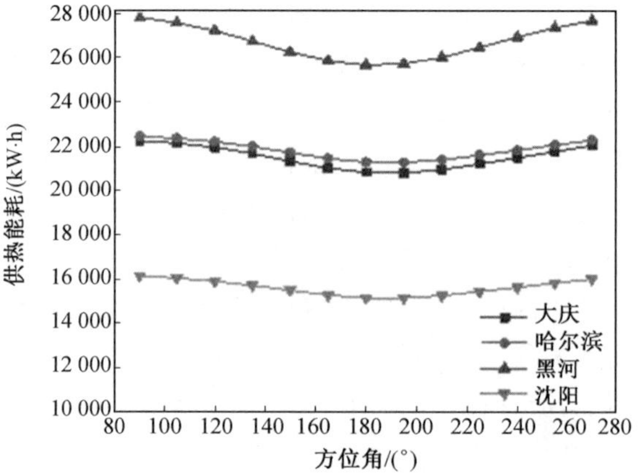

图 2.4　4 个城市不同朝向的能源消耗结果

根据表 2.3 和图 2.4，考虑到 Ecotect 和 EnergyPlus 的模拟结果，在对称分布中，最低能耗的方位角约为 180°，最高能耗的方位角为 270° 和 90°。方位角间隔为 15° 时，公式(2.2) 中 $n=12$，然后计算方位角变化时能耗的变化率(x_1)。当方位角在 90° ～ 180° 之间时，大庆、哈尔滨、黑河和沈阳的建筑其朝向间隔角每增加 15°，变化率 x_1 分别为 −0.011、−0.009、−0.013 和 −0.010；在 180° ～ 270° 之间时，x_1 分别为 0.010、0.008、0.013 和 0.009。

2. 长宽比参数分析

在原建筑面积、高度和 WWR 不变的情况下，本研究讨论了平面长宽比的能耗变化率。本小节中建筑的长宽比增加情况见表 2.4(表中 j 代表改造方案参数)。建筑长宽比对能耗的影响由 EnergyPlus 模拟，模拟结果如图 2.5 所示。长宽比越大，表 2.4 中的能耗变化率(x_{ij})越高。公式(2.2) 中 $n=6$，当长宽比增加 0.5 时，在不同长宽比下估算能耗变化率，如表 2.4 所示。结果符合线性分布，上述城市的平均值 x_2 分别为 0.027、0.029、0.027 和 0.025。

表 2.4　面积、高度与 WWR 固定时不同长宽比建筑的 x_{2j}

长宽比	长度 /m	宽度 /m	WWR(南)	WWR(北)	大庆 x_{2j}	哈尔滨 x_{2j}	黑河 x_{2j}	沈阳 x_{2j}
1.0	10.0	10.0	0.35	0.18	—	—	—	—
1.5	12.3	8.2	0.35	0.18	0.028	0.031	0.028	0.024
2.0	14.2	7.1	0.35	0.18	0.030	0.032	0.029	0.027
2.5	15.8	6.3	0.35	0.18	0.019	0.021	0.019	0.017
3.0	17.4	5.8	0.35	0.18	0.038	0.041	0.039	0.037
3.5	18.6	5.3	0.35	0.18	0.023	0.025	0.024	0.021
4.0	20.0	5.0	0.35	0.18	0.023	0.025	0.024	0.021
		平均值 x_2			0.027	0.029	0.027	0.025

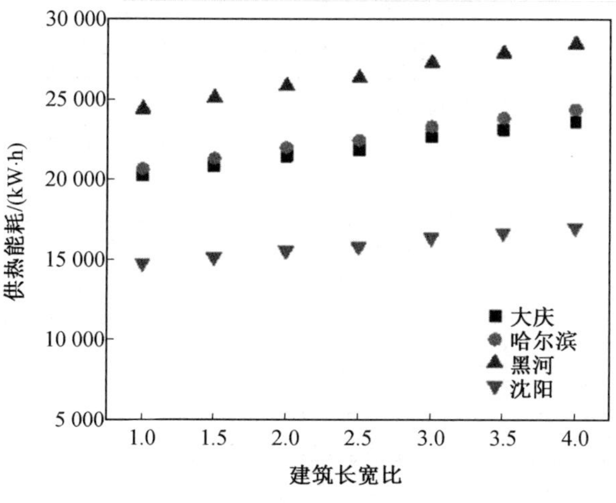

图 2.5　4 个城市不同长宽比建筑的供热能耗

3. WWR 参数分析

WWR 受采光影响，因此有必要确定每个城市的采光要求。大庆、沈阳属于 Ⅲ 类采光气候区，标准值为 2.0；哈尔滨、黑河属于 Ⅳ 类采光气候区，标准值为 2.2。根据规范要求，住宅的北侧 WWR 不得小于 0.1。本小节取该值为 0.1，并根据相关采光要求确定南部窗户的最小 WWR 值，为了更清楚地表达采光与 WWR 之间的关系，绘制了图 2.6，为选择合适的 WWR 值提供了依据。根据规范要求，4 个城市建筑南、北部的 WWR 最大值分别为 0.5 和 0.3，为便于设计和施工，间隔为 0.1，见表 2.5，为本节中使用 WWR 的固定值来探索建筑模型的长宽比和能耗的影响程度提供依据。为了进一步分析这 2 个参数之间的相关性和能源消耗的综合影响，设定南部 WWR 和北部 WWR 分别为 1.0、2.0、3.0 和 4.0，使用其他参数和原始建筑模型模拟了图 2.7 中 4 个城市在 48 种工况下的供热能耗。图 2.7 中横坐标表示南、北部 WWR。4 个城市的供热能耗变化特征非常相似，能耗随建筑长宽比和 WWR 的增加呈线性增加趋势。

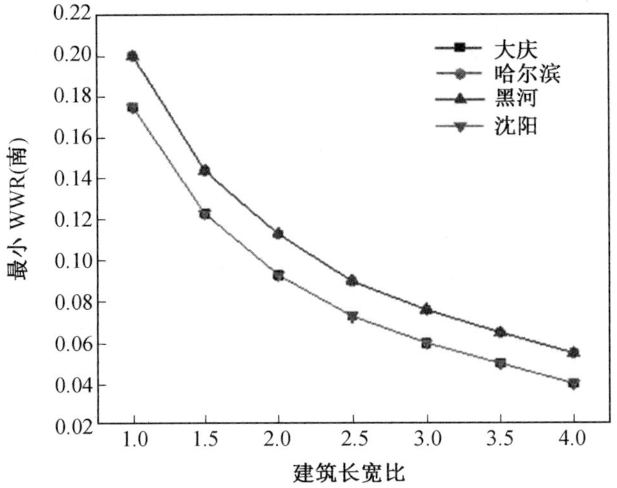

图 2.6　南侧窗户的最小 WWR

表 2.5　南部和北部的 WWR 及窗户面积

WWR		窗户面积 /m^2		WWR		窗户面积 /m^2	
南	北	南	北	南	北	南	北
0.5	0.1	15	3	0.3	0.1	9	3
0.5	0.2	15	6	0.3	0.2	9	6
0.5	0.3	15	9	0.3	0.3	9	9
0.4	0.1	12	3	0.2	0.1	6	3
0.4	0.2	12	6	0.2	0.2	6	6
0.4	0.3	12	9	0.2	0.3	6	9

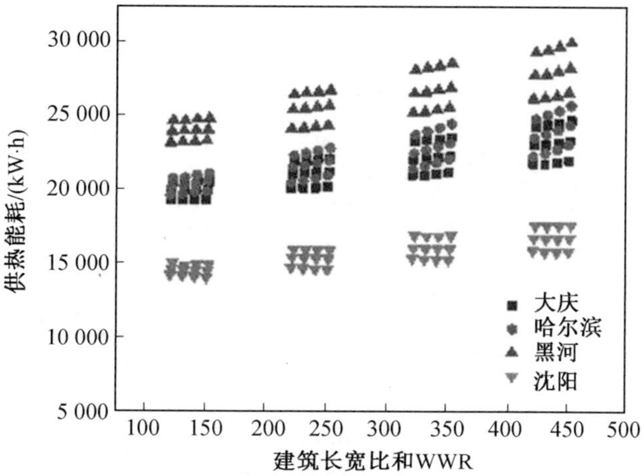

图 2.7　4 个城市在 48 种工况下的供热能耗

在不同条件下，WWR 每增加 0.1，能耗的增长率需要进一步讨论。首先分析 WWR 相同时，不同长宽比(1.0 ～ 2.0、2.0 ～ 3.0、3.0 ～ 4.0) 下的能耗变化特征，然后计算出 $x_{2j}(2)$ 值。相同 WWR 和不同长宽比的 $x_{2j}(2)$ 如图 2.8 所示。从图 2.8 可以看出，这 4 个城市的特征是相似的。当 WWR 相同时，能耗随长宽比的增加而增加，但增长趋势减缓。在 3 段不同的长宽比下(1.0 ～ 2.0、2.0 ～ 3.0、3.0 ～ 4.0)，$x_{2j}(2)$ 的值分别在 0.033 ～ 0.082、0.042 ～ 0.077、0.034 ～ 0.059 之间，$x_{2j}(2)$ 平均值分别为 0.057、0.054、0.046。4 个城市的 $x_{2j}(2)$ 值分别在 0.037 ～ 0.076、0.040 ～ 0.082、0.037 ～0.074 和 0.033 ～ 0.070 之间，其中 $x_2(2)$ 分别为 0.052、0.057、0.053 和 0.049。在本小节中，长宽比的间隔为 1.0，$x_2(2)$ 的值约是 x_2 的两倍，这证明 x_2 是准确和合理的。上述研究还证明，虽然 WWR 和长宽比这 2 个参数在能耗方面表现出一定的相关性，但它们在能耗变化率方面并不表现出相关性，可以单独讨论。

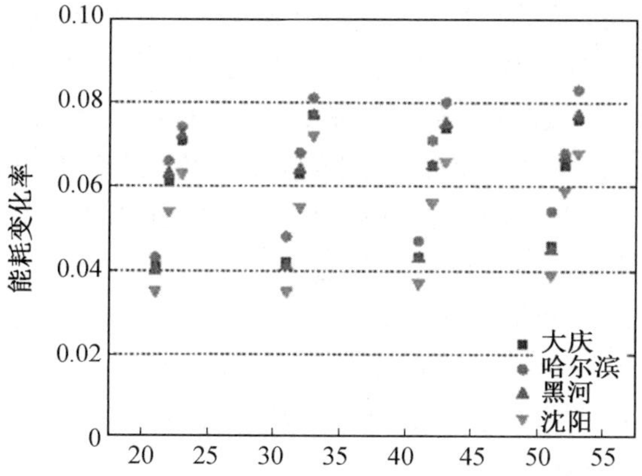

(a) 长宽比(1.0～2.0)

图 2.8　相同 WWR 和不同长宽比的 $x_{2j}(2)$

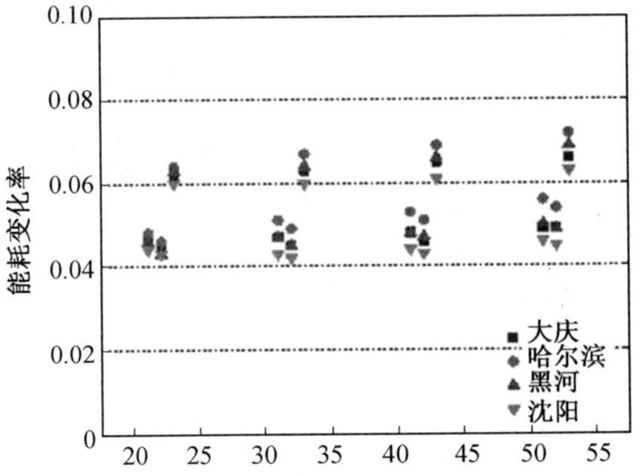

(b) 长宽比(2.0～3.0)

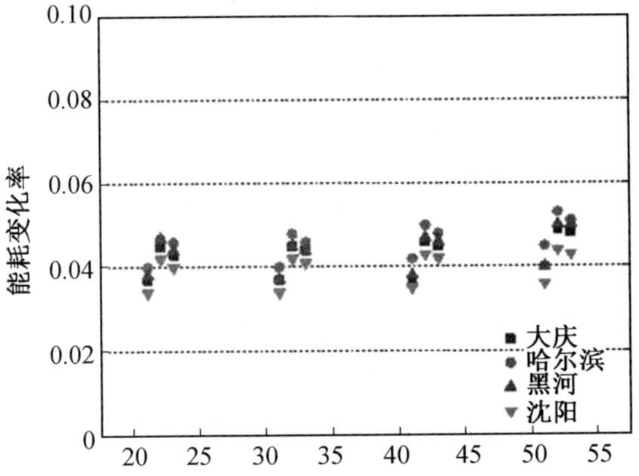

(c) 长宽比(3.0～4.0)

图 2.8(续)

进一步研究了长宽比分别为1.0、2.0、3.0和4.0时，南部和北部WWR对能耗的影响程度。对于4个城市的建筑模型，确定南部WWR，并研究北部WWR值增加对能耗的影响，如图2.9(a)所示；固定北部WWR，并研究南部WWR值增加对能耗的影响，如图2.9(b)所示。图2.9中横坐标的表达式与图2.7相同。4个城市的能耗变化特征如图2.9所示。当南部WWR值固定时，能耗随着北部WWR值的增加而增加，并且随着长宽比的增加有增加的趋势。相反，能耗随着南部WWR值的增加而下降，除沈阳外，其他3个城市能耗随着长宽比的增加有下降趋势。结果显示，建筑能耗北向的加权平均值较小，南向的加权平均值较大，有利于建筑节能。4个城市的 x_{3j} 值分别在0.025～0.065、0.023～0.063、0.026～0.067和0.019～0.060的范围内，同一南部WWR的 x_3 值分别为0.049、0.047、0.049和0.045。x_{4j} 值分别在−0.004～0.009、0.001～0.016、−0.002～0.011和−0.011～0.005的范围内，同一北部WWR的 x_4 值为0.003、0.009、0.004和−0.002。

4. 围护结构传热系数参数分析

与能耗相关的围护结构主要包括4个部分：外墙、屋顶、外窗、地面。首先，分析围护结构整体保温性能的变化及所占比例对能耗的影响。其次，将原建筑模型围护结构的传热系数分别乘以0.5、1.0、1.5和2.0，间隔为0.5。其他参数与原建筑模型一致。围护结构保温性能对能耗的影响如图2.10所示。围护结构不同保温性能的 x_{5j-8j} 和平均值 x_{5-8} 见表2.6。

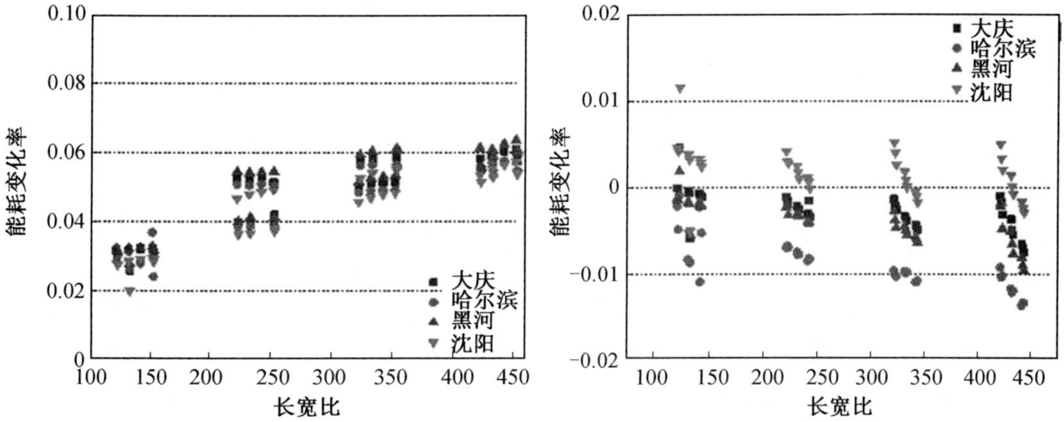

(a) 南部 WWR 是固定的　　(b) 北部 WWR 是固定的

图 2.9　南部或北部 WWR 值固定时长宽比的 x_{3j} 和 x_{4j}

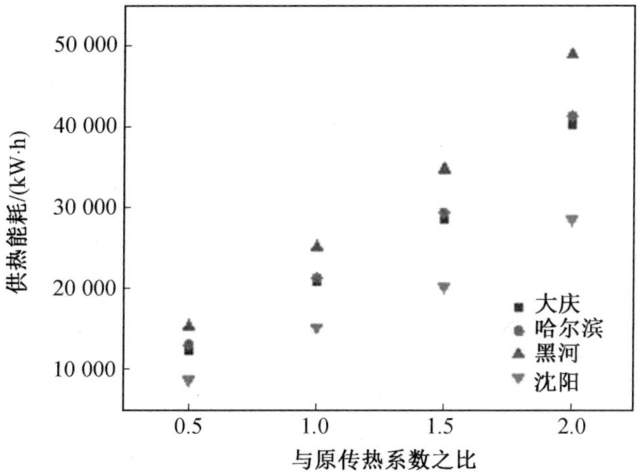

图 2.10　围护结构保温性能对能耗的影响

表 2.6　围护结构不同保温性能的 x_{5j-8j} 和平均值 x_{5-8}

传热系数	大庆(x_{5j-8j})	哈尔滨(x_{5j-8j})	黑河(x_{5j-8j})	沈阳(x_{5j-8j})
原建筑模型×0.5	0.408	0.387	0.382	0.426
原建筑模型×1.5	0.371	0.377	0.377	0.333
原建筑模型×2.0	0.569	0.563	0.549	0.549
平均值 x_{5-8}	0.449	0.442	0.436	0.436

进一步研究各围护结构对能耗的影响程度。在其他参数不变的情况下，每个围护结构的传热系数分别乘以 0.5、1.0、1.5 和 2.0。围护结构对能耗的影响如图 2.11 所示。当每个围护结构的传热系数按比例增加时，能耗呈线性增加。表 2.7 列出了不同部件围护结构隔热性能的 x_{5j}、x_{6j}、x_{7j}、x_{8j} 的范围以及相应的平均值 x_5、x_6、x_7、x_8。结果表明，屋顶传热系数的变化对能耗的影响最为明显，其次是外窗、外墙和地面。

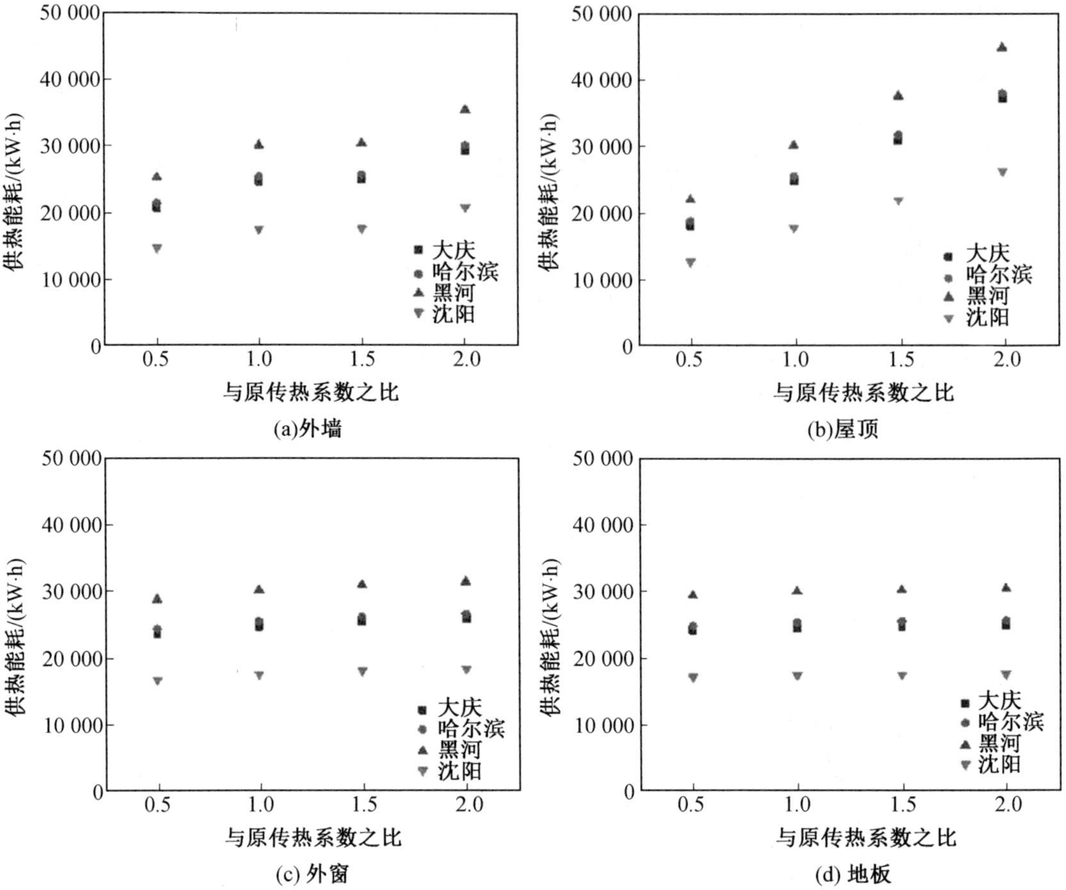

图 2.11 围护结构对能耗的影响

表 2.7 不同部件围护结构隔热性能的 x_{5j}、x_{6j}、x_{7j}、x_{8j} 的范围及相应的平均值 x_5、x_6、x_7、x_8

大庆		哈尔滨		黑河		沈阳	
范围(x_{5j})	平均值(x_5)	范围(x_{6j})	平均值(x_6)	范围(x_{7j})	平均值(x_7)	范围(x_{8j})	平均值(x_8)
0.010 ~ 0.179	0.116	0.011 ~ 0.175	0.115	0.011 ~ 0.169	0.113	0.004 ~ 0.185	0.116
0.252 ~ 0.279	0.262	0.248 ~ 0.273	0.256	0.246 ~ 0.278	0.258	0.244 ~ 0.297	0.264
0.018 ~ 0.047	0.031	0.018 ~ 0.046	0.030	0.017 ~ 0.045	0.030	0.019 ~ 0.048	0.032
0.005 ~ 0.019	0.011	0.005 ~ 0.020	0.011	0.005 ~ 0.020	0.011	0.005 ~ 0.016	0.009

5. 各参数能耗影响结果分析

综上所述，朝向分为 90° ~ 180° 和 180° ~ 270° 两种情况。将围护结构设为 1 个参数和 4 个参数（外墙、屋顶、外窗和地面），并添加表 2.2 的 4 个参数，然后计算供热能耗的 5 个和 8 个参数的权重。根据表 2.2 中的模式，将上述得到的 x 值分别代入公式（2.3）中，得到相应的 α 值，结果见表2.8 和表 2.9。在这 2 个表中，“/”的左侧是 90° ~ 180° 方位角的统计结果，“/”的右侧是 180° ~ 270° 方位角的统计结果。严寒地区 3 个二级地区的 4 个城市的变量和权重结果没有显著差异；表中还列出了 4 个城市的平均值。表中的正数表示能耗随参数值的增大而增加，负数表示能耗随参数值的增大而减小；绝对值越大，对能耗的影响越大。

表 2.8　供热能耗 5 个参数的变量和权重

参数	变量	大庆	哈尔滨	黑河	沈阳	平均值
朝向	x_1(90° ~ 180°)/(180° ~ 270°)	−0.011/0.010	−0.009/0.008	−0.013/0.013	−0.010/0.009	−0.011/0.010
长宽比	x_2	0.027	0.029	0.027	0.025	0.027
WWR(南)	x_3	0.049	0.047	0.049	0.045	0.048
WWR(北)	x_4	0.003	0.009	0.004	−0.002	0.004
围护结构	x_{5-8}	0.449	0.442	0.436	0.436	0.441
权重	α_1	−0.020/0.017	−0.016/0.014	−0.024/0.023	−0.018/0.016	−0.020/0.018
	α_2	0.047/0.045	0.051/0.050	0.048/0.046	0.043/0.042	0.047/0.046
	α_3	0.086/0.083	0.084/0.082	0.090/0.086	0.080/0.077	0.085/0.082
	α_4	0.005/0.005	0.016/0.016	0.007/0.007	−0.004/−0.004	0.006/0.006
	α_{5-8}	0.882/0.850	0.864/0.838	0.878/0.838	0.899/0.869	0.881/0.849

表 2.9　供热能耗 8 个参数的变量和权重

参数	变量	大庆	哈尔滨	黑河	沈阳	平均值
朝向	x_1(90° ~ 180°)/(180° ~ 270°)	−0.011/0.010	−0.009/0.008	−0.013/0.013	−0.010/0.009	−0.011/0.010
长宽比	x_2	0.027	0.029	0.027	0.025	0.027
WWR(南)	x_3	0.049	0.047	0.049	0.045	0.048
WWR(北)	x_4	0.003	0.009	0.004	−0.002	0.004
外墙	x_5	0.116	0.115	0.113	0.116	0.115
屋顶	x_6	0.262	0.256	0.258	0.264	0.260
外窗	x_7	0.031	0.030	0.030	0.032	0.031
地面	x_8	0.011	0.011	0.011	0.009	0.011
权重	α_1	−0.023/0.020	−0.018/0.016	−0.027/0.026	−0.021/0.018	−0.022/0.020
	α_2	0.055/0.053	0.059/0.057	0.056/0.053	0.052/0.050	0.056/0.054
	α_3	0.100/0.096	0.096/0.093	0.102/0.097	0.094/0.090	0.098/0.094
	α_4	0.006/0.060	0.018/0.018	0.008/0.008	−0.004/−0.004	0.007/0.007
	α_5	0.238/0.228	0.236/0.228	0.236/0.224	0.242/0.233	0.238/0.228
	α_6	0.537/0.515	0.525/0.507	0.539/0.511	0.551/0.530	0.538/0.516
	α_7	0.064/0.061	0.061/0.059	0.063/0.059	0.067/0.064	0.064/0.061
	α_8	0.023/0.022	0.023/0.022	0.023/0.022	0.019/0.018	0.022/0.021

从表 2.8 可知，在中国东北严寒地区的 4 个不同城市中，典型农宅的能耗变化率和能

耗权重几乎没有差异。在朝向、长宽比、WWR(南)、WWR(北)和围护结构5个参数中，围护结构的权重最大，大于0.8，表明围护结构的热绝缘性能对能耗的影响最大；WWR(北)的权重最小，表明其对能耗的影响最小；朝向的变化率和权重是固定的，在90°～180°时为负，在180°～270°时为正。为了给当地节能改造提供参考，表2.9进一步将围护结构细分为外墙、屋顶、外窗和地面，并列出了相应的权重。屋顶的变化率和权重最大，其次是外墙，然后是外窗，地面最小。此外，表2.8和表2.9的最后一列分别列出了相应的变化率平均值和权重平均值，数据特征与上述类似。

综上所述，可以得到一个非常有价值的结果：东北严寒地区这4个城市中典型农宅能耗变化率和参数权重值，城市平均变化率和权重值。通过对典型农宅[指在严寒地区(1A、1B和1C)和北纬40°～50°的单层房屋，面积约为100 m^2]的各项参数(房屋朝向、长宽比、WWR和围护结构等)进行研究，得出相应结果。这些结果最适用于严寒地区典型农宅局部或整体节能改造优化前的能耗估算，可以快速显示各种改造方案的能耗影响，便于方案对比分析。它还可以应用于新农宅的节能设计，使设计人员能够直观地了解各种参数对能耗的影响，为节能率高的农宅设计提供参考。

2.1.4 原农宅模型的优化方案

根据表2.8和表2.9中的数据，用户可以优化设计方案。本小节以大庆市原建筑模型为例，根据表2.9的数据设计了最合适的优化方案。优化方法是：V_1(180～270°)、V_2、V_3、V_4、V_5、V_6、V_7、V_8的变化率为正，这些参数的最小值在可选范围内优先，因此180°、1.0、0.2、0.1、0.5、0.5、0.5和0.5(V_{iE})是最节能的，能耗以Q_E表示。原建筑模型的相应参数如下所示：180°、1.5、0.35、0.18、1.0、1.0、1.0和1.0(V_{i0})，单位为Q_0(20 837 kW·h)。根据表2.2和表2.9，V_{iE}和V_{i0}被纳入公式(2.4)，估算的Q_E值为9 727 kW·h。EnergyPlus模拟的V_{iE}能耗值为10 470 kW·h。2个值的差值仅为7.1%，预测效果令人满意。

$$Q_E=\left(1+\sum_{i=1}^{8}\frac{V_{iE}-V_{i0}}{I_i}\cdot x_i\right)\cdot Q_0 \tag{2.4}$$

式中，I_i为参数变化间隔。

2.2 农宅围护结构填充相变材料的优化

通过对比分析可知，严寒地区农宅附加阳光间具有一定的节能效果，但同时也存在着玻璃围护结构的储存热量不稳定以及大面积玻璃围护结构会造成热损失过大的弊端，且传统农宅常用普通围护结构，普通围护结构的蓄热能力差，导致建筑内部昼夜温差大，建筑采暖能耗较大，室内热舒适度较低。为弥补上述缺陷，进一步降低冬季建筑室内的热能消耗，本节在附加阳光间的农村住宅的基础上(本节下文中农宅均指附加阳光间的农村住宅)，将相变材料填充到农宅围护结构中，通过内部相变来提高室内温度，降低冬季采暖能耗，提高节能效果。

以黑龙江省安达市某典型农宅为例，使用草图大师(SketchUp)和OpenStudio联合建模，得到安达某典型农宅简化模型(图 2.12)和安达某典型农宅建筑平面图(图 2.13)，并使用建筑能耗模拟软件 EnergyPlus 进行室内能耗的模拟分析。对附加阳光间的农宅围护结构结合相变材料的热环境进行分析，对比附加阳光间农村住宅在不同情况下墙体、天花板、地面填充相变材料之前与之后的冬季采暖能耗、节能率、室内温度的变化趋势。通过对模拟得到的数据进行分析，总结出其中哪种情况下围护结构填充相变材料对建筑室内热环境会起到较积极的影响，从而达到降低采暖能耗、提升住宅室内热舒适度以及经济、节能、环保的目的。

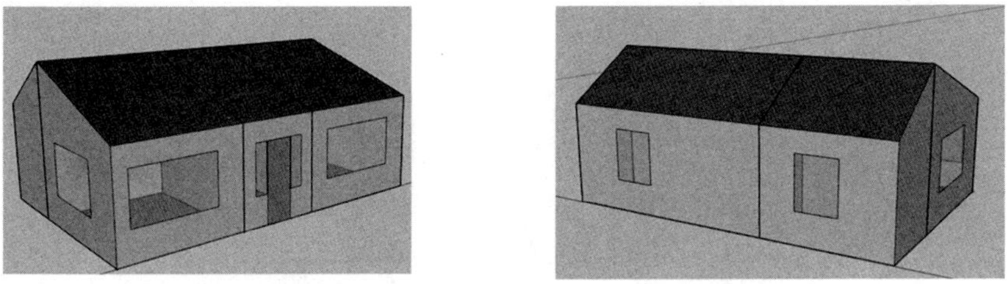

(a) 南侧　　(b) 北侧

图 2.12　安达某典型农宅简化模型

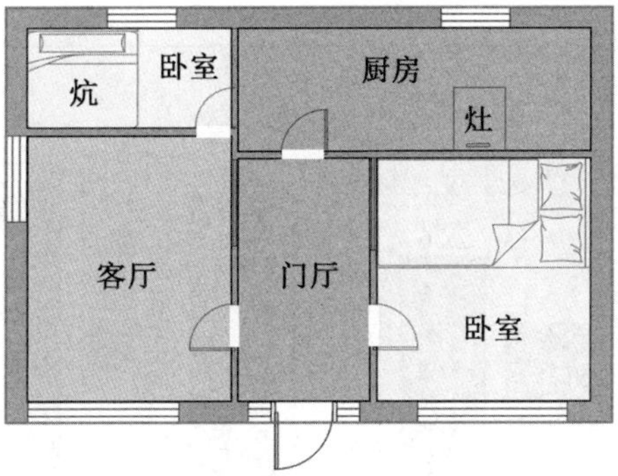

图 2.13　安达某典型农宅建筑平面图

2.2.1　相变材料厚度

图 2.14 显示了不同相变材料厚度下整个采暖期的农宅总采暖能耗。从图中可以看出，无相变材料的农宅的采暖期总采暖能耗为 7 445.68 kW・h，填充相变材料后，采暖期总采暖能耗明显降低。随着相变材料厚度的增加采暖期农宅的总采暖能耗逐渐降低，当相变材料厚度为 60 mm 时，采暖期总采暖能耗达到最低，为 7 215.13 kW・h。

当相变材料厚度为 10 mm 时，采暖期内总采暖能耗为 7 309.58 kW・h，减少采暖能耗 136.10 kW・h，节能率为 1.83%；相变材料厚度为20 mm 时，采暖期内总采暖能耗为7 269.63 kW・h，减少采暖能耗 176.05 kW・h，节能率为 2.36%；相变材料厚度为30 mm时，采暖期内总采暖能耗为7 251.37 kW・h，减少采暖能耗194.31 kW・h，节能率为2.61%；相变材料厚度为 40 mm 时，采暖期内总采暖能耗为7 235.22 kW・h，减少采暖能耗 210.46 kW・h，节能率为 2.83%；相变材料厚度为 50 mm 时，采暖期内总采暖能耗为7 224.77 kW・h，减少采暖能耗 220.91 kW・h，节能率为 2.97%；相变材料厚度为

60 mm时，采暖期总采暖能耗为7 215.13 kW·h，减少采暖能耗230.55 kW·h，节能率为3.10%。不同相变材料厚度下采暖期的农宅节能率如图 2.15 所示。

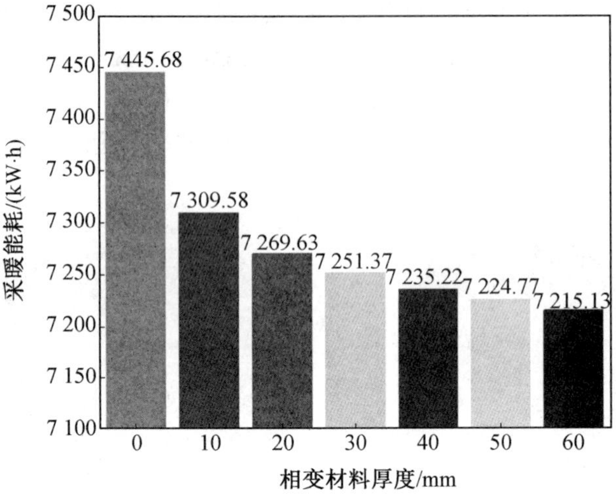

图 2.14　不同相变材料厚度下采暖期的农宅总采暖能耗

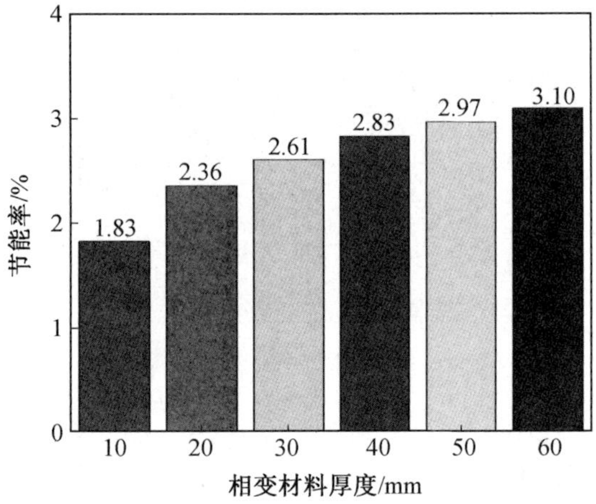

图 2.15　不同相变材料厚度下采暖期的农宅节能率

可根据公式(2.1) 进行采暖期内节能率的计算。图 2.15 显示，采暖期农宅节能率随着相变材料厚度的增加而呈线性增加。对采暖期节能率增长差值进行对比得到不同相变材料厚度下采暖期农宅节能率增长差值，如图 2.16 所示。由图可知，相变材料厚度为10 ~20 mm 时节能率的增长差值最高，为 0.54%，20 ~ 60 mm 时节能率的增长差值明显降低，考虑到经济问题及投资回报率，从逐时、逐日、逐月采暖能耗的节能率的增长差值角度分析，农宅墙体中填充的相变材料，其最佳厚度是 10 ~ 20 mm。

综上所述，农宅墙体中填充相变材料可有效改善室内热环境，提高室内热舒适度。同时也可有效降低建筑采暖能耗。随着相变材料厚度的增加，采暖能耗逐渐降低，节能率升高。通过对比节能率的增长差值可知，在墙体中填充相变材料的最佳厚度为 10 ~ 20 mm，此时节能率增长差值最高，经济效益最高，节能效果显著。

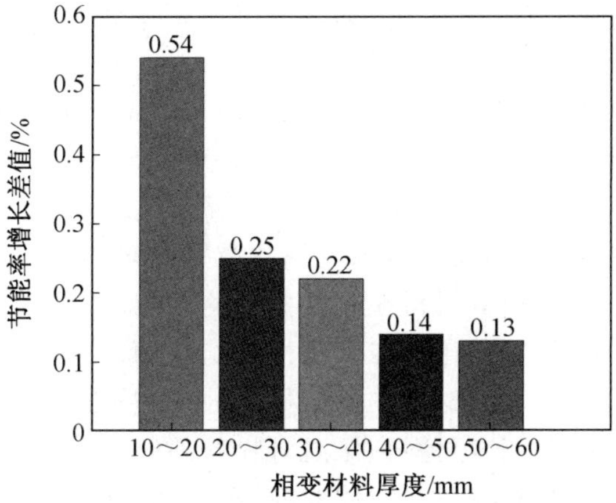

图 2.16　不同相变材料厚度下采暖期的农宅节能率增长差值

2.2.2　相变材料的相变温度

本小节在将不同相变温度的 20 mm 厚相变材料填充至南墙墙体内侧中的情况下对比分析了采暖期农宅的采暖能耗，最终得出相变材料的最佳相变温度。

图 2.17 所示为同厚度不同相变温度下相变材料填充后的典型农宅采暖期总采暖能耗。从图中可以看出，不同相变温度下农宅的采暖期总采暖能耗不同。相变温度为 14 ℃时采暖能耗最高，为 7 504.54 kW・h；相变温度为 16 ℃ 时采暖能耗最低，为 7 089.7 kW・h；相变温度为 18 ℃、20 ℃ 和 22 ℃ 的 3 种情况下，总采暖能耗居于两者之间。

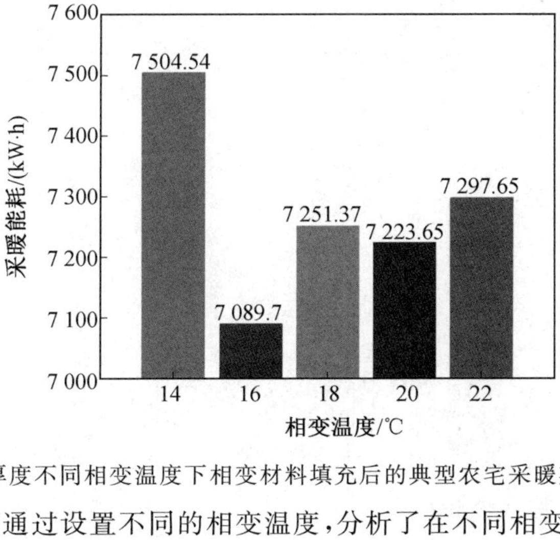

图 2.17　同厚度不同相变温度下相变材料填充后的典型农宅采暖期总采暖能耗

综上所述，本小节通过设置不同的相变温度，分析了在不同相变温度下采暖期农宅的采暖能耗，最终得出结论：最佳相变温度为 16 ℃，此时的采暖能耗最低，为最佳选择。相变温度为 14 ℃ 时采暖能耗最高，不建议采用。最终给出合理的建筑节能设计建议为：相变材料的最佳相变温度选取值为 16 ℃。

2.2.3 相变材料在墙体中的位置

本小节通过设置相变材料在南墙中的不同位置，在相变材料厚度为 20 mm、相变温度为 16 ℃ 的情况下，分析了不同方案下采暖期农宅的采暖能耗，最终分析得出相变材料在墙体中的最佳位置。

如图 2.18(b) ～ (g) 所示，设置 6 种农宅墙体布置方案：方案 Ⅰ 是将相变材料和保温材料同时放置到墙体外侧，且相变材料在保温材料的外侧；方案 Ⅱ 是将相变材料和保温材料同时放置到墙体外侧，且相变材料在保温材料的内侧；方案 Ⅲ 是将相变材料和保温材料同时放置到墙体内侧，且相变材料在保温材料的内侧；方案 Ⅳ 是将相变材料和保温材料同时放置到墙体内侧，且相变材料在保温材料的外侧；方案 Ⅴ 是将相变材料和保温材料分别放置到墙体两侧，保温材料在墙体外侧，相变材料在墙体内侧；方案 Ⅵ 是将相变材料和保温材料分别放置到墙体两侧，相变材料在墙体外侧，保温材料在墙体内侧。通过对 6 种将相变材料填充到农宅墙体中不同位置的农宅与墙体中无相变材料的农宅进行采暖能耗对比分析，找出最优的相变材料在墙体中的布置方案。

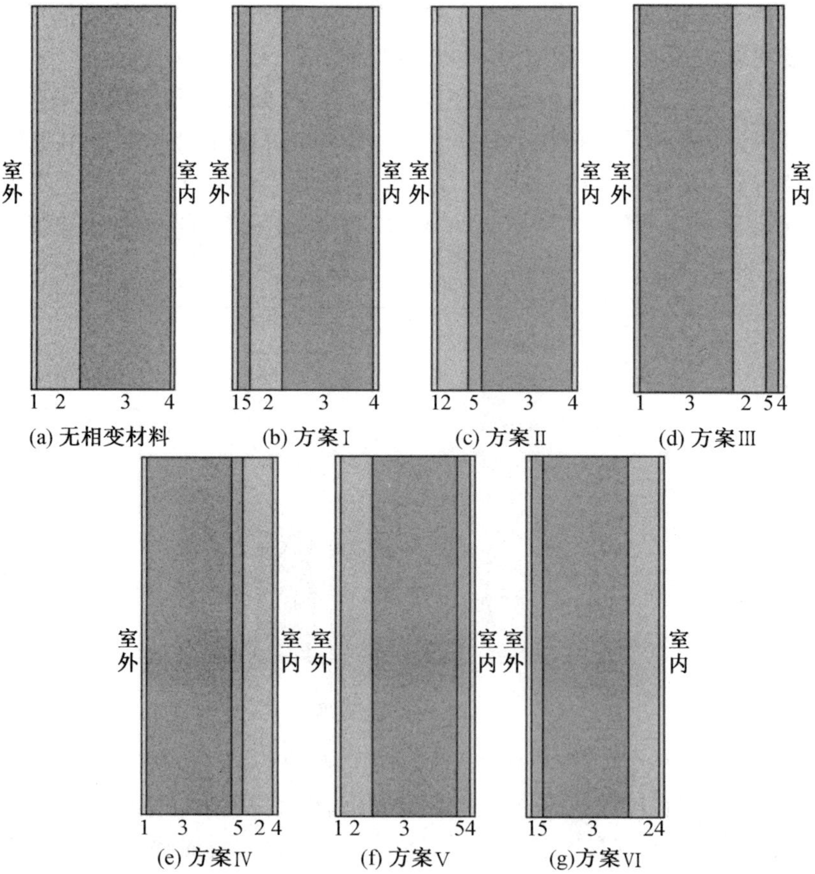

1— 水泥砂浆，10 mm；2— 保温材料，120 mm；3— 砖墙，240 mm；4— 抹灰，15 mm；5— 相变材料，20 mm。

图 2.18 农宅墙体布置方案

相变材料在墙体中不同位置的典型农宅采暖期逐月采暖能耗如图 2.19 所示。从图中可以看出，在月采暖能耗中，11 月、12 月、1 月和 2 月的采暖能耗明显不同，并且 1 月出现较大差距；最冷月（1 月）中方案 Ⅲ 的月总能耗为 1 716.35 kW·h，方案 Ⅴ 为 1 714.54 kW·h。方案 Ⅲ、方案 Ⅴ 的最冷月总采暖能耗较低，节能效果显著。

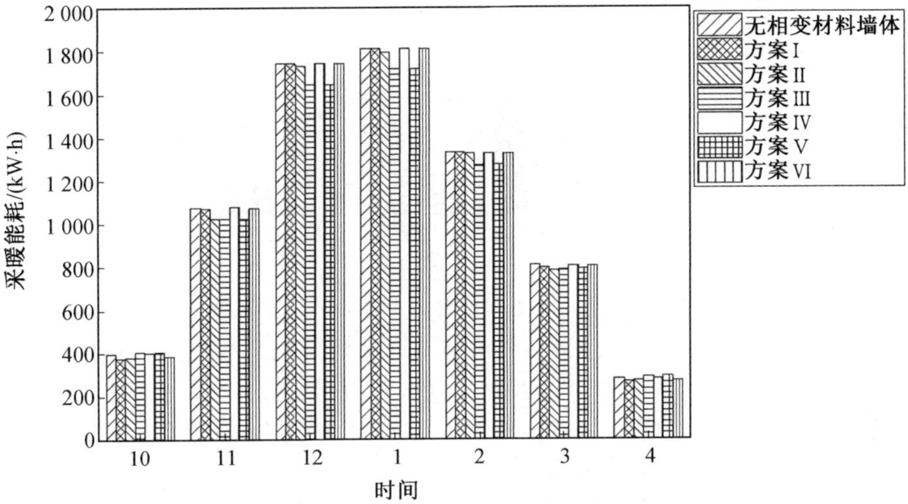

图 2.19　相变材料在墙体中不同位置的典型农宅采暖期逐月采暖能耗

相变材料在墙体中不同位置的典型农宅采暖期总采暖能耗如图 2.20 所示。从图中可以看出，不同相变材料布置方案采暖期总采暖能耗不同：方案 Ⅳ 的采暖能耗最高，基本与无相变材料农宅相差不多，节能效果最不明显。与此不同的是，方案 Ⅲ 的采暖期总采暖能耗为 7 142.92 kW·h、方案 Ⅴ 为 7 135.18 kW·h。方案 Ⅲ、方案 Ⅴ 的采暖期总采暖能耗明显较低，节能效果更显著。

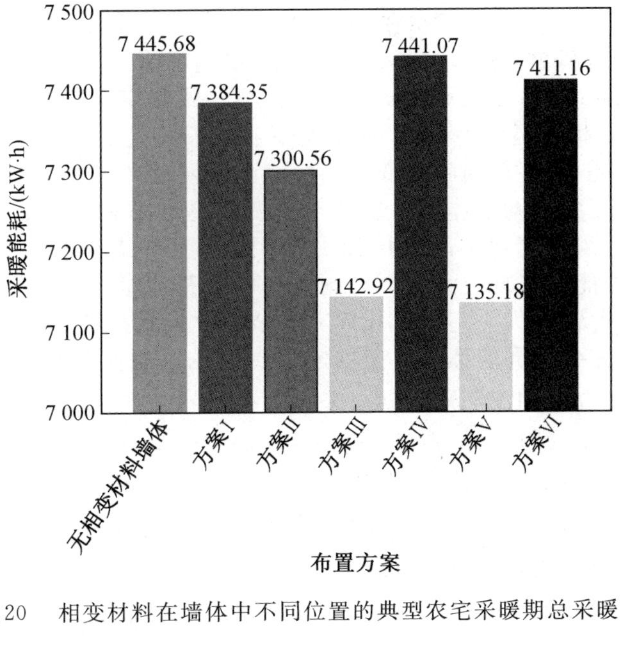

图 2.20　相变材料在墙体中不同位置的典型农宅采暖期总采暖能耗

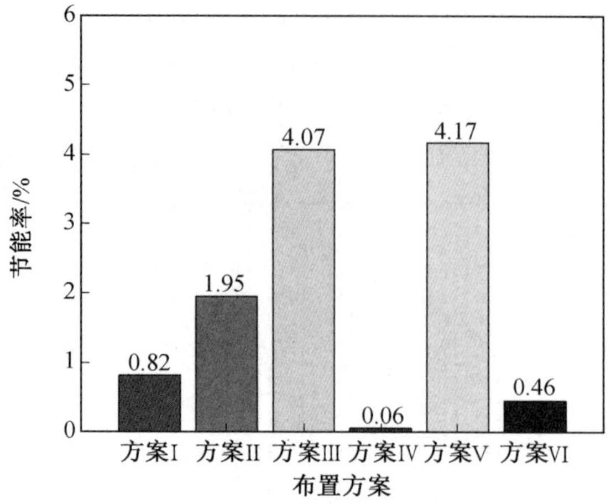

图 2.21　不同方案的典型农宅采暖期节能率

为了更直观地比较各个方案，可计算节能率并进行比较。图 2.21 所示为不同方案的典型农宅采暖期节能率。从图中可以看出，方案 Ⅰ、方案 Ⅳ、方案 Ⅵ 的节能率很低，节能效果非常不明显。与此不同的是，方案 Ⅲ、方案 Ⅴ 的节能率较高，分别为 4.07% 和 4.17%。由此可见，方案 Ⅴ 的节能率最高，节能效果最显著。

综上所述，本小节通过设置相变材料在墙体中的不同位置的 6 种方案，对比分析了最冷月和采暖期农宅的采暖能耗，最终得出结论：相变材料在墙体中的最佳位置为方案 Ⅴ，即将相变材料和保温材料分别放置到墙体两侧，保温材料在墙体外侧，相变材料在墙体内侧，此时的采暖能耗最低，为最佳选择。方案 Ⅲ 的采暖能耗稍低于方案 Ⅴ，可以考虑采用。除此之外其他布置方案的采暖能耗都偏高，节能效果不显著，不建议采用。

2.2.4　相变墙体在建筑中的位置

本小节将相变材料分别填充在单侧墙体、双侧墙体、三侧墙体中，并分别与单独布置在南墙的情况进行对比，布置方案分别为：将相变材料填充到南侧墙体，东侧墙体（单侧墙体 Ⅰ），西侧墙体（单侧墙体 Ⅱ），东侧、北侧墙体（双侧墙体 Ⅰ），西侧、北侧墙体（双侧墙体 Ⅱ），东侧、西侧、北侧墙体（三侧墙体），共 6 种方案。将相变材料填充到墙体内侧，在相变材料厚度为 20 mm、相变温度为 16 ℃ 的情况下分析了采暖期 6 种不同布置方案及无相变材料农宅的采暖能耗，最终得出将相变材料填充到不同墙体中降低能耗的最佳方案。

将相变材料填充到不同墙体中典型农宅采暖期逐月采暖能耗如图 2.22 所示。从图中可以看出，在逐月采暖能耗中，11 月、12 月、1 月和 2 月的各个布置方案采暖能耗明显不同，并且在 1 月采暖能耗出现最大值。从图中也可以看出，最冷月将相变材料填充到南侧墙体中的月采暖能耗最低为 1 712.93 kW · h，节能效果最显著。

将相变材料填充到不同墙体中典型农宅采暖期总采暖能耗如图 2.23 所示。从图中可以看出，不同布置方案的农宅采暖期总采暖能耗不同。如图所示，采暖期总采暖能耗由高到低分别为：无相变材料墙体，7 445.68 kW · h；单侧墙体 Ⅰ，7 311.37 kW · h；单侧墙体 Ⅱ，7 278.71 kW · h；双侧墙体 Ⅰ，7 256.44 kW · h；三侧墙体，7 251.37 kW · h；双侧墙体 Ⅱ，7 225.04 kW · h；南侧墙体，7 134.34 kW · h。将相变材料单独填充到南侧墙体中采暖期农宅总采暖能耗达到最低，比无相变材料墙体农宅能耗降低了 311.34 kW · h，节能效果最佳。

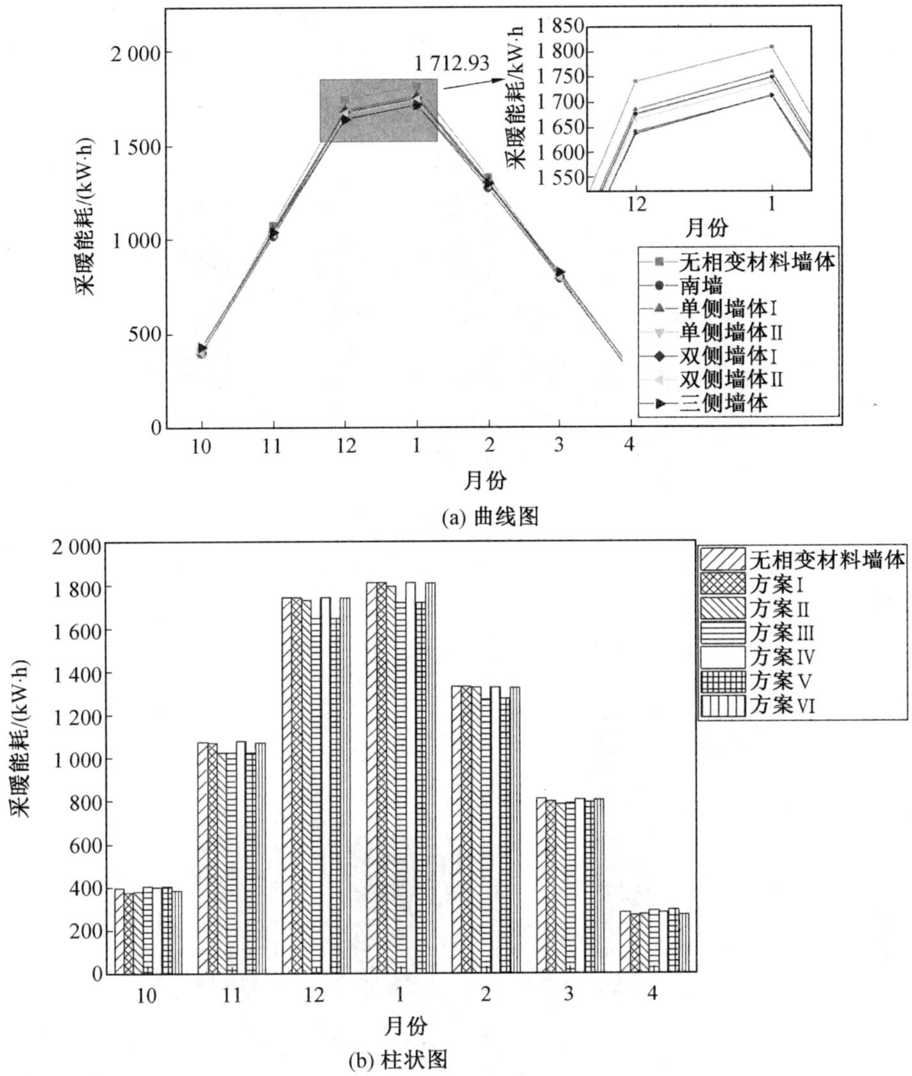

图 2.22　将相变材料填充到不同墙体中典型农宅采暖期逐月采暖能耗

不同墙体典型农宅采暖期节能率如图 2.24 所示。通过分析，节能率趋势与总采暖能耗趋势略有差异。单侧墙体Ⅰ、单侧墙体Ⅱ的节能率分别仅为 1.18% 和 2.24%；双侧墙体Ⅰ、双侧墙体Ⅱ的节能率略有提高，分别为 2.54% 和 2.96%；三侧墙体采暖期的节能率仅为 2.61%，而将相变材料单独填充到南侧墙体中典型农宅采暖期的节能率则达到了 4.18%，节能率最高，节能效果最显著。

综上所述，将相变材料填充到不同墙体中，采暖期典型农宅的采暖能耗不同，最终得出结论：将相变材料填充到不同墙体中最适宜的布置方案是将相变材料填充到南侧墙体中，此时的采暖能耗最低，节能效果最显著，为最佳选择。除此之外其他布置方案的采暖能耗都偏高，节能效果不明显，不建议使用。最终给出的建筑节能设计建议为：最佳的相变材料填充到不同墙体中的布置方案为填充到南侧墙体的方案。

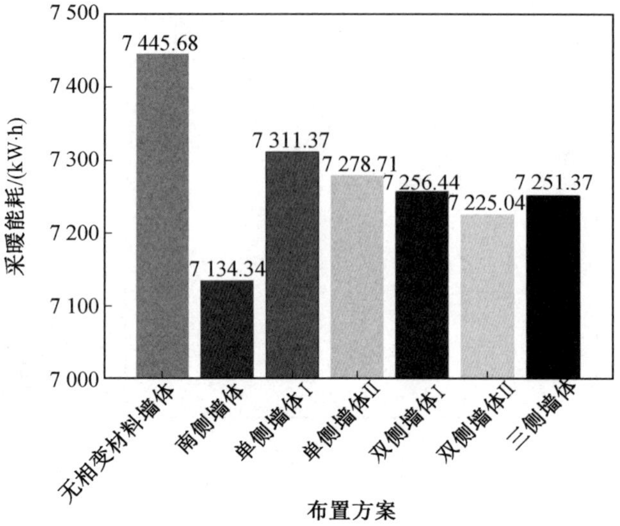

图 2.23　将相变材料填充到不同墙体中典型农宅采暖期总采暖能耗

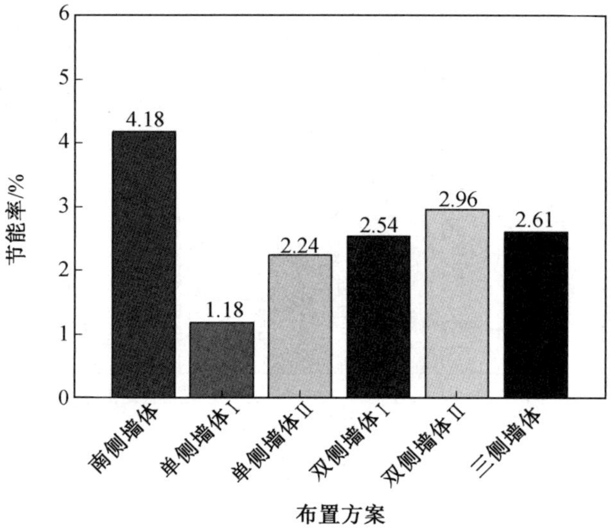

图 2.24　不同墙体典型农宅采暖期节能率

2.2.5　天花板和地面填充相变材料的优化

本小节从天花板和地面两处填充的相变材料来分析室内热环境，分析了将相变材料填充到天花板和地面中两种不同情况下对采暖期典型农宅能耗变化的影响，最终得出天花板是更适宜填充相变材料的围护结构部位，为建筑节能设计提供了理论依据。

有无填充相变材料的天花板和地面的典型农宅采暖期逐月采暖能耗如图 2.25 所示。由图可知，整个采暖期中，两种方案在 11 月至次年 3 月的采暖能耗差别比较大。通过局部放大最冷月的采暖能耗发现，天花板填充相变材料的方案在最冷月采暖能耗最低，与之前的叙述相符。

有无填充相变材料的天花板和地面的典型农宅采暖期总采暖能耗如图 2.26 所示。

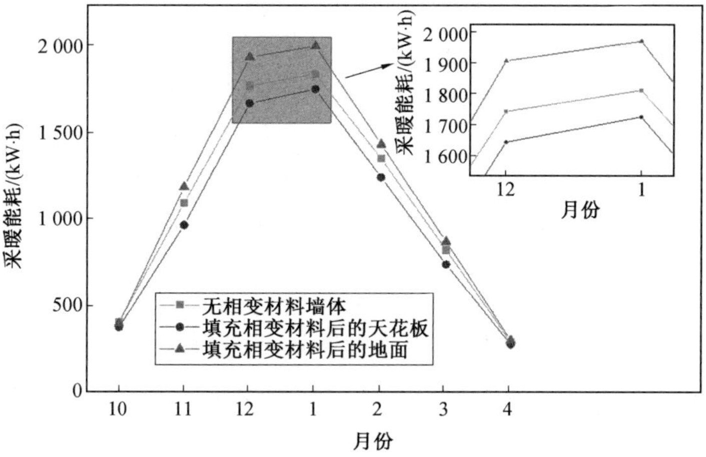

(a) 曲线图

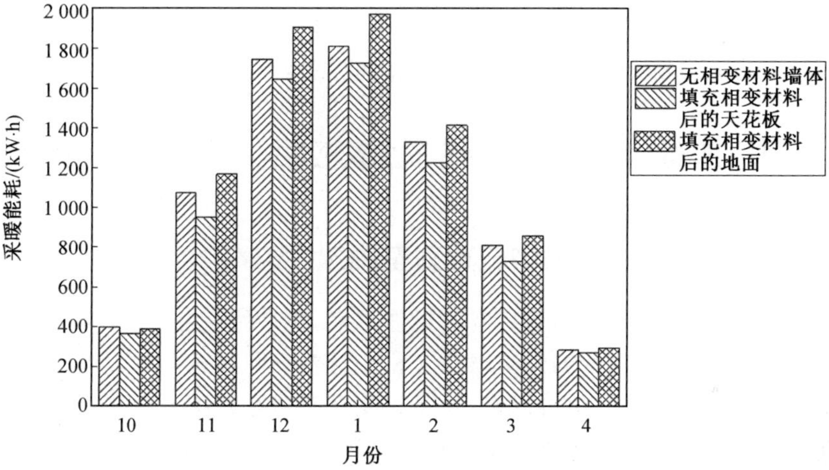

(b) 柱状图

图 2.25　有无填充相变材料的天花板和地面的典型农宅采暖期逐月采暖能耗

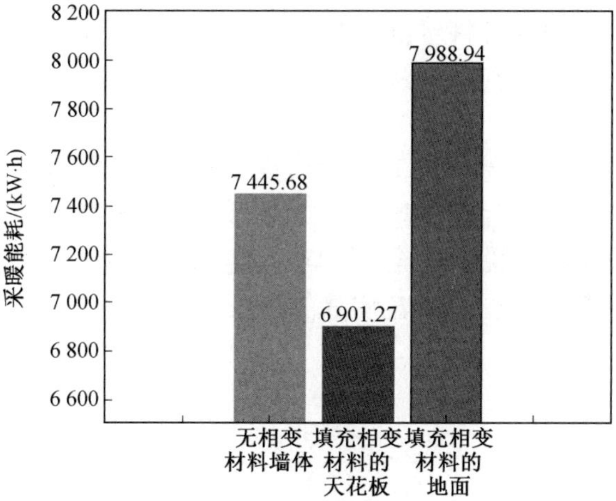

图 2.26　有无填充相变材料的天花板和地面的典型农宅采暖期总采暖能耗

从图中可以看出，不同相变材料布置方案采暖期总采暖能耗不同：地面填充相变材料的采暖能耗最高，为7 988.94 kW・h，无相变材料墙体的采暖能耗仅为7 445.68 kW・h，前者较后者高出543.26 kW・h，节能效果非常不好。与此不同的是，天花板填充相变材料的采暖期农宅总采暖能耗明显较低，为6 901.27 kW・h，节能效果最显著。

通过计算得出，天花板和地面填充相变材料的节能率分别为7.31%和−7.30%，可以看出，地面填充相变材料方案的节能效果不好。综上可知，更适宜填充相变材料的围护结构部位为天花板。

本小节通过在天花板和地面填充相变材料，对比分析了两种不同方案自然室温下对室内温度的影响，以及采暖期不同方案下农宅采暖能耗的变化情况，最终得出结论：相对于将相变材料填充到地面中，更适宜填充相变材料的围护结构部位为天花板，天花板填充相变材料可有效提升室内温度，提高室内热舒适度，降低建筑采暖能耗。在农宅中，地面材料多为水泥砂浆，仅在水泥砂浆层下填充相变材料会造成室内热舒适度下降，采暖能耗增加。因此，在农宅的水泥地面中不适宜填充相变材料。最终给出的建筑节能设计建议为：在农宅的天花板中填充相变材料对降低采暖能耗具有一定的可行性。

2.3 附加阳光间农宅屋顶填充相变材料方案的优化

2.3.1 相变材料在屋顶中位置对室内温度的影响

为了更好地分析屋顶填充相变材料的最佳方案，在自然室温下，分别提取了不同方案时最冷日逐时屋顶内部温度数据。屋顶填充相变材料不同布置方案下屋顶内部温度逐时对比图如图2.27所示。从图中可以看出，将相变材料填充到屋顶中的不同布置方案均有效提升了屋顶内部温度，这说明将相变材料填充到严寒地区农村住宅屋顶构造层中对于提高室内温度具有一定的可行性。如图所示，14时以前，不同布置方案屋顶内部温度趋势一致，且方案Ⅱ的温度明显高于其他方案：10时，几种不同布置方案下，方案Ⅱ的温度最高，为−0.59 ℃，较无相变材料屋顶温度提高0.51 ℃，屋顶内部温度显著升高。故在最冷日方案Ⅱ最明显地提升了室内热舒适度。18时以后，由于太阳辐射量明显下降，屋顶内部温度明显下降。

屋顶填充相变材料不同布置方案下室内温度逐时对比图如图2.28所示。由图可知，14时以前，不同布置方案的室内温度趋势一致，方案Ⅲ的日平均室温明显高于其他方案，为9.31 ℃，节能效果最好，这说明最冷日方案Ⅲ能够更好地提升室内热舒适度，其次为方案Ⅴ；16时，方案Ⅲ最高室内温度达到10.1 ℃，方案Ⅴ最高室内温度能达到10.38 ℃。

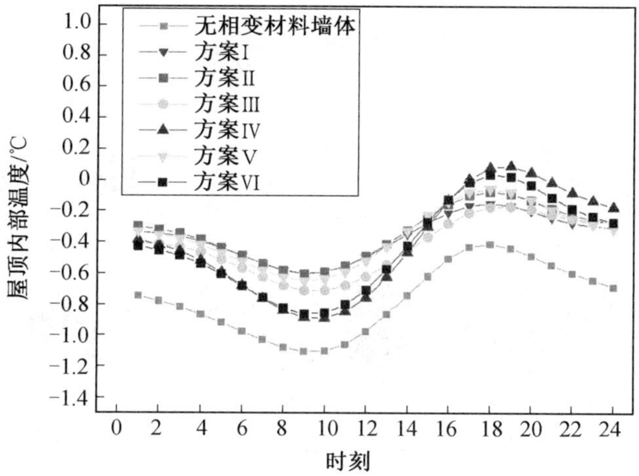

图 2.27　屋顶填充相变材料不同布置方案下屋顶内部温度逐时对比图

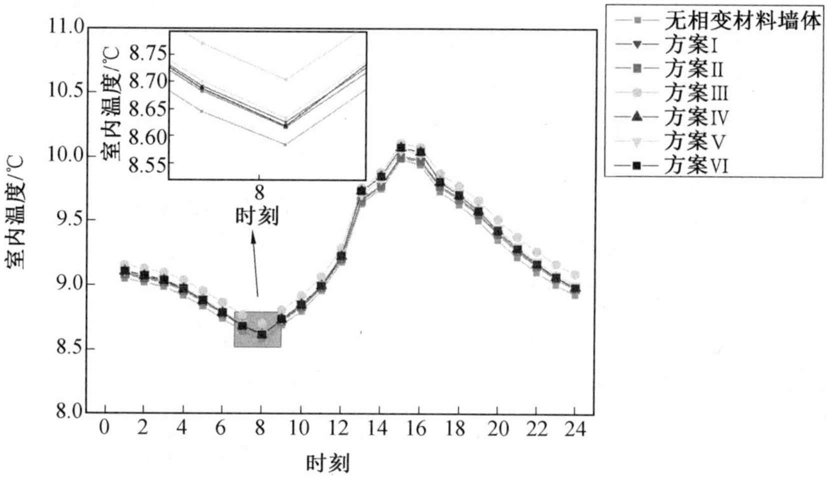

图 2.28　屋顶填充相变材料不同布置方案下室内温度逐时对比图

2.3.2　相变材料在屋顶中位置对采暖能耗的影响

本小节将屋顶填充相变材料的不同方案与无相变材料屋顶对比，共设置了 6 个对照组(图 2.29)。对比分析了采暖期的农宅采暖能耗，最终分析出相变材料填充到屋顶构造层中的最佳位置。

相变材料填充到屋顶中不同位置的采暖期农宅逐月采暖能耗如图 2.30 所示。由图 2.30(a) 可知，整个采暖期中，各方案在 10 月至次年 1 月的采暖能耗差别较大。通过局部放大 11 月的采暖能耗发现，方案 Ⅱ 采暖能耗最低，为 1 000.63 kW・h，比无相变材料屋顶能耗降低 73.65 kW・h。通过分析图 2.30(b) 发现，方案 Ⅱ 在 10 月和 11 月的能耗明显较低，采暖能耗分别为 342.67 kW・h 和 1 000.63 kW・h，节能效果显著。

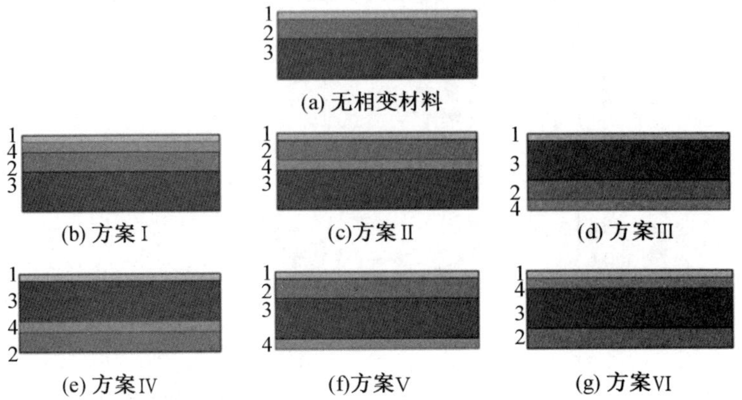

1—沥青(19 mm)；2—屋面保温(48 mm)；3—混凝土(100 mm)；4—相变材料(20 mm)。

图 2.29　屋面布置方案

改变屋顶填充相变材料位置后采暖期农宅总采暖能耗如图 2.31 所示。从图中可以看出，不同相变材料布置方案采暖期总采暖能耗不同，方案 Ⅳ、Ⅵ 的采暖能耗较高，节能效果最不明显。与此不同的是，方案 Ⅱ 的采暖期总能耗明显较低，节能效果更显著。方案 Ⅱ 的采暖期总采暖能耗为 7 203.28 kW·h，比无相变材料方案低了 242.4 kW·h，节能效果很显著。

相变材料填充到屋顶中不同位置的采暖期农宅节能率如图 2.32 所示。从图中可以看出，方案 Ⅳ、方案 Ⅵ 的节能率很低，节能效果非常不明显。与此不同的是，方案 Ⅱ 的节能率较高，为 3.26%，节能效果显著。

综上所述，将相变材料填充到屋顶不同构造层中，对比分析几种不同布置方案下屋顶内部温度、室内温度及采暖期农宅采暖能耗的变化情况，最终得出结论：最适宜的相变材

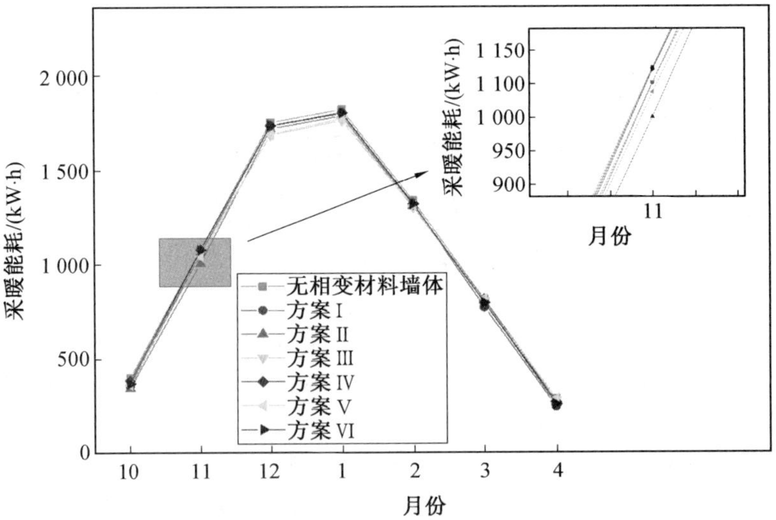

(a) 曲线图

图 2.30　相变材料填充到屋顶中不同位置的采暖期农宅逐月采暖能耗

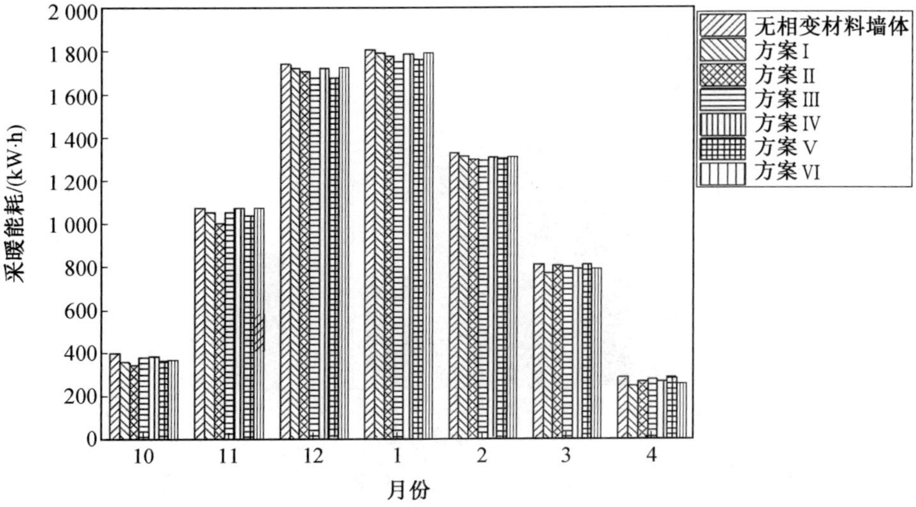

(b) 柱状图

图 2.30(续)

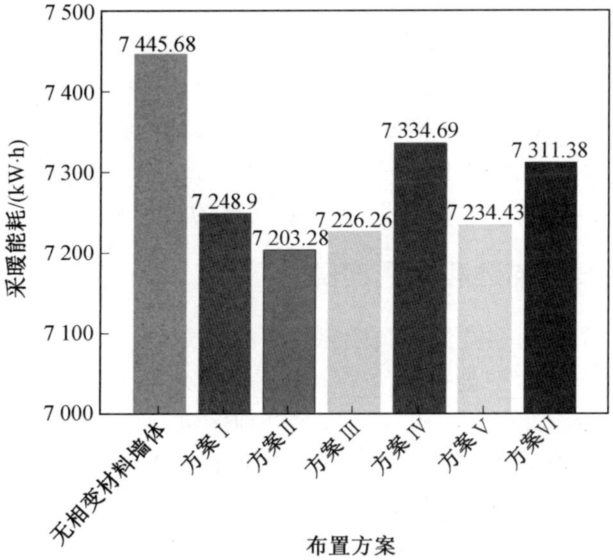

图 2.31　改变屋顶填充相变材料位置后采暖期农宅总采暖能耗

料在屋顶中的位置方案为方案 Ⅱ，此时屋顶内部逐时温度最高，采暖期农宅采暖能耗最低，节能率最高，为最佳选择。除此之外，其他布置方案对屋顶内部温度提升较小，采暖能耗偏高，节能效果不显著，不建议使用。最终给出建筑节能设计建议为：将相变材料填充到屋顶构造层中的最佳位置方案为方案 Ⅱ，即将相变材料填充到屋顶外保温的内侧。

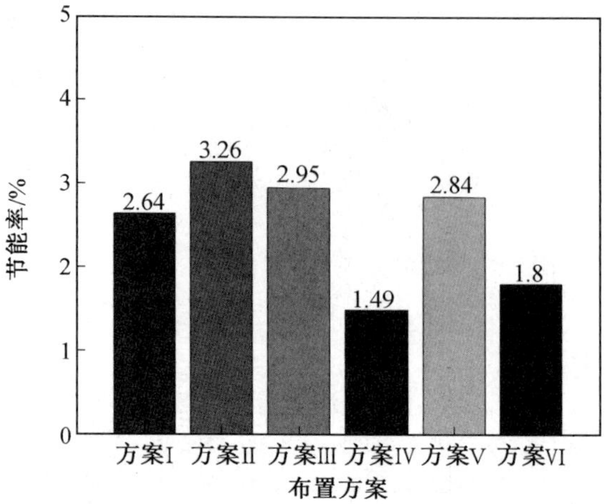

图 2.32　相变材料填充到屋顶中不同位置的采暖期农宅节能率

2.4　含 PCM 窗框的热性能研究

窗框内注入相变材料是拓宽相变材料在建筑节能领域应用的新技术。然而，当前学界对含相变材料(PCM)窗框热性能的详细研究却很少。因此，该技术在严寒气候下推广应用之前仍需要一定的研究。本书通过对几种玻璃、窗框材料和结构的模拟、分析及优化，设计 3 个步骤对该技术进行了研究。从 EnergyPlus 模拟能耗、采光性能和耐久性等多目标开始逐步探索，研究了严寒地区含 PCM 窗框的设计和应用。

2.4.1　农宅案例描述和配置案例

为了评估含 PCM 窗框在降低供暖能耗方面的潜力，本小节对黑龙江省注入 PCM 和未注入 PCM 的典型农宅窗框进行了研究。案例农宅为位于黑龙江省安达市卧里屯镇的农宅(北纬 46.42°，东经 125.33°)，是笔者在严寒地区进行大量调查后发现的传统类型农宅。农宅图片如图 2.33(a) 所示。该建筑为瓦屋顶和砖混结构，总建筑面积约为 95 m^2。尺寸为 3.2 m×12.6 m×7.6 m(高×长×宽)，南北立面各有 3 扇窗户。窗户和窗台的高度分别为 1.5 m 和 0.95 m，南北向相同。

农宅的简化模型是在 SketchUp 软件中结合 OpenStudio 插件构建的，农宅三维模型图如图2.33(b) 所示。农宅围护结构的主要参数见表 2.10，表 2.10 给出了建筑构件的热导系数以及外墙、室内隔墙、屋顶、地面和窗户结构所用材料及其厚度。以东卧室为研究对象，对其能耗进行分析。南窗原大小为 2.1 m×1.5 m，北窗原大小为 1.2 m×1.5 m。由于位于北半球，冬季西北风较多，北窗尺寸较小，有利于保温。客厅和卧室一般位于南部，窗户大，室内照明良好。因此，南窗的尺寸大于北窗。

(a) 农宅图片

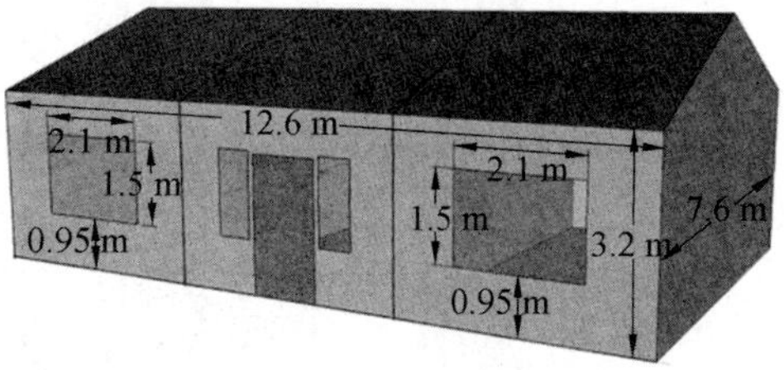

(b) 农宅三维模型图

图 2.33　严寒地区典型农宅的图片和模型

表 2.10　农宅围护结构的主要参数

建筑构件	材料(从外到内)	厚度 /mm	U 值 /(W·m^{-1}·K^{-1})
外墙	保温砂浆	10	0.165
	聚氨酯绝缘材料	120	
	黏土烧结砖	370	
室内隔墙	保温砂浆	10	1.26
	黏土烧结砖	120	
	保温砂浆	10	
屋顶	沥青	19	0.417
	钢筋混凝土屋面板	100	
	聚氨酯绝缘材料	50	
地面	灰泥	20	0.503
	绝缘板	50	
	混凝土	200	
窗户	玻璃	6	5.7
	钢架	—	

该农宅模型还可以从不同的来源获得不稳定的热量,如人体和电器,本小节没有考虑这些来源。此外,通过卧室门和窗户进行的热传递可以忽略,因为在冬季,卧室门大部分时间保持关闭,并且建筑不通过窗户通风。

本研究对建筑模型的玻璃材料和层数、窗框材料和配置以及 WWR 进行了比较与优化。以下是所研究的不同参数和配置。

案例 1(玻璃材料和层数):原建筑采用单层玻璃窗,保温效果差,采暖期能耗高。3 种常用于严寒地区的玻璃窗结构如图 2.34 所示,分别采用 4 mm 玻璃+6 mm 空气+4 mm 玻璃(以下空气缩写为 A)的双层玻璃窗(DW)、4 mm 玻璃 + 6 mmA + 4 mm 玻璃 + 6 mmA + 4 mm 玻璃的三层玻璃窗(TW)和 4 mm 低辐射镀膜玻璃(Low-E) + 6 mmA +4 mm 双层玻璃窗 + Low-E 的(DW + Low-E)来分析透热率和能耗差异。

案例 2(窗框材料和配置):通过对案例 1 中 3 种玻璃进行能耗分析,选择一种既节能

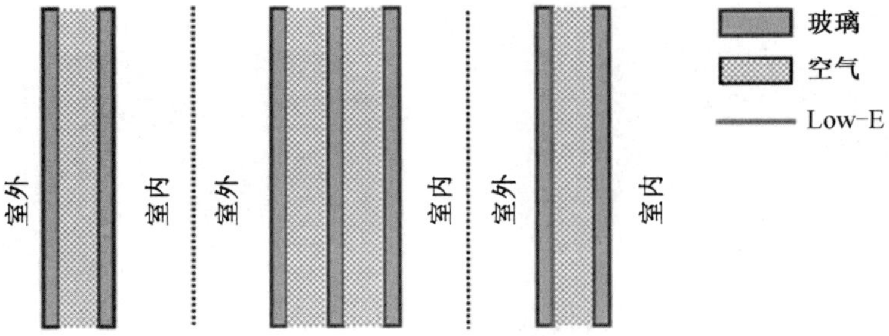

(a) DW　　(b) TW　　(c) DW+Low-E

图 2.34　3 种常用于严寒地区的玻璃窗结构

又实用的玻璃后，还需要研究窗框的性能。不同材料的窗框及内部结构建设过程不同，给能耗计算带来一定困难。为了简化计算，本研究分析了严寒地区最常用的 4 种窗框的热交换量和能耗，如图 2.35 所示，分别为塑料框(PF)、铝合金框(AAF)、塑钢框(PSF) 和塑钢框 + PCM(PSFP)。PCM 材料参数：石蜡导热系数 0.2 W/(m · K)，比热 4 810 J/(kg · K)，密度 880 kg/m^3，潜热 185 000 J/kg，熔化温度 20 ～ 22℃。窗框配置是窗户的另一个重要部分。本小节研究窗框形式在农宅节能中的应用。3 种常见的带有 TW 玻璃的平开窗类型如图 2.36 所示，3 种常见的平开窗[1 个竖梃类型(Ⅰ)、1 个竖梃类型(Ⅱ) 和 2 个竖梃类型(Ⅲ)] 窗框与玻璃的面积比分别为 20.0%、22.0% 和 24.5%。

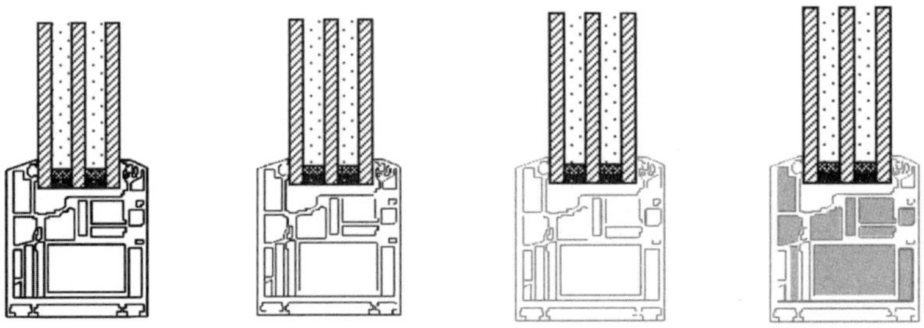

(a) PF　　(b) AAF　　(c) PSF　　(d) PSFP

图 2.35　4 种窗框的结构

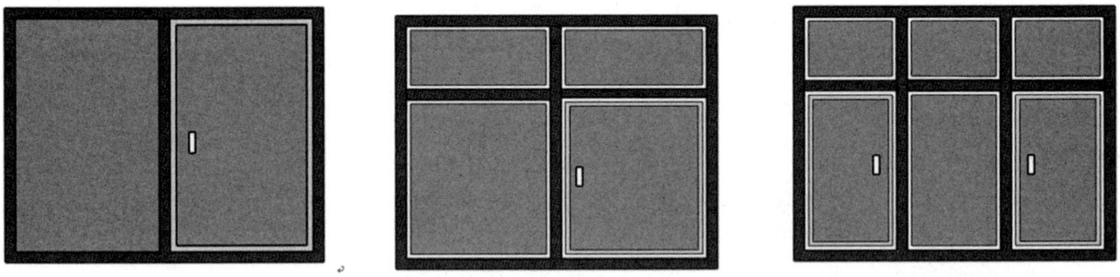

(a) Ⅰ　　(b) Ⅱ　　(c) Ⅲ

图 2.36　3 种常见的带有 TW 玻璃的平开窗类型

案例 3(WWR)：在实际设计过程中，除案例 1 和案例 2 外，WWR 对采暖期能耗影响也比较大。试验农宅为砖混结构，根据承载力要求，朝南窗的宽度不宜过大，应小于 2.4 m。原建筑南窗宽 2.1 m，北窗宽 1.2 m。根据施工技术要求，以 0.3 为模数，南窗宽度建议尺寸为 2.4 m、2.1 m 和 1.8 m，北窗宽度建议尺寸为 1.5 m、1.2 m 和 0.9 m，可组成 9 组窗户，其窗户尺寸及相应的 WWR 见表 2.11。利用采光模拟软件得出，9 组窗户采光系数的平均值均满足规范要求，均可采用。

表 2.11　9 组窗户尺寸和 WWR

编号	南窗		北窗		WWR(南)－WWR(北)/%
	尺寸(长×宽)/m^2	WWR(南)/%	尺寸(长×宽)/m^2	WWR(北)/%	
N1－1	1.8×1.5	26.4	0.9×1.5	13.2	13.2
N1－2	1.8×1.5	26.4	1.2×1.5	17.6	8.8
N1－3	1.8×1.5	26.4	1.5×1.5	22.0	4.4
N2－1	2.1×1.5	30.8	0.9×1.5	13.2	17.6
N2－2	2.1×1.5	30.8	1.2×1.5	17.6	13.2
N2－3	2.1×1.5	30.8	1.5×1.5	22.0	8.8
N3－1	2.4×1.5	35.2	0.9×1.5	13.2	22
N3－2	2.4×1.5	35.2	1.2×1.5	17.6	17.6
N3－3	2.4×1.5	35.2	1.5×1.5	22.0	13.2

2.4.2　窗框对能耗影响

1. 传热系数

DW、TW 和 DW＋Low-E 玻璃窗的传热系数根据《ISO/CD 15099:2023 门窗和遮阳装置的热性能 详细计算》《ISO 10077－1:2020 门窗和百叶窗的热性能 热透射率的计算 第 1 部分:概述》和《ISO 10077－2:2017 门、窗和百叶窗热性能 热传递系数的计算 第 2 部分:框架用数值法》标准计算得出，图 2.33 中的 DW 的太阳透热率为 2.75 W/(m^2·K)、TW 为1.78 W/(m^2·K)、DW＋Low-E 为 2.52 W/(m^2·K)。

窗框的形状一般是不规则的，其太阳透热率不能用公式直接推导，但可以直接引用相关文献中的数值，如图 2.34 中的塑料框(PF) 为 1.91 W/(m^2·K)，铝合金框(AAF) 为 3.72 W/(m^2·K)，塑钢框(PSF) 为 2.4 W/(m^2·K)，塑钢框＋PCM(PSFP)为2.2 W/(m^2·K)。

2. 能耗模拟

EnergyPlus 软件是美国能源部(DOE) 和劳伦斯·伯克利国家实验室(LBNL) 共同开发的一个广泛使用的建筑能耗模拟引擎，已经经过了学者们的广泛测试并得到认可。本研究使用了基于能够模拟相变现象的全隐式解算器的导热有限差分(CondFD) 算法。

2.4.3 各种窗框能耗计算结果分析

1. 玻璃对能耗的影响

根据《严寒和寒冷地区农村住房节能技术导则》，农村住房主要房间冬季采暖室内设计计算温度为 14 ～ 18 ℃，以保证建筑的热舒适性。设置 4 种不同的室内温度(14 ℃、16 ℃、18 ℃ 和 20 ℃)来研究其变化规律。此外，应用 EnergyPlus 软件还针对 7 个月(从 10 月到次年 4 月)供暖期进行能耗模拟。为了证明所获得的结果，设置 EnergyPlus 中的最冷月(1 月)室外温度为 －18 ℃，选择 SW、DW、TW 和 DW ＋ Low-E 4 种类型的玻璃窗。为了更清楚地比较不同的玻璃能耗差异，将卧室的南北窗扩大到 2.4 m×2.4 m。图 2.37 和图 2.38 分别显示了不同室内设计温度下的月供暖能耗模拟结果以及 4 种开窗方式的总采暖能耗。

图 2.37 和图 2.38 显示，TW 在不同室内设计温度下的能耗最低，这种窗户广泛用于严寒地区。接下来，对 TW 的各种窗框进行综合能耗分析。TW 在室内温度(14 ℃、16 ℃、18 ℃ 和 20℃)下的节能率分别为 16.0%、15.2%、14.5% 和 14.1%，随温度的升高略有下降。

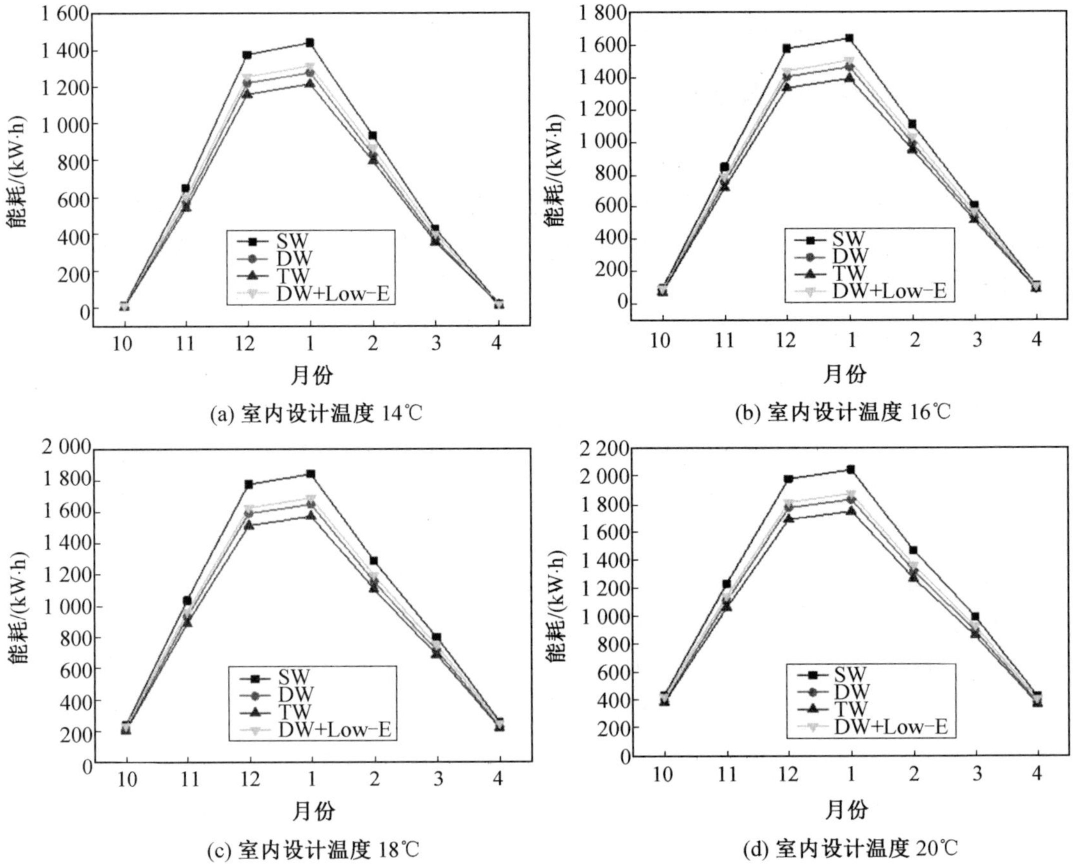

图 2.37 不同室内设计温度下的月供暖能耗模拟结果

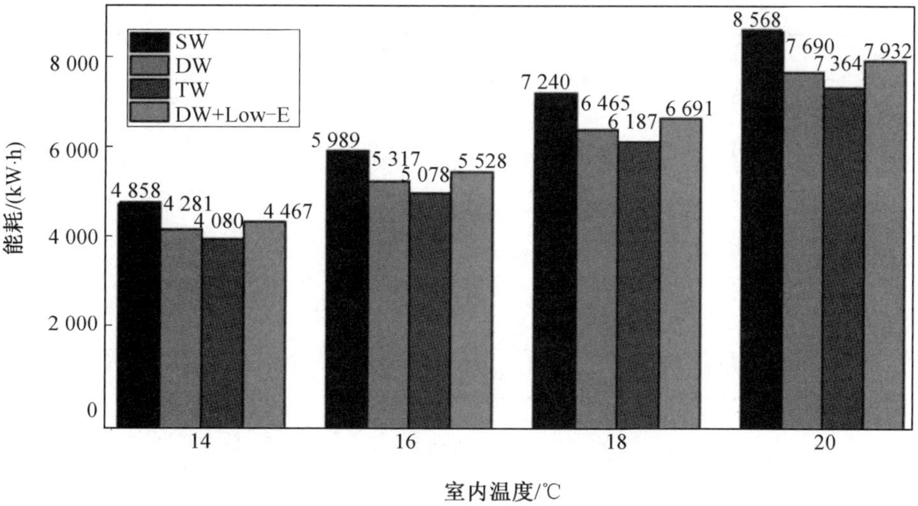

图 2.38　4 种开窗方式的总采暖能耗

2. 窗框结构和材料的能耗

本小节分析和总结了 4 种窗框(PF、AAF、PSF 和 PSFP)和 3 种带有 TW 玻璃的常见平开窗。从图 2.38 可以看出，不同温度下 4 种开窗方式的农宅的能耗特性相似，因此只进行了一次温度(18 ℃)分析。玻璃围护结构参数在 EnergyPlus 中的类别设置中给出，南窗的原始宽度和高度分别为 2.1 m 和 1.5 m，北窗的原始宽度和高度分别为 1.2 m 和 1.5 m。窗框分为边框、水平框和垂直框，并按类别给出了透热率。最后，将窗框连接到玻璃材料上，形成 12 个完整的窗户结构，并使用 EnergyPlus 软件模拟在 18 ℃ 下 12 组窗框方案的能耗，不同窗框结构和类型的能耗见表 2.12，不同窗框材料和类型的总供暖能耗如图 2.39 所示。

表 2.12　不同窗框结构和类型的能耗　kW·h

窗框类型	月份	PF	AAF	PSF	PSFP
	10 月	90	92	91	91
	11 月	383	386	384	383
	12 月	640	645	641	641
Ⅰ	1 月	653	659	655	654
	2 月	462	466	463	463
	3 月	291	294	292	291
	4 月	98	99	98	98

续表

窗框类型	月份	PF	AAF	PSF	PSFP
Ⅱ	10 月	94	96	94	94
	11 月	386	390	387	386
	12 月	643	649	645	644
	1 月	656	663	658	658
	2 月	466	471	468	467
	3 月	295	299	296	296
	4 月	101	102	101	101
Ⅲ	10 月	97	99	97	97
	11 月	388	392	389	389
	12 月	645	652	647	646
	1 月	659	666	661	661
	2 月	469	475	471	470
	3 月	298	302	300	299
	4 月	103	104	103	103

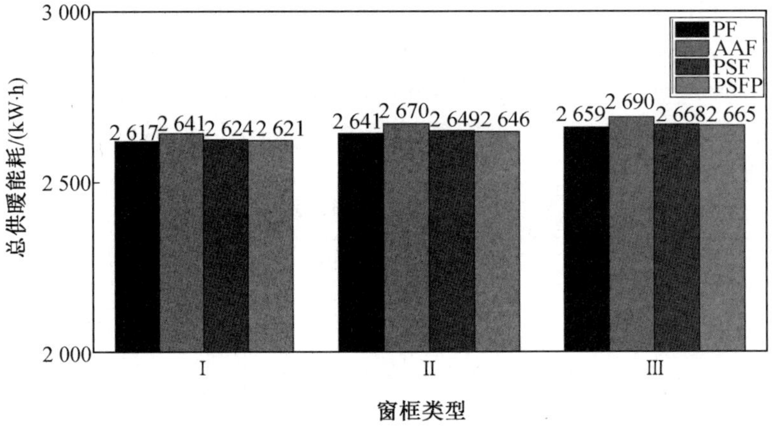

图 2.39　不同窗框材料和类型的总供暖能耗

由表 2.12 和图 2.39 可知，在同种嵌装玻璃和窗框的条件下，4 种材料制成的窗框能耗差异不大。在采暖期，PF 的月能耗和总能耗最低，其次是 PSFP、PSF 和 AAF。在使用同种玻璃的情况下，Ⅲ 型窗框布局能耗最大，Ⅱ 型次之，Ⅰ 型最节能。在实际使用过程中，Ⅰ 型窗框稳定性较差，仅适用于窗高较低的情况。因此，在使用前需要进行分析和演算。由于 TW 玻璃的透热率小于窗框系数，因此窗框面积越大，能耗越高。结果表明，窗框与玻璃的面积比越小，PSFP 的透热率越低，有利于降低能耗。窗框内腔采用 PCM 材料是一种新的节能方法。从图 2.38 和图 2.39 可以看出，与窗框相比，玻璃的透热率差异较大、面积较大，对能耗影响较大。

为了进一步探讨窗户尺寸对能耗的影响，下面将抽取研究案例中的试验房进行模拟。需要选择窗框材料和类型。在层高和结构的限制下，窗高只能为 1.5 m 的固定值。虽然 Ⅰ 型窗框最节能，但由于强度不足，不适用于 1.5 m 高的窗户，因此应使用 Ⅱ 型窗框。同时，考虑到 PF 在严寒地区耐久性较差，笔者认为 Ⅱ 型 PSFP 框架最为合适，模拟结果显示新结构比原结构节能 12.2%。

3. **WWR 对能耗的影响**

采光模拟分析表明，表 2.11 中 9 组 WWR 的采光系数平均值符合规范要求。9 组窗户尺寸下农宅能耗如图 2.40 所示，图中显示了 TW 玻璃中 9 组 WWR 和来自案例 1 和案例 2 的 Ⅱ 型 PSFP 框架的能耗模拟结果。

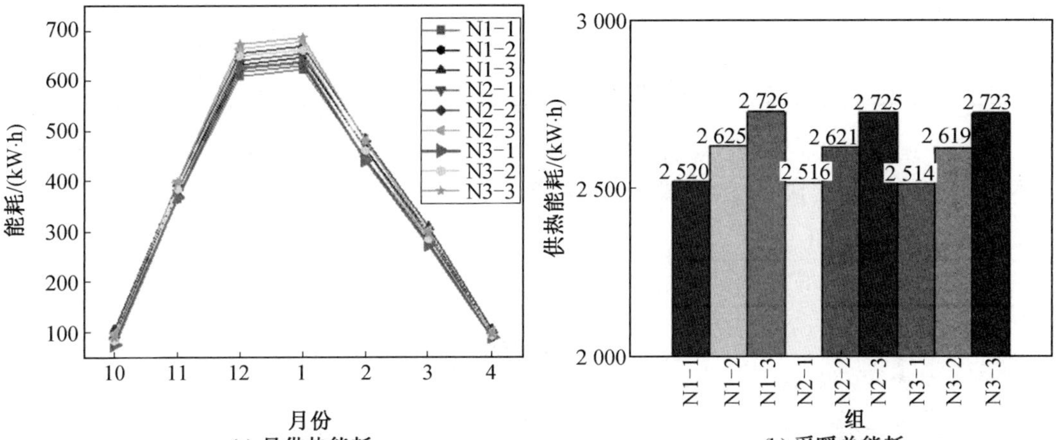

(a) 月供热能耗　　(b) 采暖总能耗

图 2.40　9 组窗户尺寸下农宅能耗

从表 2.11 和图 2.40 可以看出，在南窗尺寸相同的情况下，北窗尺寸越小，节能效果越好；在北窗尺寸相同的情况下，南窗尺寸越大，节能效果越好；前者比后者更明显。N3-1 有最大的南窗和最小的北窗，在较冷的 11 月、12 月和 1 月，N3-1 的能耗并非最低，这表明在较冷的 3 个月，南向窗户尺寸较大，节能效果也不显著；其余 4 个月的采暖能耗较低，采暖期的总能耗也较低。WWR(南) 与 WWR(北) 值越大，南北窗之间的尺寸差异越大，总能耗越低。相反，总能耗越高。当 WWR(南) 与 WWR(北) 值相同时，北窗越小，总能耗越低。结果表明，减小北窗尺寸对节能更为有效，减小后的农宅能耗比原建筑少 4.1%。

根据上述多目标优化和 EnergyPlus 的能耗模拟(案例 1、2 和 3)，可得出 TW + Ⅱ + PSFP + N3-1 是节能和采光性能的最佳选择，可节省约 20% 的能源成本。

4. **TW + Ⅱ + PSFP + N3-1 的经济可行性**

经计算，模拟 TW + Ⅱ + PSFP + N3-1 比原 TW + Ⅱ + PSFP + N3-1 节省 628.5 kW·h/a。能耗的评价单位是以节电量 kW·h 为基础的。根据《黑龙江省物价监督管理局关于居民用电试行阶梯电价的通知》，目前非高峰时段用电成本约为 0.6 元 /(kW·h)，年节约成本(C_S) 为 377.1 元 / 年。下面进行热经济学分析以评估 TW + Ⅱ + PSFP + N3-1 的可行性。为此，基于建筑使用周期成本分析建立了经济模型。材料和施工的总成本(C_T，单位：CNY) 由改造的人工成本(C_L)、PCM 的投资成本

(C_I)、其他材料(C_O) 和建筑使用周期内所需能源成本的现值之和通过公式(2.5) 算出。PCM(C_I) 的投资成本为 54.68 元人民币。

$$C_T = C_L + C_I + C_O + C_A PWF \tag{2.5}$$

式中,C_A 为将占用区域维持在热舒适范围内的年供热能源成本,17.74(CNY);PWF 为现值系数,用于将整个建筑使用周期内加热的总能源成本转换为现值,7.58(CNY)。值得注意的是,分析中假定 PCM 和其他材料的维护和运行成本为 0,因为它们的成本与材料和施工成本相比非常小。通过对该区域相关成本的调查获得人工和其他材料的参考成本,见表 2.13。

表 2.13　人工和其他材料的参考成本

成本类型	数量	单价	总价
C_L	2 d	150 元 /d	300.00 元
C_O	4.95 m^2	300 元 /m^2	1 485.00 元

根据上述所有指定数值,可得 C_T 为 1 974.15(CNY)。投资回收期(N) 定义为总投资成本与年节约成本的比率,由公式(2.6) 估算,可得 $N = 5.2$(a)。

$$N = \frac{C_T}{C_S} \tag{2.6}$$

2.5　本章小结

本章在严寒地区窗户热性能分析的基础上,对各种窗玻璃和窗框的能耗进行了模拟和比较。采用原单层玻璃和 3 种多层玻璃窗,分析了 4 种不同室内设计温度(14 ℃、16 ℃、18 ℃、20 ℃)下的太阳透热率和能耗差异。在室内18℃和TW条件下,对3种框架类型、4种框架材料和 9 组窗户尺寸的能耗进行了模拟与优化选择。根据仿真结果,得出以下结论。

(1) 通过对北方某农宅的模拟分析得出,在相同的室内温度下,不同类型的玻璃窗的月能耗和总能耗存在明显差异。TW 在不同室内温度下的能耗最低,比原单层玻璃节能 14.1% ~ 16.0%,并且随着温度的升高略有降低,建议在严寒地区使用。

(2) 在实际使用过程中,Ⅱ + PSFP 窗框是严寒气候下保温、耐久、稳定的最佳综合方案,比原建筑模型节能 12.2%,更为推荐。另外,从物理现象来看,将南面的窗框替换为 PSFP 效果较好,可以吸收更多的太阳光热,充分发挥 PSFP 的优势。

(3) 南北窗尺寸差越大,总能耗越低,反之总能耗越高。当差值相同时,北窗越小,节能效果越好。结果表明,减小北窗尺寸对节能更为有效,南最大北最小的窗尺寸比原尺寸节能 4.1%。

(4) 根据上述多目标优化和 EnergyPlus 能耗分析,TW 窗、Ⅱ 平开窗、PSFP 窗、南部最大窗尺寸和北部最小窗尺寸的组合可节省约 20% 的能源成本,投资回收期为 5.2(a),是严寒地区节能和提高采光性能的最佳选择。研究结果可为这些地区的窗户设计和节能改造提供依据。

本章提出的含相变材料的窗框概念易于在寒冷地区的各类建筑上实施,节能效果明显。相信这项研究结果将有助于优化严寒地区窗户形式。

第 3 章　寒地保温相变玻璃窗光热性能研究及节能优化

玻璃围护结构既是建筑围护结构必备组成部分，又是建筑节能的最薄弱环节，其能量损失约占围护结构总能量损失的 40%。这是因为传统玻璃围护结构普遍存在传热系数高、热惰性小的问题。提高其热工性能是推动寒区建筑节能并实现农村低碳发展的关键环节。近 20 年，一种新型有效的节能技术被提出，即将相变材料填加到玻璃围护结构中，利用其潜热存储能力实现节能舒适目标。与非透光围护结构传热显著不同，玻璃围护结构内部发生伴随相变的光热转换传输过程，其热工性能及节能效果受结构、材料及环境等多方面影响因素制约。本章在大庆冬季典型日气候条件下，分别对 3 种双层玻璃窗、4 种三层玻璃窗及 3 种优化三层相变玻璃窗热性能进行研究，并对最优配置玻璃窗的采光性能进行探讨。下面从研究方法及计算参数，双层玻璃窗、三层玻璃窗热性能比较，保温相变玻璃窗能源性能优化及最优保温相变玻璃窗采光性能几方面进行介绍。

3.1　研究方法及计算参数

3.1.1　模型建立

图 3.1 所示为双层和三层玻璃窗物理模型，用于评估在我国严寒地区冬季利用气凝胶或 PCM 填充玻璃空腔时的节能效益，基于两者共计提出 7 种玻璃围护结构：3 种不同填充介质的双层玻璃窗（图 3.2）和 4 种不同填充介质的三层玻璃窗（图 3.3）。其中，填充空气、固体石蜡以及二氧化硅气凝胶的双层玻璃窗分别命名为 DW、DW＋Par 和 DW＋Sil。4 种三层玻璃窗其玻璃夹层填充介质从外到内分别为：空气和空气、空气和固体石蜡、二氧化硅气凝胶和空气、二氧化硅气凝胶和固体石蜡，分别命名为 TW、TW＋Par、TW＋Sil 以及 TW＋Sil＋Par。玻璃板为 6 mm 厚的浮法玻璃，用于填充空气、二氧化硅气凝胶或固体石蜡的玻璃夹层厚度为 12 mm。为进一步提高 TW＋Sil＋Par 的热性能，提出 3 种优化配置模型，分别命名为 TW＋Sil＋Par 1、TW＋Sil＋Par 2 和 TW＋Sil＋Par 3，并分别评估其热性能。

为简化模型，做出以下假设。

（1）将玻璃通道内部传热过程简化为一维非稳态传热。

（2）除了固体石蜡，玻璃系统中的材料均视为各向同性的均匀介质。

（3）除了吸收系数，石蜡的其他物理特性均与温度和相态无关。

（4）忽略 PCM 的体积变化和散射效应。

（5）与传导和辐射相比，空气和 PCM 液态的自然对流对玻璃系统的传热影响很小。

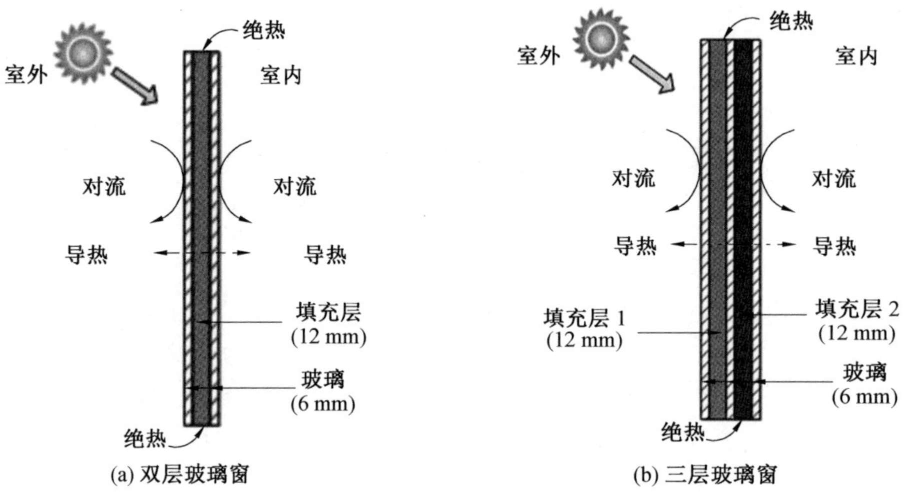

图 3.1　双层和三层玻璃窗物理模型

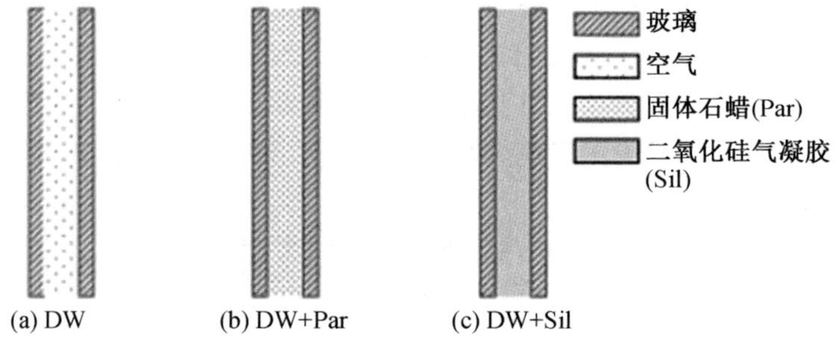

图 3.2　3 种不同填充介质的双层玻璃窗

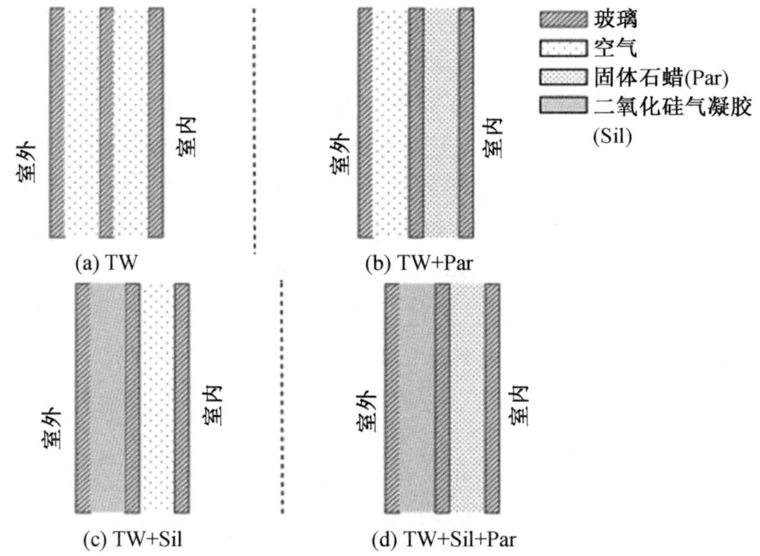

图 3.3　4 种不同填充介质的三层玻璃窗

因此，忽略玻璃系统空腔中的自然对流。

传热发生在双层或三层玻璃窗的不同区域，包括玻璃层、空气层、二氧化硅气凝胶层和 PCM 层。对于前 3 个介质层，非稳态能量方程为

$$\frac{\partial}{\partial x}\left(\frac{k}{\rho c_p}\frac{\partial T}{\partial x}\right)+\frac{\partial}{\partial y}\left(\frac{k}{\rho c_{\mathrm{p}}}\frac{\partial T}{\partial y}\right)+\frac{\varphi}{\rho c_{\mathrm{p}}}=\frac{\partial T}{\partial \tau} \tag{3.1}$$

式中，T 为温度（K）；τ 为时间（s）；φ 为源项（W/m^3）；k、ρ 和 c_{p} 分别为导热系数[W/（m·K）]、密度（kg/m^3）和比热[J/(kg·K)]。

PCM 层的非稳态能量方程为

$$\rho\frac{\partial H}{\partial \tau}=k\frac{\partial^2 T}{\partial x^2}+k\frac{\partial^2 T}{\partial y^2}+\varphi \tag{3.2}$$

式中，H 为比焓(J/kg)。

比焓的计算公式为

$$H=\int_{T_{\mathrm{ref}}}^{T}c_{\mathrm{p}}\mathrm{d}T+\beta Q_{\mathrm{L}} \tag{3.3}$$

$$\begin{cases}\beta=0,T<T_{\mathrm{m}}\\ \beta=\dfrac{T-T_{\mathrm{m}}}{T_{\mathrm{f}}-T_{\mathrm{m}}},T_{\mathrm{m}}\leqslant T\leqslant T_{\mathrm{f}}\\ \beta=1,T>T_{\mathrm{f}}\end{cases} \tag{3.4}$$

式中，T_{ref}、T_{m} 和 T_{f} 分别为 PCM 的参考温度、熔点和凝固点(K)；Q_{L} 和 β 分别为 PCM 的潜热(J/kg) 和液相率。

式(3.1) 和式(3.2) 中的源项为

$$\varphi=\int_{\Omega_{i=4\pi}}I(n,\boldsymbol{n}_i)\,\Omega\mathrm{d}\Omega \tag{3.5}$$

玻璃系统介质的辐射方程为

$$\frac{\mathrm{d}I(n,\boldsymbol{n})}{\mathrm{d}n}=-(\alpha+\delta)I(n,\boldsymbol{n})+\frac{\delta}{4\pi}\int_{4\pi}I(n,\boldsymbol{n}')\,\mathrm{d}\boldsymbol{n}'+\alpha I_{\mathrm{b}}(n,\boldsymbol{n}') \tag{3.6}$$

式中，δ 为透明介质层厚度(mm)；α 为吸收系数(1/m)；I 为太阳入射辐射密度(W/m^2)；$(n,\boldsymbol{n})$ 和 $(n,\boldsymbol{n}')$ 为辐射在介质中传播路径上的空间坐标。

玻璃系统外表面边界条件方程为

$$-k\frac{\partial T}{\partial x}=R_{\mathrm{e}}+h_{\mathrm{out}}(T_{\mathrm{out}}-T_{\mathrm{a,out}}) \tag{3.7}$$

式中，T_{out}、$T_{\mathrm{a,out}}$ 分别为外表面温度和室外温度(K)；h_{out} 为外表面传热系数[$W/(m^2\cdot K)$]；R_{e} 为外表面总辐射强度(W/m^2)，其计算公式为

$$R_{\mathrm{e}}=R_{\mathrm{a}}+R_{\mathrm{s}}+R_{\mathrm{g}} \tag{3.8}$$

式中，R_{a}、R_{s} 和 R_{g} 分别为玻璃外表面向大气、天空和地面的辐射换热(W/m^2)，计算公式为

$$R_{\mathrm{a}}=\left(\frac{1+\cos\theta}{2}\right)^{1.5}\varepsilon\sigma(T_{\mathrm{out}}^4-T_{\mathrm{sky}}^4) \tag{3.9}$$

$$R_{\mathrm{s}}=\frac{1-\cos\theta}{2}\varepsilon\sigma(T_{\mathrm{out}}^4-T_{\mathrm{sky}}^4) \tag{3.10}$$

$$R_g=\frac{1-\cos\theta}{2}\varepsilon\sigma(T_{out}^4-T_{land}^4) \tag{3.11}$$

$$T_{sky}=0.0552\,T_{a,out}^{1.5} \tag{3.12}$$

式中，T_{sky} 为天空温度(K)；ε 和 σ 分别为发射率和黑体辐射常数；θ 为玻璃系统外表面与地面的夹角(°)。

玻璃系统内表面的热平衡方程为

$$-\lambda\frac{\partial T}{\partial\tau}\bigg|_{in}=h_{in}(T_{in}-T_{a,in}) \tag{3.13}$$

式中，h_{in} 为内部传热系数[W/(m² · K)]；T_{in} 和 $T_{a,in}$ 分别为内表面温度和室温(K)。

玻璃系统中不同介质界面的传热方程为

$$-\lambda_{l1}\frac{\partial T}{\partial x}\bigg|_{l1=l2}=\lambda_{l2}\frac{\partial T}{\partial x}\bigg|_{l2=l1} \tag{3.14}$$

$$T_{l1}=T_{l2} \tag{3.15}$$

式中，λ_{l1} 为介质导热系数；λ_{l2} 为介质温度。

3.1.2 能耗指标

本小节玻璃窗的能效由总能耗和节能率来表示，这里仅考虑了玻璃窗的热损失。

1. 总能耗

总能耗是通过累积一天内通过玻璃窗内表面的瞬时热量损失来计算的，公式如下：

$$Q_Z=\frac{1}{1\,000}\sum_{i=1}^{N}q_i \quad q_i>0 \tag{3.16}$$

式中，Q_z 为总能耗(kJ/m² · d)；N 为一天的计算时间步长；q_i 为通过玻璃窗内表面的瞬时热量(W/m²)。

2. 节能率

通过比较本研究的新型玻璃窗和普通双层充气玻璃窗的日总能耗，得到了节能率，计算公式如下：

$$R=\frac{Q_{DWZ}-Q_{NZ}}{Q_{DWZ}}\times 100\% \tag{3.17}$$

式中，R 为节能率(%)；Q_{NZ} 为填充 PCM 或气凝胶的多层玻璃窗日总能耗(kJ/m² · d)；Q_{DWZ} 为普通双层充气玻璃窗日总能耗(kJ/m² · d)。

3.1.3 算法及验证

本小节采用 Gambit 2.3 将计算区域划分为均匀的有限元。数学模型用有限元法进行离散，用二阶精度的隐式迭代方法进行求解。FLUENT 作为著名的计算流体力学的软件，在多层玻璃单元的传热研究中被广泛使用，因此本小节计算工作在 FLUENT 6.3 中进行。

首先，比较了含二氧化硅气凝胶和空气(TW＋Sil)的三层玻璃窗有、无自然对流的模拟结果，以验证假设(5)。TW＋Sil 窗有、无自然对流的内表面温度比较如图 3.4 所示。结果表明，有、无自然对流其温度变化几乎相同，这是由于窗户之间的夹层厚度较小，自然对流的强度不大，故窗户中的热传递由导热和辐射传热主导。

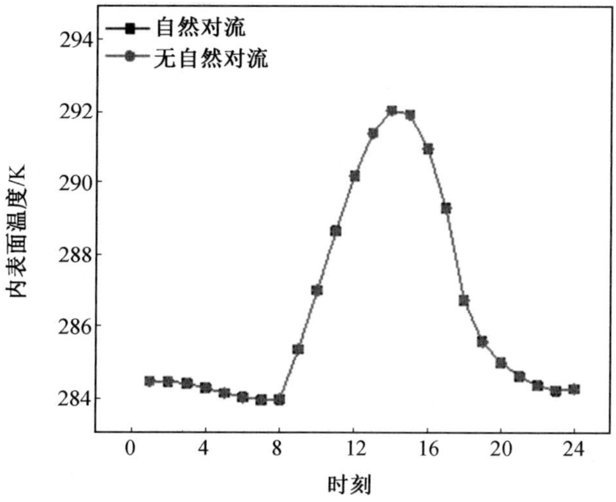

图 3.4　TW + Sil 窗有、无自然对流的内表面温度比较

其次，通过 FLUENT 6.3 研究了不同类型窗户从初始值到稳定值的计算时间，以确定模拟所需的时间。考虑了 DW+Par、TW+Sil、TW+Par、TW+Sil+Par 和 TW+Sil+Par 3 的稳定时间。连续两天内表面热量的相对误差见表 3.1。当前一天相对误差较小(< 0.1%) 时，后续的误差就不再计算了。从表 3.1 可以看出，填充有 PCM 的窗户达到稳定条件的模拟时间要比没有 PCM 的窗户长。根据结果，DW + Par 和 TW + Sil 在 1 ~ 2 d 之间的偏差，TW+Par 和 TW+Sil+Par 在 3 ~ 4 d之间的偏差，以及 TW+Sil+Par 3 在 4 ~ 5 d之间的偏差足够小。因此，为了提高计算的准确性和效率，对于 DW + Par 和 TW + Sil 选择第二天的模拟数据，对于 TW + Par、TW + Sil + Par 选择第三天的模拟数据，对于 TW + Sil + Par 3 选择第四天的模拟数据。

表 3.1　连续两天内表面热流量的相对误差

时间	双层玻璃	三层玻璃			
	DW + Par	TW + Sil	TW + Par	TW + Sil + Par	TW + Sil + Par 3
第一天	16.44%	40.99%	34.70%	41.52%	77.22%
第二天	0.06%	0.08%	7.39%	5.96%	45.02%
第三天	—	—	0.01%	0.00%	1.12%
第四天	—	—	—	—	0.00%

最后，为了验证数值模型的准确性和可靠性，将 DW + Par 窗户的仿真结果与已有文献的仿真结果进行了比较。DW+Par 窗户的内表面温度理论值与模拟值对比图如图 3.5 所示。可以看出，两组数据的一致性较好，平均相对差为 4.3%。

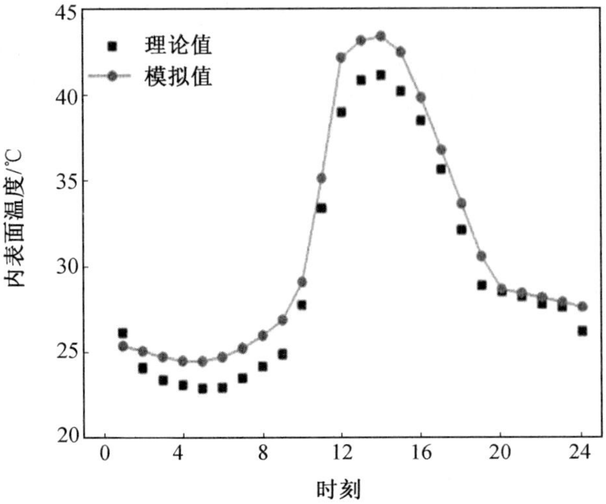

图 3.5　DW＋Par 窗户的内表面温度理论值与模拟值对比图

3.1.4　天气及光热物性参数

2018 年 1 月 4 日大庆典型冬季日气象资料如图 3.6 所示。由图 3.6 可知，日平均室外温度为 250.40 K，垂直面上的日总辐射为 10 917 W/m^2。

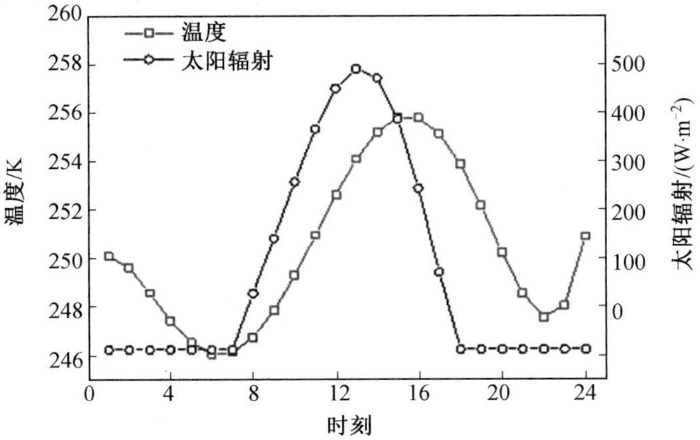

图 3.6　2018 年 1 月 4 日大庆典型冬季日气象资料

本小节研究了含 PCM 和二氧化硅气凝胶的玻璃窗，所涉及材料的光热性能参数是数值计算的重要依据。空气、玻璃、二氧化硅气凝胶和固体石蜡的光热物性参数见表 3.2。所选 PCM 为 5# 石蜡和 10# 石蜡，两种石蜡除熔点外其他光热物性参数相同，其熔点温度分别为 278 ～ 280 K 和 283 ～ 285 K。保温材料选择二氧化硅气凝胶，其粒径为 0.5 ～ 4.0 mm，孔径为 20 nm，孔隙率大于 90%，表面积为 600 ～800 m^2/g。初始计算温度为 275.15 K，室内和室外表面传热系数分别为 15 W/(m^2 · K) 和 5 W/(m^2 · K)。

表 3.2　空气、玻璃、二氧化硅气凝胶和固体石蜡的光热物性参数

参数	空气	玻璃	二氧化硅气凝胶	固体石蜡
$k/(\mathrm{W \cdot m^{-2} \cdot K^{-1}})$	0.024	1	0.018	0.21
$\rho/(\mathrm{kg \cdot m^{-3}})$	1.225	2 700	100	885
$c_p/(\mathrm{J \cdot kg^{-1} \cdot K^{-1}})$	1 006	840	1 500	2 320
n	1	1.5	1.01	1.3
$\alpha/\mathrm{m^{-1}}$	0	12	12	80/20
$Q_L/(\mathrm{J \cdot kg^{-1}})$	—	—	—	185 000

3.2　双层玻璃窗热性能比较

3.2.1　模拟条件及计算结果

为了评价含二氧化硅气凝胶和固体石蜡的复合玻璃窗的热工性能，首先将 7 种玻璃窗分为两组进行模拟比较，然后对复合玻璃窗进行节能优化。得到了 6 个重要因素的变化：内表面温度、内表面与外表面温差、PCM 的液相率、内表面热量、总能耗和典型冬季日的节能率（基于 DW）。

为了研究二氧化硅气凝胶和固体石蜡对双层玻璃窗热性能的影响，首先对 DW、DW +Sil 和 DW + Par 进行计算。辐射传热计算采用 DO 灰体辐射模型（发射率和吸收率与波长无关）。DW + Par 中固体石蜡的相变温度范围设定为 278.15 ～ 280.15 K。

图 3.7 所示为 2018 年 1 月 4 日大庆市 3 种不同配置的双层玻璃窗的热性能。结果表明，在改善玻璃窗热性能方面，使用二氧化硅气凝胶是有利的，而使用 PCM 是不利的。这主要是由于含空气的双层玻璃窗（DW）和含二氧化硅气凝胶的双层玻璃窗（DW + Sil）比含固体石蜡的双层玻璃窗（DW + Par）具有更好的隔热和节能性能。隔热性能可通过内表面温度[图 3.7(a) 和表 3.3] 和温差[图 3.7(b) 和表 3.3] 来表现。节能性能可通过内表面的瞬时热流密度[图 3.7(c) 和表 3.3]，总能耗（典型冬季日内表面累积热流密度）与节能率[图 3.7(d)] 来评价。

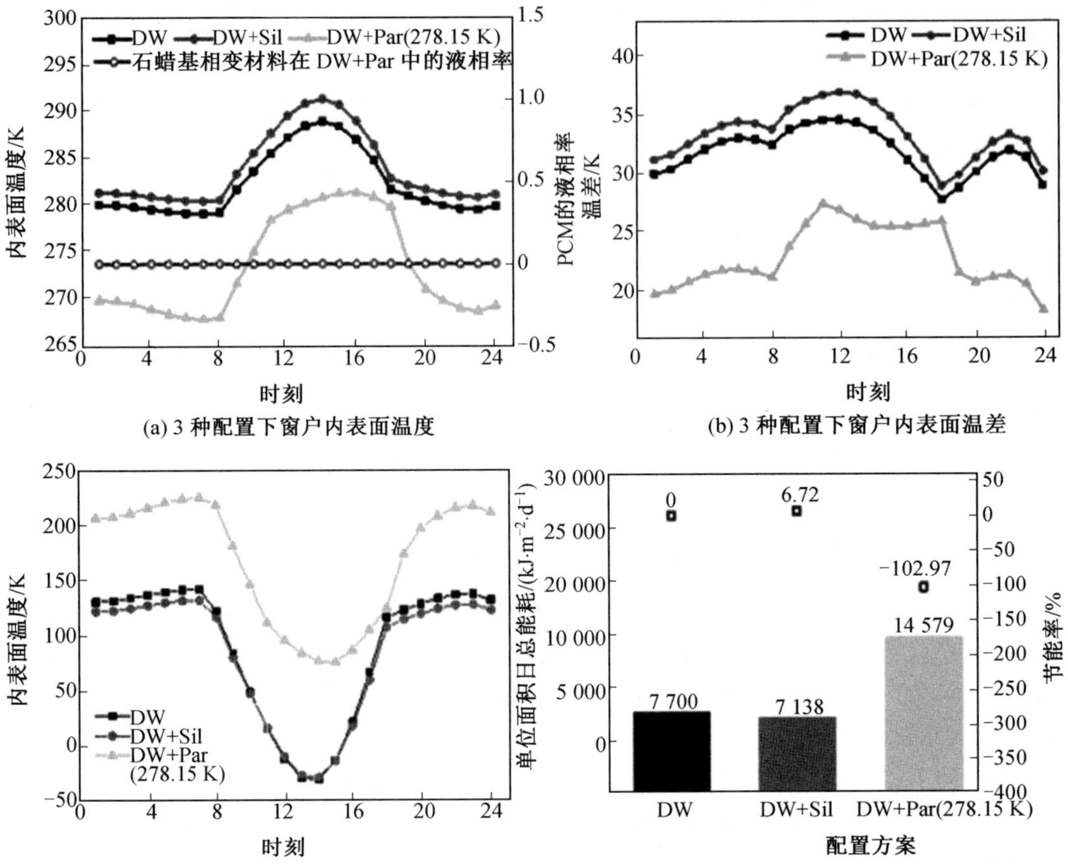

(a) 3 种配置下窗户内表面温度

(b) 3 种配置下窗户内表面温差

(c) 3 种配置下玻璃窗内表面瞬时热流密度

(d) 3 种配置下玻璃窗日总能耗与节能率

图 3.7　2018 年 1 月 4 日大庆市 3 种不同配置的双层玻璃窗的热性能

表 3.3　定量分析不同双层玻璃窗的热性能

窗户类型	DW	DW + Sil	DW + Par(278.15 K)
内表面最高温度 /K	288.89	291.30	281.31
平均内表面温度 /K	282.24	283.82	273.35
内外表面最大温差 /K	34.60	36.91	27.45
内外表面平均温差 /K	31.83	33.42	22.95
最大内表面热流密度 /(W · m^{-2})	142.08	132.41	225.85
平均内表面热流密度 /(W · m^{-2})	89.12	83.14	168.74

3.2.2　热性能和能源性能对比分析

填充二氧化硅气凝胶提高了玻璃窗的保温性能，使得玻璃窗内表面温度升高，温差增大，有利于改善室内热环境，防止热量流失。由表 3.3 可以看出，DW + Sil 的平均内表面温度为 283.82 K，分别比 DW(282.24 K) 和 DW+Par(273.35 K) 高 1.58 K 和 10.47 K。DW + Sil 的节能率为 6.72%。然而，填充了固体石蜡的双层玻璃窗(DW + Par) 的热性能较差，这是由于固体石蜡液相率在白天和晚上始终为 0，即没有利用固体石蜡的潜热。原因是：固体石蜡的导热系数比空气或二氧化硅气凝胶的导热系数高 10 倍左右，故固体石蜡的温度整天都低于其熔化温度。因此，未熔化或凝固的石蜡层通过玻璃窗加速了从室内到室外的热量传递，降低了室内热舒适度，Berthou 等也同样指出了这一点。因此，DW + Par 的平均内表面热流密度（168.74 W/m^2）显著高于 DW（89.12 W/m^2）和 DW + Sil（83.14 W/m^2）。同时，DW + Par 的总能耗达到14 579 $kJ/(m^2 \cdot d)$，几乎是其他两种双层玻璃窗的 2 倍。

根据本小节讨论的结果，可以看出 DW + Par 不适合单独用于严寒地区。此外，为了有效激活固体石蜡的相变潜热能力，需要在固体石蜡层外侧添加一层透明保温层，减少玻璃系统热损失，提高固体石蜡温度。

3.3　三层玻璃窗热性能比较

3.3.1　模拟条件及计算结果

如今，随着低能耗建筑的逐渐增多，保温性能优越的三层玻璃窗（简称三玻窗）的应用越来越广泛。为了研究二氧化硅气凝胶和固体石蜡填充三玻窗的应用效果，本小节分别研究了 TW、TW + Sil、TW + Par 和 TW + Sil + Par 的热性能。为了实现石蜡的有效相变，将其填充在三层玻璃窗（TW + Par 和 TW + Sil + Par）的内部空腔中。采用基于灰度辐射的 DO 模型进行辐射换热计算。TW + Par 和 TW + Sil + Par 的相变温度范围为 278.15 ～ 280.15 K。表 3.4 显示了定量分析不同三层玻璃窗的热性能。2018 年 1 月 4 日大庆市气候条件下的 4 种不同配置的三层玻璃窗的热性能如图 3.8 所示。

表 3.4　定量分析不同三层玻璃窗的热性能

窗户类型	TW	TW + Sil	TW + Par (278.15 K)	TW + Sil + Par (278.15 K)
内表面最高温度 /K	291.68	292.04	291.36	292.08
平均内表面温度 /K	286.02	286.47	283.56	284.23
内外表面最大温差 /K	37.44	37.94	35.55	36.57
内外表面平均温差 /K	35.63	36.07	33.16	33.83
最大内表面热流密度 /($W \cdot m^{-2}$)	99.05	94.52	108.99	106.98
平均内表面热流密度 /($W \cdot m^{-2}$)	61.39	59.33	78.95	74.55

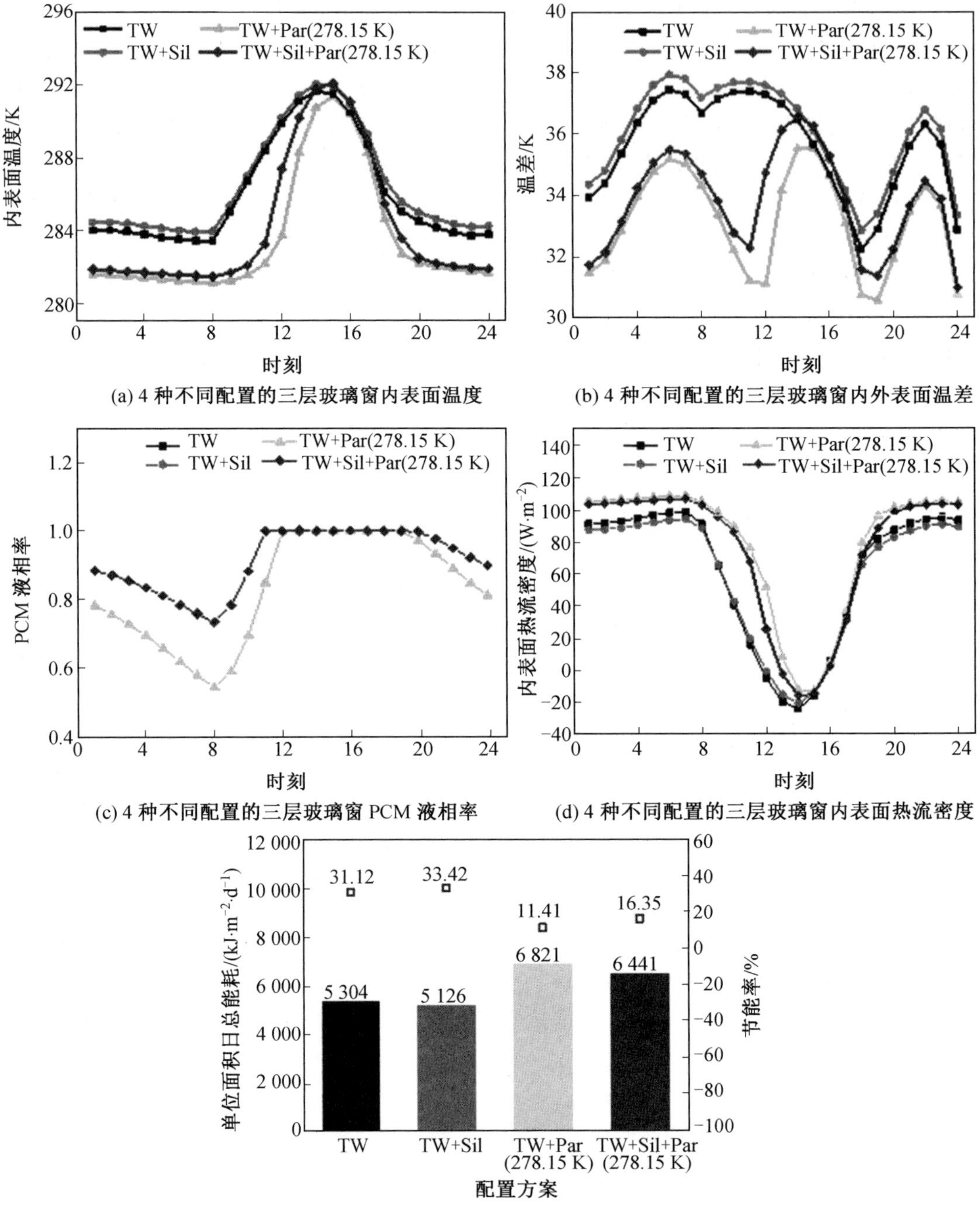

(a) 4 种不同配置的三层玻璃窗内表面温度

(b) 4 种不同配置的三层玻璃窗内外表面温差

(c) 4 种不同配置的三层玻璃窗 PCM 液相率

(d) 4 种不同配置的三层玻璃窗内表面热流密度

(e) 4 种不同配置的三层玻璃窗单位面积日总能耗图

图 3.8　2018 年 1 月 4 日大庆市气候条件下的 4 种不同配置的三层玻璃窗的热性能

3.3.2　热性能和能源性能对比分析

从内表面温度和温差的模拟结果可以看出，TW＋Sil 的隔热性能优于 TW（常规三层玻璃窗），TW＋Sil＋Par 的隔热性能也优于 TW＋Par。这是由于与空气相比，二氧化硅气凝胶的导热系数较低。例如，根据表 3.4 中数据可知，TW＋Sil 的内外表面平均温差(36.07 K) 比 TW(35.63 K) 大 0.44 K，TW＋Sil＋Par 的平均温差(33.83 K) 比 TW＋Par(33.16 K) 大 0.67 K。从图 3.8(c) 可以看到，PCM 的液相率的变化范围在TW＋Par 中为 0.54～1，在 TW＋Sil＋Par 中为 0.74～1。这说明固体石蜡在一天中可以进行相变循环过程，且 TW＋Par 的蓄热量大于 TW＋Sil＋Par。同时，内表面温度和最大内表面热流密度的峰值时间延迟[图 3.8(a) 和图 3.8(d)]。然而，PCM 的添加并不能有效改善三玻窗的热性能。例如，根据表 3.4 中数据可知，TW＋Par 和 TW＋Sil＋Par 的平均内表面温度分别为 283.56 K 和 284.23 K，相较于 TW、TW＋Sil 分别下降 2.46 K 和 2.24 K；随着玻璃窗内表面温度的降低，室内热舒适性降低，能耗增加。从表 3.4 中还可以看到 TW＋Par 和 TW＋Sil＋Par 的平均内表面热流密度为 78.95 W/m^2 和74.55 W/m^2，分别比 TW 和 TW＋Sil 大 17.56 W/m^2 和 15.22 W/m^2，而所有内表面热流密度峰值均出现在上午 7 点。这是由于固体石蜡吸收了太阳辐射，从而使进入室内的太阳辐射量减少了；更重要的是固体石蜡通过导热和辐射传热向外部环境释放了大量热量。值得注意的是，从玻璃表面到外部环境的辐射热损失可能比导热更显著。

3.4　保温相变玻璃窗能源性能优化

3.4.1　模拟条件及计算结果

在本小节中，为了充分利用 PCM 的潜热储存能力，提出了 3 种基于 TW＋Sil＋Par 的改进方案，分别命名为 TW＋Sil＋Par 1、TW＋Sil＋Par 2 和 TW＋Sil＋Par 3。与 TW＋Sil＋Par 相比，固体石蜡的熔化温度在 TW＋Sil＋Par 1 中为 283.15K；在 TW＋Sil＋Par 2 中为 283.15 K，且二氧化硅气凝胶层的厚度增加到 50 mm；在 TW＋Sil＋Par 3 中仍保持 283.15 K，并根据非灰体辐射的 DO 模型调整了玻璃在不同波长范围内的光学参数(表 3.5)。

表 3.5　TW＋Sil＋Par 3 中玻璃的光学参数

组	波长范围 /nm	吸收系数 /m^{-1}	折射率
1	0～380	11.8	1.5
2	380～760	11.8	1.5
3	760～2 500	3.4	1.5
4	2 500～100 000	3.4	10

3.4.2　热性能和能源性能对比分析

2018 年 1 月 4 日大庆市气候条件下的 4 种不同配置的 TW＋Sil＋Par 窗户的热性能如图 3.9 所示。定量分析 TW＋Sil＋Par 在不同熔点下的热性能见表 3.6。首先，通过比较 TW＋Sil＋Par 和 TW＋Sil＋Par 1 的模拟结果可以发现，后者的内表面温度[图 3.9(a)]和瞬时热流密度[图 3.9(d)] 的波动范围较小。这是由于将固体石蜡的熔化温度从 278.15 K 提高到 283.15 K 后，熔化和凝固的时间延迟。从图 3.9(c) 中还可以看出，

TW +Sil + Par 1 的液相率变化范围为 0 ～ 0.96，TW + Sil + Par 的变化范围为 0.73 ～ 1。这表明 TW + Sil + Par 1 中几乎所有的固体石蜡都完成相变过程，而 TW + Sil +Par 中只有近 1/4 的固体石蜡完成相变过程。实际上，固体石蜡的有效蓄放热过程有利于其在白天储存更多的太阳能并在夜间释放，以平衡热负荷，缓解室内温度波动。但是从固体石蜡层获得的热量并不理想，如 TW + Sil + Par 1 的总能耗只比 TW + Sil + Par 少 180 kJ/(m² · d)，相当于节能 2.33%[图 3.9(e)]。

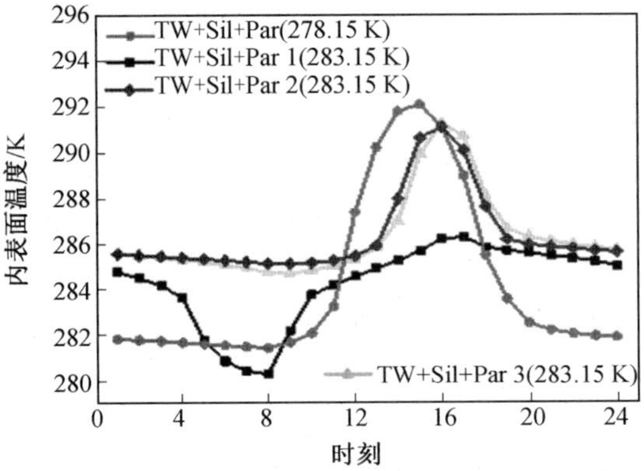

(a) 4 种不同配置的 TW+Sil+Par 窗户的内表面温度

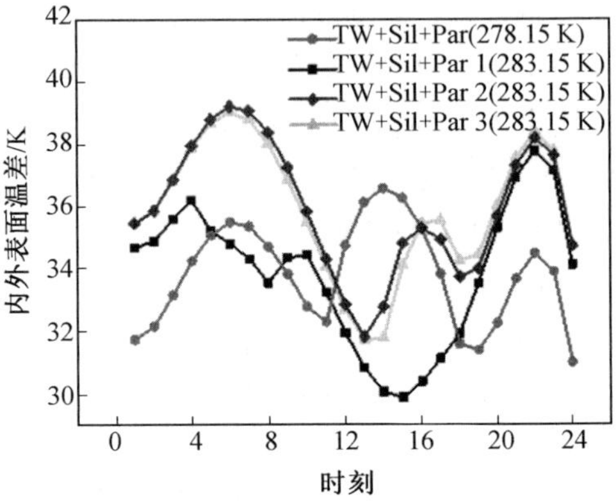

(b) 4 种不同配置的 TW+Sil+Par 窗户的内外表面温差

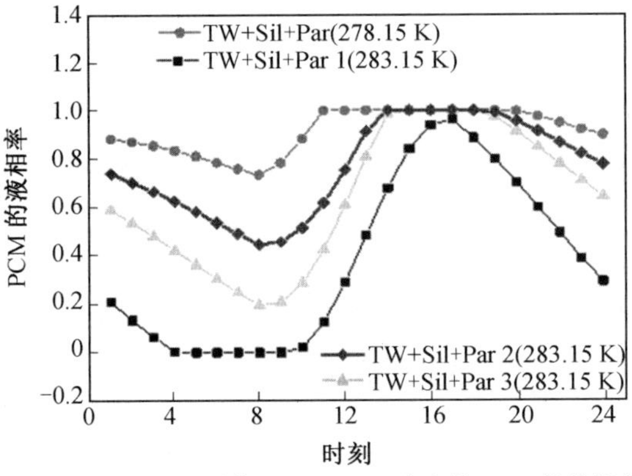

(c) 4 种不同配置的 TW+Sil+Par 窗户的 PCM 的液相率

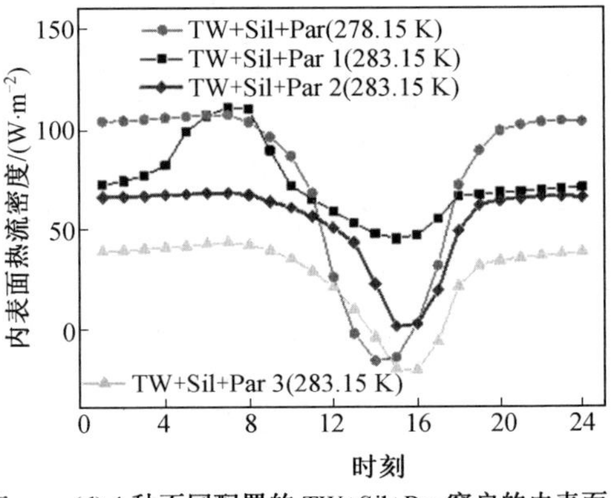

(d) 4 种不同配置的 TW+Sil+Par 窗户的内表面热流密度

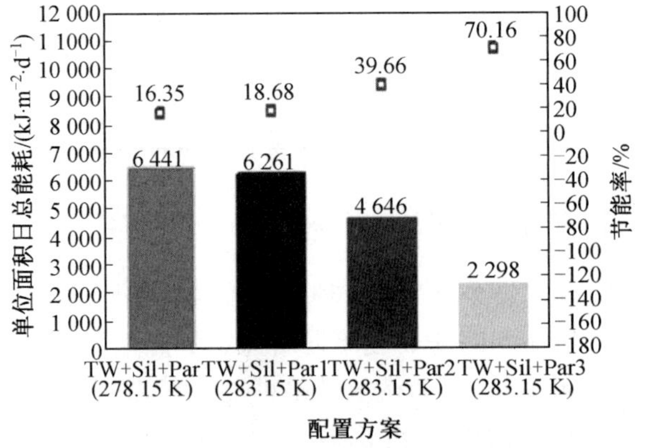

(e) 4 种不同配置的 TW+Sil+Par 窗户的总能耗

图 3.9　2018 年 1 月 4 日大庆市气候条件下的 4 种不同配置的 TW + Sil + Par 窗户的热性能

表 3.6　定量分析 TW + Sil + Par 在不同熔点下的热性能

窗户类型	TW + Sil + Par (278.15K)	TW + Sil + Par 1 (283.15K)	TW + Sil + Par 2 (283.15K)	TW + Sil + Par 3 (283.15K)
内表面最高温度 /K	292.08	286.27	291.10	291.25
平均内表面温度 /K	284.23	284.24	286.34	286.28
内外表面最大温差 /K	36.57	37.76	39.19	38.99
内外表面平均温差 /K	33.83	33.84	35.94	35.88
最大内表面热流密度 /($W \cdot m^{-2}$)	106.98	110.30	68.04	43.03
平均内表面热流密度 /($W \cdot m^{-2}$)	74.55	72.47	53.78	26.59

此外，为了减少通过玻璃窗与室外环境的导热损失，TW + Sil + Par 2 中二氧化硅气凝胶的厚度增加到 50 mm，而固体石蜡的熔化温度为 283.15 K。与 TW + Sil + Par 1 相比，TW + Sil + Par 2 的保温性能更好。如图 3.9(a) 所示，TW + Sil + Par 2 的内表面温度比 TW + Sil + Par 1 高，而内表面热流密度比 TW + Sil + Par 1 低。这是由于保温层可增大玻璃窗口热阻，对于改善室内热环境和减少总热损失具有重要意义。例如，TW + Sil + Par 2 的平均内表面热流密度为 53.78 W/m^2，明显低于 TW + Sil + Par 1 的 72.47 W/m^2(表 3.6)。同时，节能率从 18.68% 增加到 39.66%[图 3.9(e)]。为了区分导热和辐射热损失，通过将 TW + Sil + Par 2 整个窗户单元的内外表面平均温差(35.94 K)除以相应的总热阻(3.462 7 $m^2 \cdot K/W$)，得到导热热流为 10.38 W/m^2。将这一数值与通过透明玻璃系统的总热流相比较，计算出太阳辐射的直接得热，可以看出其平均热流减小了 43.4 W/m^2。这表明红外长波辐射的热损失约为传导热流密度的 4 倍。因此，通过减少辐射换热热损失对提高玻璃窗户的性能至关重要。

如图 3.9(c) 所示，当二氧化硅气凝胶层的厚度增加时，液相率的变化范围减小。例如，TW + Sil + Par 2 的液相率在 0.45 ～ 1 之间变化，TW + Sil + Par 1 的液相率在 0 ～ 0.96 之间变化。类似的结果也可以在文献中找到。这是由于固体石蜡层的温度不断升高直至超过其熔点，且部分石蜡一整天都保持在液态。此外，进入室内的太阳辐射由于保温层厚度的增大而减少，导致固体石蜡层吸收的太阳辐射也相应减少。因此，可以推断出，增加保温层厚度可以提高窗体的保温性能，但是，超过一定厚度后就不利于固体石蜡层的潜热储存，而且占用更多的建筑空间。

最后，为了让太阳能进入室内，防止热量通过玻璃窗辐射流失，用 TW + Sil + Par 3 的特殊镀膜玻璃取代了浮法玻璃，新玻璃的光学参数被设定在 4 个波段。在前 3 个波段(2.5 nm 以下的波段)，玻璃的光学参数与浮法玻璃相同，在第 4 个波段(2.5 nm 以上的波段)，玻璃的吸收系数降低到 3.4 m^{-1}，折射率提高到 10。TW + Sil + Par 3 的结构与 TW + Sil + Par 2 相同，固体石蜡的熔化温度也是 283.15 K。从图 3.9 中可以看出，TW + Sil + Par 3 显示出良好的保温性能和节能效果。内表面温度和温差都与 TW + Sil + Par 2 接近[图 3.9(a) 和图 3.9(b)]，然而，TW + Sil + Par 3 的 PCM 液相率变化范围为 0.19 ～ 1，大于 TW + Sil + Par 2 的变化范围 0.45 ～ 1[图 3.9(c)]。这表明 TW + Sil + Par 3 和 TW + Sil + Par 2 可实现相同的热舒适度效果，但 TW + Sil + Par 3 中的固体石蜡层与

TW + Sil + Par 2 中的固体石蜡层相比，蓄放热过程更有效，TW + Sil+ Par 3 的 PCM 中储存的太阳能主要为房间提供热量。如图 3.9(d) 所示，TW+Sil+Par 3 的内表面热流密度全天都明显低于 TW + Sil + Par 2。TW + Sil + Par 3 的平均内表面热流密度值(26.59 W/m^2)，几乎是 TW+Sil+Par 2(53.78 W/m^2) 的一半(表 3.6)。因此，与 TW+Sil+Par 2 相比，TW+Sil+Par 3 的总热损失减少了约一半，为 2 298 kJ/(m^2 · d)，节能率从 39.66% 增加到 70.16%[图 3.9(e)]。尽管 TW+Sil+Par 3 的保温层厚度只有TW + Sil +Par 2 的 1/4，但与 TW + Sil + Par 2 相比，TW + Sil + Par 3 展现出更出色的节能特性。这是因为玻璃表面和其他表面之间的辐射热损失(比导热热损失大得多)减少了，原因是对于 2.5 nm 以上的辐射换热，玻璃的发射率降低而反射率增加。根据 Kirchhoff 方程，发射率随吸收系数增大而增大；根据 Fresnel 公式，反射率随着折射率增大而增大。Iennarella 等的研究也得出了类似的推论，他们提出了一种新型的三层玻璃窗，该窗具有低辐射玻璃和 2 个介质层(冬季使用气凝胶，夏季使用 PCM)，由于减少了辐射热损失，该窗也表现出更高的节能特性。

3.5 最优保温相变玻璃窗采光性能研究

透射率是玻璃窗的一个重要特征。本节计算了 3 种含有 PCM 和二氧化硅气凝胶的优化玻璃窗的透射率，并与填充空气的常规三层玻璃窗进行了比较。4 种三层玻璃窗的采光性能见表 3.7，基于稳态和瞬态的 4 种三层玻璃窗的透射光通量如图 3.10 所示。首先，可以发现，在传统的三层玻璃窗中填充 PCM 和气凝胶都会导致透射率的下降。因此，由于气凝胶层厚度较大，TW + Sil + Par 2 的透射率是最低的。其次，从表 3.7 中可以看到，在 PCM 层的不同状态下，TW + Sil + Par 1 的透射率与 TW + Sil + Par 3 相似，但是在有太阳辐射的所有时间段内，TW+Sil+Par 3 的透射率都高于 TW+Sil+Par 1。这是因为 TW + Sil + Par 3 具有更好的隔热性能，导致任何时候 PCM 层的液相率都较高，如图 3.10 所示。PCM 液态的透射率远远高于固态(表 3.7)。最后，将 TW + Sil + Par 3 的采光性能与 TW 进行比较，在 PCM 液态时 TW + Sil + Par 3 的透射率比 TW 低12.82%(表 3.7)，总透射率比 TW 低 36.97%(图 3.10)。由于所选典型冬季日为全年中最冷日，TW +Sil + Par 3 的透射率将随着环境温度的升高而增大。

表 3.7　4 种三层玻璃窗的采光性能

窗户类型	PCM 状态	透射率 / %
TW	—	53.96
TW + Sil + Par 1	100% 固态	20.00
	100% 液态	41.09
	50% 固态和 50% 液态	28.67
TW + Sil + Par 2	100% 固态	12.67
	100% 液态	26.03
	50% 固态和 50% 液态	18.16

续表

窗户类型	PCM 状态	透射率 /%
TW + Sil + Par 3	100% 固态	20.02
	100% 液态	41.14
	50% 固态和 50% 液态	28.70

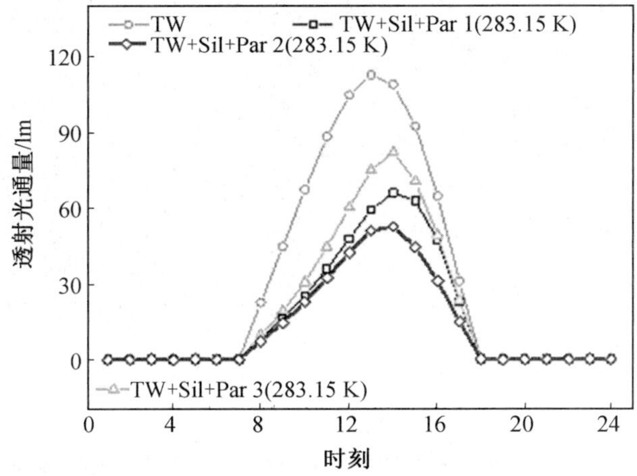

图 3.10　基于稳态和瞬态的 4 种三层玻璃窗的透射光通量

3.5.1　光环境模拟建模

为了验证创新玻璃窗在自然采光方面的可行性，笔者建立了 1 月 22 日大庆市的一个住宅房间和一个办公房间分别与 TW＋Sil＋Par 3 耦合的采光模型，并模拟其室内自然采光，其中 TW＋Sil＋Par 3 的 PCM 液相率为 50%。2 个房间的结构图如图 3.11 所示，在距地面 0.75 m 处它们的室内自然光照度和自然照明指数（平均自然光照度和平均采光系数）如图3.12 所示。

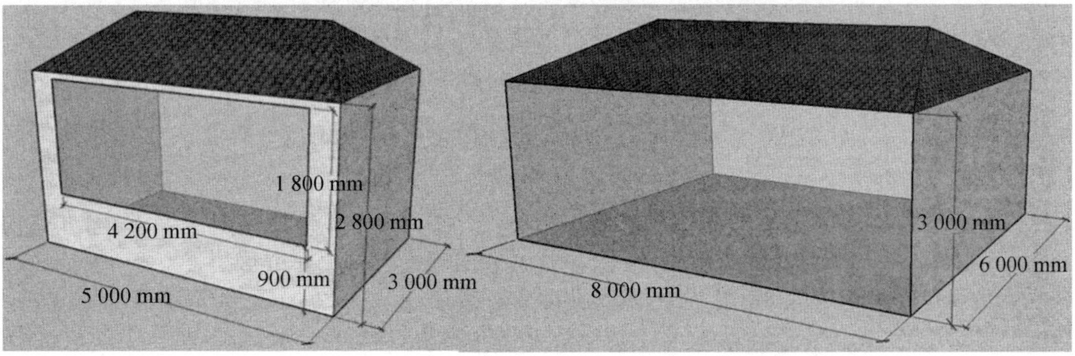

(a) 住宅房间　　(b) 办公房间

图 3.11　2 个房间的结构图

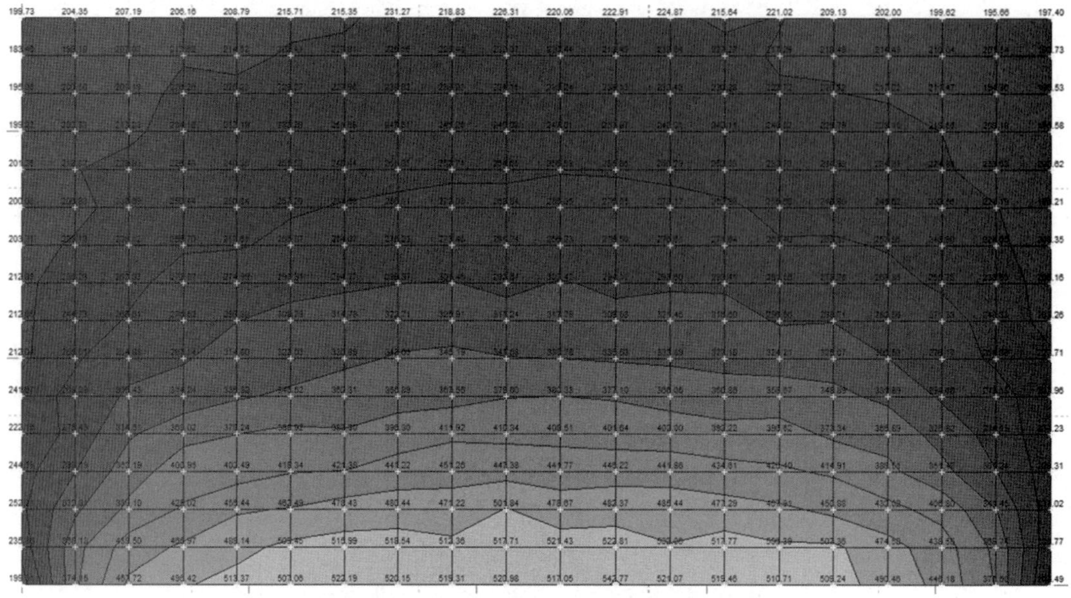

平均自然光照度为 306.84 lux, 平均采光系数为 4.31%。

(a) 住宅房间

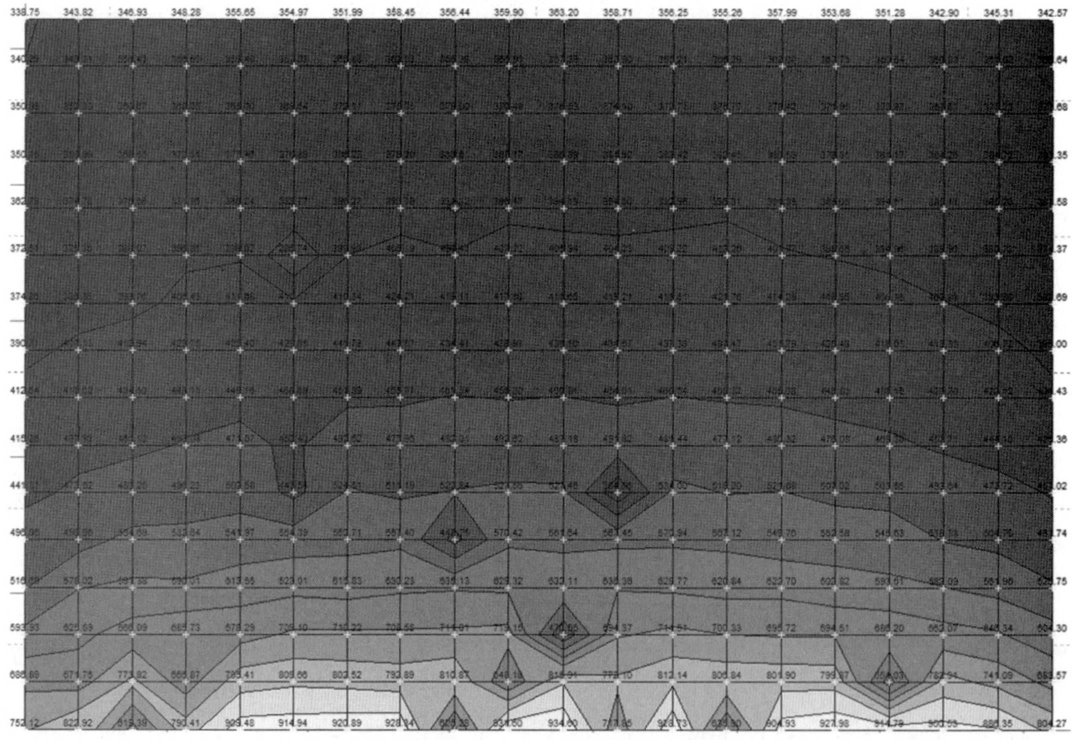

平均自然光照度为 491.59 lux, 平均采光系数为 6.90% 。

(b) 办公房间

图 3.12　含 TW + Sil + Par 3 的住宅房间和办公房间的室内自然光照度和自然照明指数

3.5.2　光环境模拟结果

采光系数、光照强度标准值[《建筑采光设计标准》(GB 50033－2013）中的最低限值]与模拟值的比较见表 3.8。事实上，建筑的采光受到很多因素的影响，如房间大小、朝向、窗户面积、窗户位置、透射率和内表面颜色等，因此，从采光的角度来看仍需对新型玻璃窗的适用性进行研究。

表 3.8　采光系数、光照强度标准值与模拟值的比较

照明指数	住宅房间		办公房间	
	标准值	模拟值	标准值	模拟值
室内自然光照度 /lux	300	306.84	450	491.59
采光系数 /%	2	4.31	3	6.90

3.5.3　保温相变玻璃围护结构光环境分析

通过对比 3 种 TW＋Sil＋Par 优化方案在以大庆为例的我国严寒地区冬季的采光性能表现，分析得出 TW＋Sil＋Par 3 的节能效率最为显著，固体石蜡的潜热储存对于减少室内热负荷具有积极作用。此外，应用 TW＋Sil＋Par 3 的建筑可以满足日光照明的要求，确保其实际应用的可行性。然而，开发对中红外线和远红外线具有高反射和低发射的低辐射镀膜玻璃，并降低其成本是实现这一目标的关键。

3.6　本章小结

本章以大庆地区典型冬季日气候条件为基础，分别对 3 种双层玻璃窗、4 种三层相变玻璃窗及 3 种优化三层相变玻璃窗热性能进行研究，并对最优配置玻璃窗的采光性能进行探讨。根据仿真结果，得出以下结论。

(1) 在改善玻璃窗热性能方面，使用二氧化硅气凝胶是有利的，而使用 PCM 是不利的。

(2)DW＋Par 不适合单独用于严寒地区，而为了有效激活固体石蜡的相变潜热能力，需要在固体石蜡层外侧添加一层透明保温层，以减少玻璃系统热损失，提高石蜡温度。

(3) 从内表面温度和温差的模拟结果得知 TW＋Sil 的隔热性能优于 TW(常规三层玻璃窗)，TW＋Sil＋Par 的隔热性能也优于 TW＋Par。

(4) 比较在中国严寒气候地区的冬季 3 种 TW＋Sil＋Par 优化方案，结果表明 TW＋Sil＋Par 3 的节能效率最为显著，固体石蜡的潜热储存对于减少室内热负荷具有积极作用。采用 TW＋Sil＋Par 3 的建筑可以满足日光照明的要求，确保其实际应用的可行性。

本章对寒地保温相变玻璃窗光热性能进行研究，所提出的节能优化方案既可有效减少玻璃窗的热损失又可满足日光照明要求。该研究成果有助于减少寒区建筑的能源消耗。

第4章　火灾条件下相变玻璃围护结构热力耦合特性分析

太阳辐照下含石蜡层玻璃围护结构升温速度较慢，不同位置处温度梯度较小，产生的热应力也较小。然而，在实际工程中不仅要考虑玻璃围护结构对自然环境的抵抗能力，还要考虑极端环境下的热应力分布。火灾是一种较常见的极端荷载，在火灾环境下玻璃围护结构极容易破裂，甚至脱落。脱落处的玻璃会形成一个新的火灾通道及通风口，加速火势蔓延甚至导致轰燃。已有较多关于火灾环境下玻璃破裂行为的研究，但主要针对传统的单层玻璃和双层玻璃，对于含石蜡层玻璃围护结构的火灾环境下破裂行为的研究还处于初步探索阶段。火灾环境下，玻璃围护结构破裂的主要原因是短时快速升温的热荷载在玻璃围护结构中产生较大的温度梯度，进而产生较大的热应力。而低导热率的石蜡在玻璃围护结构热传输过程中起着重要的作用，受石蜡导热性能的影响，不同相态的石蜡结构与传统玻璃围护结构在玻璃表面上产生的热荷载分布不同，应力分布也会有所不同。因此，有必要研究在火灾环境下含石蜡层玻璃围护结构的热反应行为。但由于火灾条件下玻璃围护结构破裂的影响因素较多，实验可重复性不强，具有随机性，因此为使本章讨论的内容有参比对象，采用 Wang 2017 年利用池火对不同热距离中空玻璃破裂行为的研究条件，对含石蜡层玻璃围护结构火灾荷载作用下热力耦合特性进行探索性研究。

4.1　模型的建立与验证

4.1.1　物理模型

许多学者已经对中空玻璃在火灾条件下的热性能开展了一系列研究，但还没有对含石蜡层玻璃围护结构展开相应的研究。本节借鉴已有的研究方法，对相同尺寸中空玻璃围护结构和含石蜡层玻璃围护结构在火灾条件下的热性能进行对比，分别建立了含石蜡层玻璃围护结构和中空玻璃围护结构的简化传热物理模型，如图 4.1 所示，将离火灾面由远及近的面层分别定义为 1、2、3 和 4。

火灾热荷载为短时快速升温荷载，且石蜡封装于玻璃夹层中，密封较好，无泄漏，为了简化分析，做如下假设。

(1) 与环境直接接触的面层只发生对流换热和辐射换热，玻璃围护结构厚度方向只发生导热换热。

(2) 玻璃破裂之前，石蜡不发生气化，热物性参数不变。

(3) 除火灾荷载玻璃表面温度快速升温外，无其他冲击荷载作用。

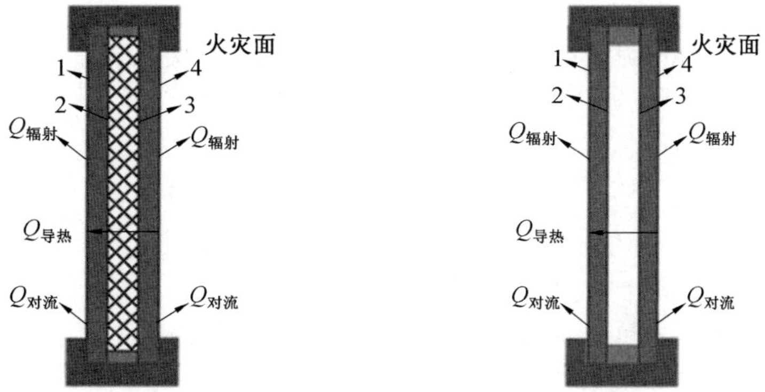

(a) 含石蜡层玻璃围护结构　　(b) 中空玻璃围护结构

图 4.1　两种玻璃围护结构简化传热物理模型

4.1.2　数学模型

依据简化的物理模型，借鉴张庆文提出的玻璃在火灾中的传热方程，建立含石蜡层玻璃围护结构热传输数值模型。

玻璃部分方程为

$$\rho_g c_g \frac{\partial T}{\partial \tau}=k_g\left(\frac{\partial^2 T}{\partial x^2}+\frac{\partial^2 T}{\partial y^2}+\frac{\partial^2 T}{\partial z^2}\right)+I(x,y,t)\frac{e^{\frac{-z}{l}}}{l}H_v(x,y) \tag{4.1}$$

石蜡部分方程为

$$\rho_p \frac{\partial H}{\partial \tau}=k_p\left(\frac{\partial^2 T}{\partial x^2}+\frac{\partial^2 T}{\partial y^2}+\frac{\partial^2 T}{\partial z^2}\right)+I(x,y,t)\frac{e^{\frac{-z}{l}}}{l}H_v(x,y) \tag{4.2}$$

窗框部分方程为

$$\frac{\partial T}{\partial \tau}=\frac{k_k}{\rho_k c_k}\left(\frac{\partial^2 T}{\partial x^2}+\frac{\partial^2 T}{\partial y^2}+\frac{\partial^2 T}{\partial z^2}\right)+I(x,y,t)\frac{e^{\frac{-z}{l}}}{l}H_v(x,y) \tag{4.3}$$

式中，τ 为时间(s)；T 为温度(K)；ρ_g、k_g 和 c_g 分别为玻璃的密度(kg/m^3)、导热系数[W/(m·K)]和比热[J/(kg·K)]；H 为石蜡的比焓(J/kg)；ρ_p 和 k_p 分别为石蜡的密度(kg/m^3)和导热系数[W/(m·K)]；ρ_k、k_k 和 c_k 分别为窗框的密度(kg/m^3)、导热系数[W/(m·K)]和比热[J/(kg·K)]；$H_v(x,y)$ 为赫维赛德函数，遮蔽区 $H_v(x,y)=0$，非遮蔽区 $H_v(x,y)=1$；$I(x,y,t)$ 为向火面玻璃的辐射热流；l 为玻璃对火灾辐射系数的衰减长度。

火灾环境下含石蜡层玻璃围护结构热力耦合数值模型如下。

1. 平衡微分方程

$$\begin{cases}\dfrac{\partial \sigma_x}{\partial_x}+\dfrac{\partial \tau_{yx}}{\partial_y}+\dfrac{\partial \tau_{zx}}{\partial_z}=0\\ \dfrac{\partial \sigma_y}{\partial_y}+\dfrac{\partial \tau_{xy}}{\partial_x}+\dfrac{\partial \tau_{zy}}{\partial_z}=0\\ \dfrac{\partial \sigma_z}{\partial_z}+\dfrac{\partial \tau_{xz}}{\partial_x}+\dfrac{\partial \tau_{yz}}{\partial_y}=0\end{cases} \tag{4.4}$$

2. 几何方程

根据弹性理论，位移与应变之间的关系为几何关系，可表示为

$$\varepsilon_x = \frac{\partial u}{\partial_x},\ \lambda_{xy} = \lambda_{yx} = \frac{\partial u}{\partial_y} + \frac{\partial v}{\partial x} \tag{4.5}$$

$$\varepsilon_y = \frac{\partial v}{\partial_y},\ \lambda_{yz} = \lambda_{zy} = \frac{\partial w}{\partial_y} + \frac{\partial v}{\partial z} \tag{4.6}$$

$$\varepsilon_z = \frac{\partial w}{\partial_z},\ \lambda_{zx} = \lambda_{xz} = \frac{\partial u}{\partial_z} + \frac{\partial w}{\partial x} \tag{4.7}$$

式中，ε_x 为线应变，u、v 和 w 为 x 方向、y 方向和 z 方向的位移。

3. 本构方程

玻璃单元部分由正应力 σ_x、σ_y、σ_z 引起的线应变 ε_x、ε_y、ε_z 服从广义胡克定律，由温度变化直接引起的应变服从热膨胀规律，可表示为

$$\begin{cases} \varepsilon_x = \dfrac{1}{E}[\sigma_x - \nu'(\sigma_y + \sigma_z)] + \alpha T \\ \varepsilon_y = \dfrac{1}{E}[\sigma_y - \nu'(\sigma_x + \sigma_z)] + \alpha T \\ \varepsilon_z = \dfrac{1}{E}[\sigma_z - \nu'(\sigma_x + \sigma_y)] + \alpha T \end{cases} \tag{4.8}$$

切应变 γ_{xy}、γ_{yz}、γ_{zx} 与切应力 τ_{xy}、τ_{yz}、τ_{zx} 之间的关系可表示为

$$\begin{cases} \gamma_{xy} = \dfrac{2}{E}(1 + \nu')\tau_{xy} \\ \gamma_{yz} = \dfrac{2}{E}(1 + \nu')\tau_{yz} \\ \gamma_{zx} = \dfrac{2}{E}(1 + \nu')\tau_{zx} \end{cases} \tag{4.9}$$

将式(4.8)和式(4.9)整理得

$$\begin{cases} \sigma_x = 2G\varepsilon_x + \lambda\theta - \psi T \\ \sigma_y = 2G\varepsilon_y + \lambda\theta - \psi T \\ \sigma_z = 2G\varepsilon_z + \lambda\theta - \psi T \end{cases} \tag{4.10}$$

$$\begin{cases} \tau_{xy} = \gamma_{xy} G \\ \tau_{yz} = \gamma_{yz} G \\ \tau_{zx} = \gamma_{zx} G \end{cases} \tag{4.11}$$

式中，ν' 为泊松比；λ 和 G 分别为拉梅常数和剪切模量；ψ 为热应力系数；θ 为体积应变。λ、G、ψ 和 θ 的计算公式分别为

$$\begin{cases} \lambda = \dfrac{\nu' E}{(1 + \nu')(1 - 2\nu')} \\ G = \dfrac{E}{2(1 + \nu')} \\ \psi = \dfrac{\alpha E}{1 - 2\nu'} \\ \theta = \varepsilon_x + \varepsilon_y + \varepsilon_z \end{cases} \tag{4.12}$$

4.1.3 模型验证

由于火灾环境下玻璃热性能分析较为复杂，为了能够快速有效地证明模型的准确性，采用 Wang 等的实验结果作为初始条件，玻璃厚度选择 6 mm，石蜡和中空层设置为 6 mm。遮盖宽度为 20 mm，玻璃围护结构尺寸为 600 mm×600 mm。表面 1 的温度设置成 280.15 K，对流换热系数为 40 W/(m^2 · K)。玻璃和空气的性能参数见表 4.1。

表 4.1　玻璃和空气的性能参数

材料	性能参数	取值
玻璃	密度 /(kg · m^{-3})	2 500
	弹性模量 /Pa	7.3×10^{10}
	泊松比	0.17
	热膨胀系数 /K^{-1}	8.46×10^{-6}
	参考温度 /K	280
	比热 /(J · kg^{-1} · K^{-1})	820
	导热系数 /(W · m^{-1} · K^{-1})	0.94
	发射率	0.85
空气	密度 /(kg · m^{-3})	1.16
	比热 /(J · kg^{-1} · K^{-1})	1 007
	导热系数 /(W · m^{-1} · K^{-1})	0.026 3

采用 ANSYS 19.0 进行数值分析，选取耦合场实体单元 SOLID 226 及表面效应单元(SURF 154)进行计算，采用六面体网格划分法，玻璃围护结构网格划分结果如图 4.2 所示。根据 Wang 等对火灾条件下中空玻璃的实验研究可知，暴露于火灾荷载作用下玻璃表面不同位置的表面温度和被遮盖部分不同位置的表面温度相似，温度相差较小，因此将文献中暴露于火灾荷载作用下的玻璃表面温度与被遮盖处玻璃表面温度随时间的变化拟合成曲线，如图 4.3 所示。

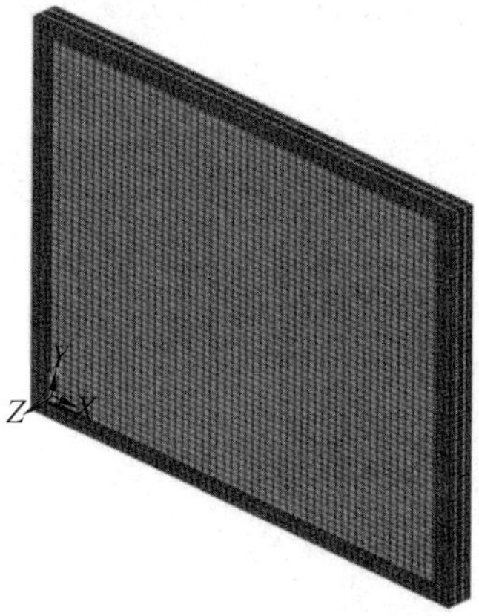

图 4.2　玻璃围护结构网格划分结果

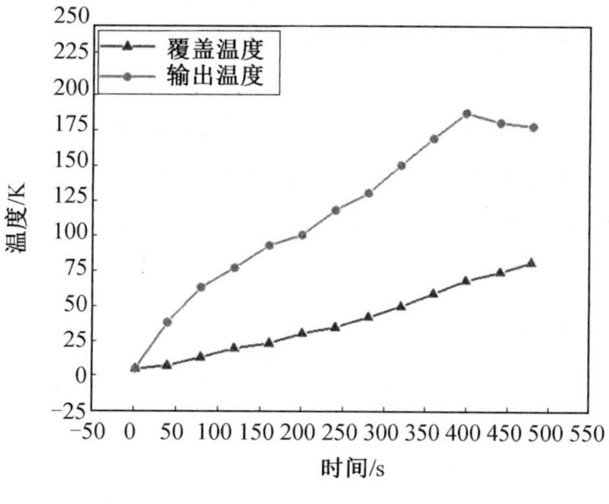

图 4.3　热荷载拟合曲线

通过计算得到玻璃围护结构表面1中心点位置的温度，与文献值进行对比，如图4.4所示，两者平均温度相差5 ℃。分析原因主要是中空层厚度仅为6 mm，设此厚度下空气为静止状态，则只进行导热传热。另外，实验测试本身也会存在一定误差。参照文献结果，此温度偏差属于可接受范围。同时，分析实验条件下253 s玻璃发生断裂时向火面中心点位置的温度和被边框遮盖处的温度差约为83 ℃(图4.5)，处于文献中给出的64～96 ℃之间，数值计算两者温度差与文献实验结果吻合较好，说明用建立的数学模型及其求解方法分析火灾荷载作用下玻璃围护结构的热结构性能具有可行性。

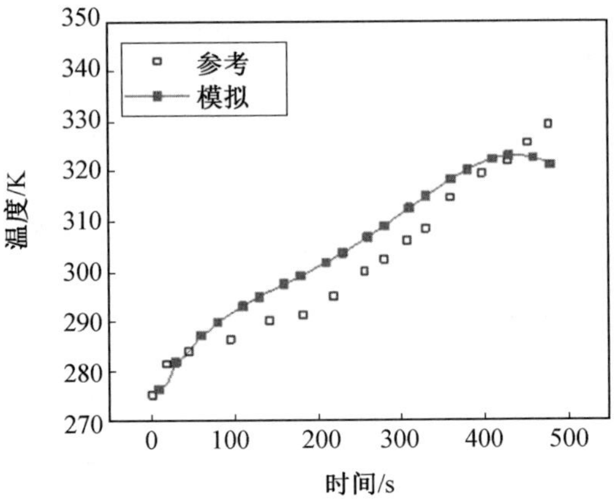

图4.4　玻璃围护结构表面1的计算结果与文献值对比

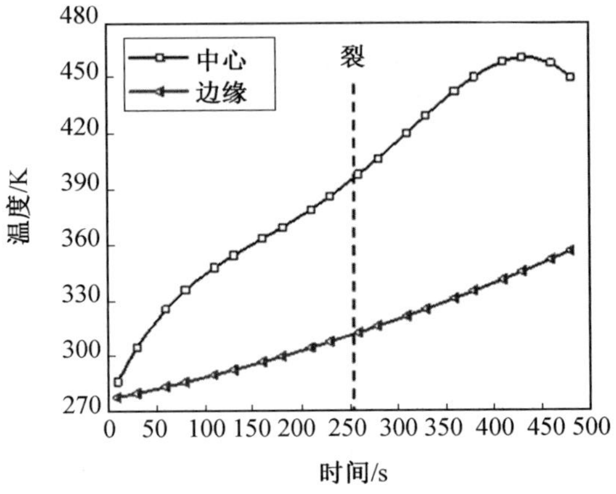

图4.5　表面1玻璃温度变化

4.2　火灾荷载作用下玻璃破裂判定

火灾情况下高温火焰和强热流使玻璃产生不均匀热量，进而产生较大的热应力，当热应力超过玻璃的极限应力时玻璃发生破裂。

4.2.1　玻璃强度设计值

《建筑玻璃应用技术规程》(JGJ 113－2015)规定，建筑玻璃强度设计值可根据公式(4.13)计算。

$$f_g = c_1\ c_2\ c_3\ c_4\ f_0 \tag{4.13}$$

式中，f_g为建筑玻璃强度设计值(MPa)；c_1、c_2、c_3、c_4分别为玻璃种类系数、玻璃强度位置系数、荷载类型系数、玻璃厚度系数(c_1、c_2、c_3、c_4按表4.2取值)；f_0为短期荷载作用下，平板玻璃中部强度设计值，取28 MPa。

表 4.2　系数取值

系数类别	c_1	c_2	c_3	c_4
取值说明/取值	平板玻璃、超白浮法玻璃/1.0	中部强度/1.0	平板玻璃、超白浮法玻璃/短期荷载 c_3 1.0、长期荷载 c_3 0.50	(4～12 mm)/1.0
	钢化玻璃/(2.5～3.0)	边缘强度/0.8	钢化玻璃/短期荷载 c_3 1.0、长期荷载 c_3 0.50	(15～19 mm)/0.85

4.2.2　概率失效准则

概率失效准则是基于韦布尔分布建立的，该模型计算玻璃材料由于热荷载和热应力而破坏的概率，计算公式为

$$F_p = 1 - \exp\left[-\left(\frac{\sigma_{nom}}{\bar{\sigma}_u}\right)^m \Gamma\left(1+\frac{1}{m}\right)\right]\frac{A}{A_0}\sum A \tag{4.14}$$

式中，m 为韦布尔模量；$\bar{\sigma}_u$ 为单位面积 A_0 的强度；A 为承受应力面积；σ_{nom} 为承受应力面积 A 的强度。Γ 由下式计算

$$\Gamma\left(1+\frac{1}{m}\right)^m = 0.568\,5 + 1.093\,7e^{-2.080\,03m} + 0.358\,98e^{-0.538\,84m} + 0.092\,22e^{-0.089\,31m} \tag{4.15}$$

$\sum A$ 为总的承受应力面积，计算公式为

$$\sum A = \frac{1}{N}\sum_{1}^{N}\left[\left(\frac{\sigma_1}{\sigma_{nom}}\right)^m + \left(\frac{\sigma_2}{\sigma_{nom}}\right)^m + \left(\frac{\sigma_3}{\sigma_{nom}}\right)^m\right] \tag{4.16}$$

式中，N 为节数；σ_1、σ_2、σ_3 为三向主应力，由应力模型计算；σ_{nom} 为名义应力。上述公式(4.14)和式(4.15)通常被用来计算玻璃表面破裂概率和边的单元数。

假设计算 x 个元素，则玻璃总的失效概率为

$$\sum F_p = (1-F_{p1})(1-F_{p2})\cdots(1-F_{px}) \tag{4.17}$$

此种判定准则受韦布尔模量、单位面积强度、玻璃边缘类型等因素影响，不同玻璃的韦布尔模量与单位面积强度及玻璃类型有关。

4.2.3　热通量判定依据

火灾荷载作用在玻璃表面上的热通量，一部分被玻璃吸收，另一部分被玻璃表面反射到周围环境，当玻璃吸收一定热通量达到稳定状态时，玻璃本身不再吸收热通量，而是将火灾传来的热通量全部释放到周围环境中，其传热过程满足方程

$$q = q_c + \alpha q_r = k\frac{T_0 - T_1}{L} = h(T_1 - T_\infty) + \sigma(\varepsilon_1 T_1^4 - \varepsilon_\infty T_\infty^4) \tag{4.18}$$

式中，q 为火灾荷载传给玻璃总的热通量(W/m^2)；q_c 和 q_r 分别为玻璃表面由对流产生的热通量和由辐射产生的热通量(W/m^2)；α 为玻璃吸收系数；k 和 h 分别为玻璃导热系数和对流系数，[W/(m·K)]；ε_1 和 ε_∞ 分别为背火面玻璃表面和周围环境的发射率；L 为玻璃

的厚度(m)；T_0、T_1 和 T_∞ 分别为向火面玻璃、背火面玻璃及周围环境的温度(K)；σ 为斯忒藩-玻尔兹曼常数[$\sigma=5.67\times10^{-8}$ W/($m^2\cdot K^4$)]。

如能得到玻璃表面最大温差，则代入公式(4.18)即可得到最大热应力值

$$\sigma_{max}=E\beta\Delta T_{max} \tag{4.19}$$

式中，σ_{max} 为最大热应力(MPa)；E 为玻璃的杨氏模量(GPa)；β 为玻璃的线膨胀系数(1/K)。将 σ_{max} 代入传热过程方程有

$$q=\frac{k\sigma_{max}}{E\beta L} \tag{4.20}$$

当 σ_{max} 达到极限破坏力时，此时的热通量即为临界热通量。根据张庆文等对有框和无框玻璃破裂方式的研究，热通量判定依据可用下式表示为

$$\begin{cases} q_{cr}=(q_c+\alpha q_c)_{cr}=\dfrac{k\sigma_{max}}{E\beta L},0\leqslant S\leqslant L \\ q_{cr}=(q_c+\alpha q_c)_{cr}=\dfrac{k\sigma_{max}}{E\beta S},S>L \end{cases} \tag{4.21}$$

式中，S 为边框遮蔽宽度(m)；σ_{max} 为玻璃极限破坏力(MPa)；q_{cr} 为临界热通量。

4.2.4 温差判定依据

热应力是由玻璃中的温差导致的，玻璃不同位置处的温差是玻璃在火灾中发生破裂的主要因素。因此，可以采用含石蜡层玻璃围护结构的温差来判断玻璃围护结构是否破裂。此判定准则较为简单实用，常被用作火灾荷载作用下玻璃围护结构破裂行为的判定依据。温差常被定义为以下4种。

(1) 暴露于火灾面玻璃的平均温度 $\overline{T}_{exposed}$ 与边框遮蔽区平均温度 $\overline{T}_{framed}$ 之差，用 ΔT_1 表示，计算公式为

$$\Delta T_1=T_{exposed}-T_{framed} \tag{4.22}$$

(2) 暴露于火灾面玻璃最高温度值 T_{max} 与最低温度 T_{min1} 之差，用 ΔT_2 表示，计算公式为

$$\Delta T_2=T_{max}-T_{min1} \tag{4.23}$$

(3) 暴露于火灾面玻璃最高温度值 T_{max} 与背火面最低温度 T_{min2} 之差，用 ΔT_3 表示，计算公式为

$$\Delta T_3=T_{max}-T_{min2} \tag{4.24}$$

(4) 火灾面玻璃平均温度值 $\overline{T}_f$ 与背火面平均温度 $\overline{T}_h$ 之差，用 ΔT_4 表示，计算公式为

$$\Delta T_4=\overline{T}_f-\overline{T}_h \tag{4.25}$$

4.2.5 Mohr-Coulomb 判定依据

采用莫尔-库仑定律(Mohr-Coulomb)判据来判定玻璃是否发生破裂的计算公式为

$$\frac{\sigma_1}{F_t}-\frac{\sigma_3}{F_c}\geqslant1 \tag{4.26}$$

式中，σ_1、σ_3 分别为玻璃的最大和最小主应力；F_t、F_c 分别为玻璃的临界抗拉强度和临界

抗压强度。最小主应力和临界抗压强度取负值。

结合本研究的特点，拟采用温差判别法判定火灾荷载作用下玻璃围护结构是否破裂。

4.3 火灾荷载作用下玻璃围护结构数值分析

4.3.1 火灾荷载的特征

建筑火灾对玻璃围护结构产生的热荷载受火源位置、火源热释放速率、火灾持续时间等因素的影响。已有的关于玻璃围护结构火灾破裂行为的实验研究中，玻璃承受火灾传来的热荷载均因火源燃料性质、火源位置等因素而各不相同，如程旭东等在对非均匀辐射条件下玻璃破裂行为的实验研究中，根据不同的测试点位置给出了玻璃向火面空气温度曲线、火源辐射强度曲线、玻璃表面温度曲线。张庆文在受限空间火灾环境下玻璃破裂行为的研究中给出在不同油盆火源情况下，遮蔽区与非遮蔽区玻璃表面温度、玻璃近壁面气体温度、燃烧室内气体温度及玻璃表面热通量。由于火灾实验的特殊性，无法得到完全相同的热荷载环境，因此在对火灾荷载进行研究时，常采用 ISO/TR 834—1975 标准火灾模型，该模型的热荷载可由时间-温度曲线表示，如图 4.6 所示。假设此温度曲线为含石蜡层玻璃围护结构向火面得到的热荷载。

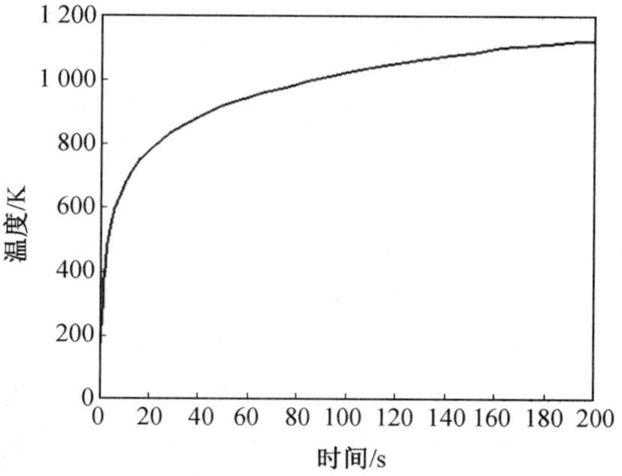

图 4.6　标准火灾模型热荷载时间-温度曲线

4.3.2 含石蜡层玻璃围护结构及中空玻璃围护结构热力耦合特性数值分析

为了更清楚地了解含石蜡层玻璃围护结构在火灾作用下的热力耦合特性，分别计算同尺寸下中空玻璃和不同石蜡相态玻璃围护结构的热性能。为使数值模拟更接近实际工况，在保证计算精度的前提下，假设玻璃围护结构表面均匀暴露于标准火灾荷载作用下，密封材料绝热，石墙和玻璃均为均质各向同性，且石蜡与玻璃接触面处温度相同。玻璃围护结构的尺寸及边界条件设置同 4.1.3 节，玻璃和空气的性能参数见表4.1，石蜡的比热为 2 320 J/(kg·K)，固相石蜡的密度和导热系数分别为885 kg/m^3 和0.2 W/(m·K)，液相石蜡的密度和导热系数分别为 880 kg/m^3 和0.21 W/(m·K)，选用 17＃ 石蜡，固相石蜡、液相石蜡及中空玻璃围护结构表面 4 温度如图 4.7 所示。

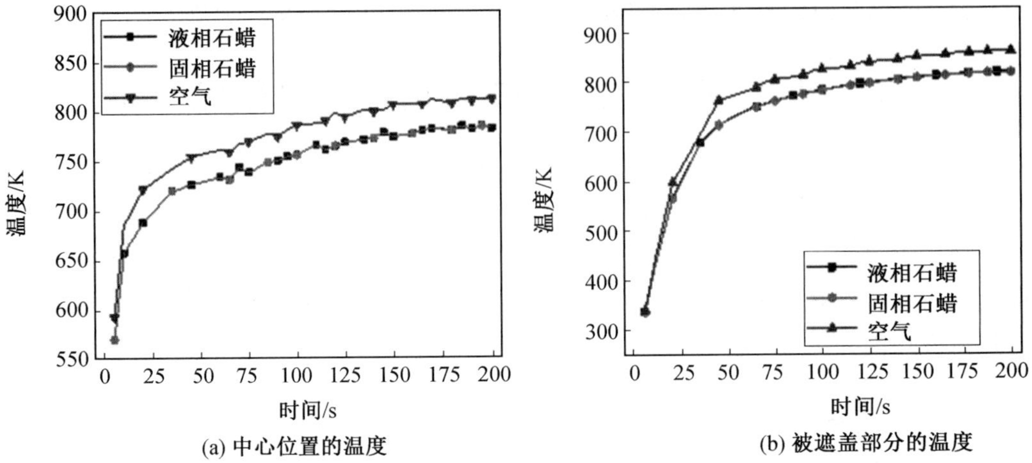

图 4.7　固相石蜡、液相石蜡及中空玻璃围护结构表面 4 温度

图 4.7 中给出了固相石蜡、液相石蜡及中空玻璃围护结构表面 4 中心位置和被边框遮盖处温度随时间的变化情况。由图可知，无论是玻璃围护结构表面 4 中心位置还是被边框遮盖的部分，固相石蜡和液相石蜡玻璃围护结构的温度始终较为一致，主要是因为火灾荷载属于快速升温荷载，石蜡在整个升温过程中性能计算参数未发生改变，正如假设所述，整个过程均按着液相石蜡的性能进行计算。在快速升温过程中，固相石蜡和液相石蜡在计算结果上并没有明显的变化，而中空玻璃围护结构向火面的温度始终高于含石蜡层玻璃围护结构的表面温度，可见含石蜡层玻璃围护结构比中空玻璃围护结构防火性能好。

根据温差判定依据可知，玻璃围护结构中单层玻璃不同位置的温差是主要的判定依据，又根据固相石蜡玻璃窗和液相石蜡玻璃窗的热传输性能较为一致，因此，只选取液相石蜡和中空玻璃围护结构的向火面中心位置与被边框遮盖部分的温差进行分析，表面 4 中心位置与被边框遮盖处的温差如图 4.8 所示。从图 4.8(a) 中可以看出，在火灾发生初期至 60 s 左右时，含石蜡层玻璃围护结构向火面中心位置的温度高于被边框遮盖处，过了 60 s 被边框遮盖处的温度开始逐渐超过中心位置的温度。而从图 4.8(b) 中可以看到，中空玻璃围护结构表面温度的这个转变发生在 30 s 左右，在温度荷载作用下，玻璃边缘位置产生热应力较大。综合以上分析可知，中空玻璃围护结构发生破裂的时间早于含石蜡层玻璃围护结构。

火灾加载的时间较短，假设玻璃围护结构发生破裂未出现脱落，玻璃的热传输性能也未发生变化。从图 4.9 中火灾环境下玻璃围护结构各表面温度的对比情况可知，向火面玻璃层的温度与背火面玻璃层温差较大，且中空玻璃的温差更大一些。假设火灾条件下玻璃在重力荷载作用下的弯曲温度即为融化温度(500 ℃)，则含石蜡层玻璃围护结构在火灾发生 140 s 时达到熔化温度，中空玻璃围护结构在 85 s 时达到熔化温度。

从图 4.10 中可以看出，含石蜡层玻璃围护结构表面 1 中心位置温度与被边框遮盖处温差较大，20 s 之前温差达 75 ℃ 以上，且无论中心位置还是被边框遮盖处，含石蜡层玻璃

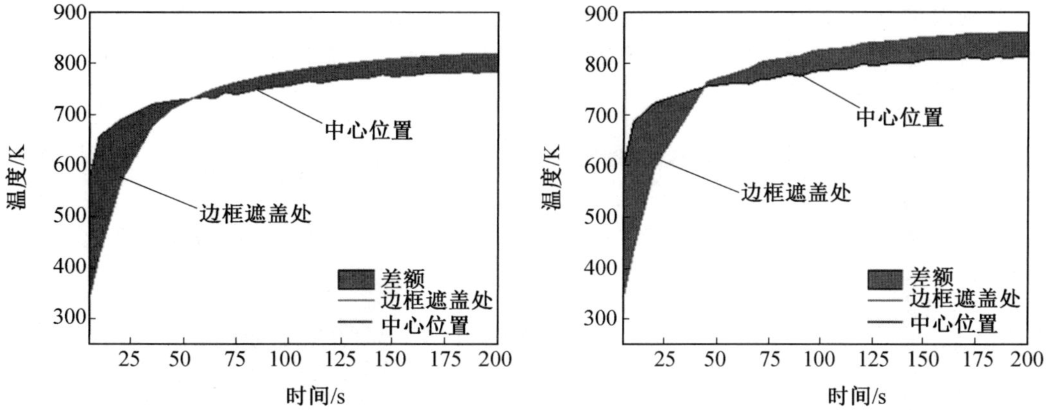

(a) 液相石蜡玻璃　　(b) 中空玻璃

图 4.8　表面 4 中心位置与被边框遮盖处的温差

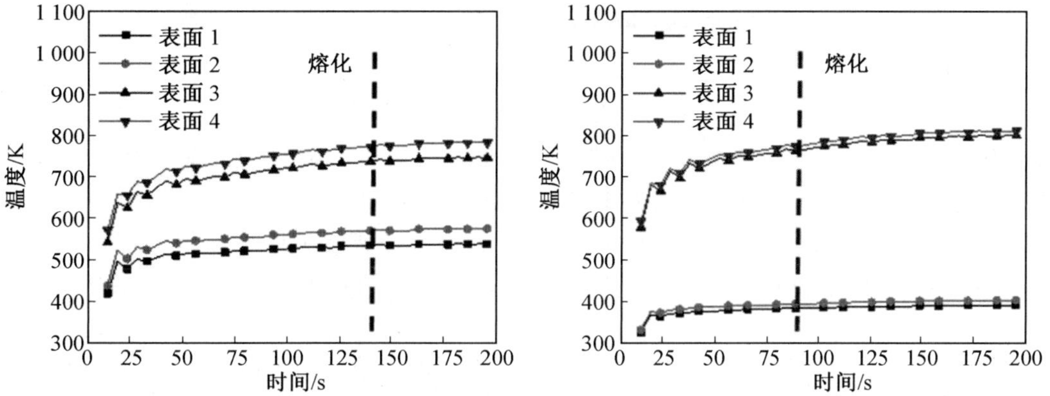

(a) 液相石蜡玻璃　　(b) 中空玻璃

图 4.9　火灾环境下玻璃围护结构各表面温度对比

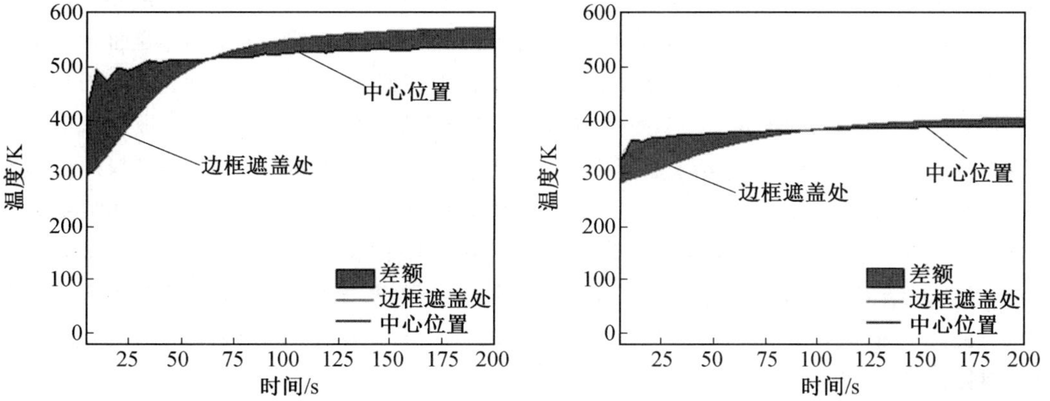

(a) 液相石蜡玻璃　　(b) 中空玻璃

图 4.10　表面 1 中心位置与被边框遮盖处的温差

围护结构温度均高于中空玻璃围护结构，这意味着含石蜡层玻璃围护结构背火面玻璃层温差更为明显。如图 4.11 所示，向火面与背火面玻璃表面温差较大，温差最大值达 297.34 ℃。

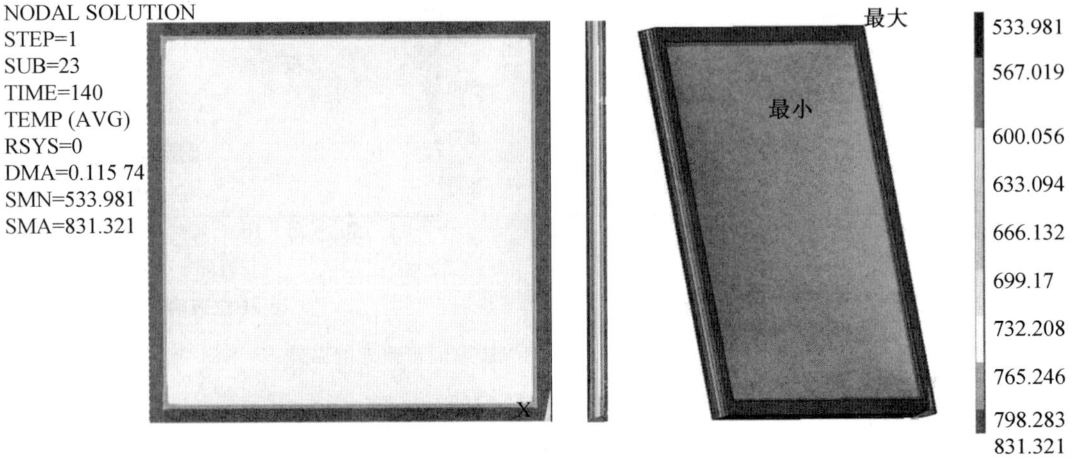

图 4.11　火灾荷载发生 200 s 时含石蜡层玻璃窗温度分布

为了较好地对比含石蜡层玻璃围护结构和中空玻璃围护结构热反应行为，分别在表面 4 和表面 1 提取 3 个位置对其最大主应力进行分析，3 个位置分别为玻璃表面中心位置(1)、暴露在火灾荷载下距边框 10 mm 位置(2) 及边框遮盖部分的中心位置(3)。表面 4 的 3 个不同位置的应力随时间变化情况如图 4.12 所示。表面 1 的 3 个不同位置的应力随时间变化情况如图 4.13 所示。

图 4.12 显示了含石蜡层玻璃围护结构和中空玻璃围护结构表面 4 的 3 个不同位置的最大主应力的分布规律，从图中可知，位置(3) 的最大主应力变化最大，假设玻璃一直未发生断裂，达到熔化温度时，含石蜡层玻璃围护结构的最大主应力值为 44.7 MPa，中空玻璃围护结构的最大主应力可达 46.2 MPa。根据公式(4.13) 及研究所选取的玻璃尺寸参数计算得出玻璃强度设计值，钢化玻璃分别为中部 70 MPa、边缘 56 MPa、端面 49 Mpa；浮法玻璃分别为中部 28 MPa、边缘 23 MPa、端面 19 MPa。根据《建筑玻璃应用技术规程》(JGJ 113—2015) 的规定，对于钢化玻璃可不进行热破裂计算，而对于平板玻璃和浮法玻璃要进行热破裂计算。在实际工程中，除了要求使用钢化玻璃作为安全玻璃以外，其他常见的建筑用玻璃以浮法玻璃居多，这里对浮法玻璃破裂行为的研究，给定的边界条件为玻璃围护结构四边完全固定，因此在玻璃围护结构边缘位置产生的应力值要比实际工程中大，得到的结果更保守。从图 4.12 中可知，含石蜡层玻璃围护结构表面 4 在火灾发生约 25 s 时被边框遮挡处达到破裂极限应力值(22 MPa)，而中空玻璃则在 20 s 时就已经达到破裂极限应力值。

对于背火面，即表面 1 的 3 个位置的应力对比分析如图 4.13 所示，含石蜡层玻璃围护结构在火灾发生 55 s 时背火面玻璃达到极限抗拉强度设计值，而在整个过程中，中空玻璃围护结构始终没有达到极限抗拉强度设计值，最大值只有 10.9 MPa。但从安全角度出发，考虑非脱落情况下玻璃围护结构向火面达到极限应力状态即判定为破坏，显然含石蜡

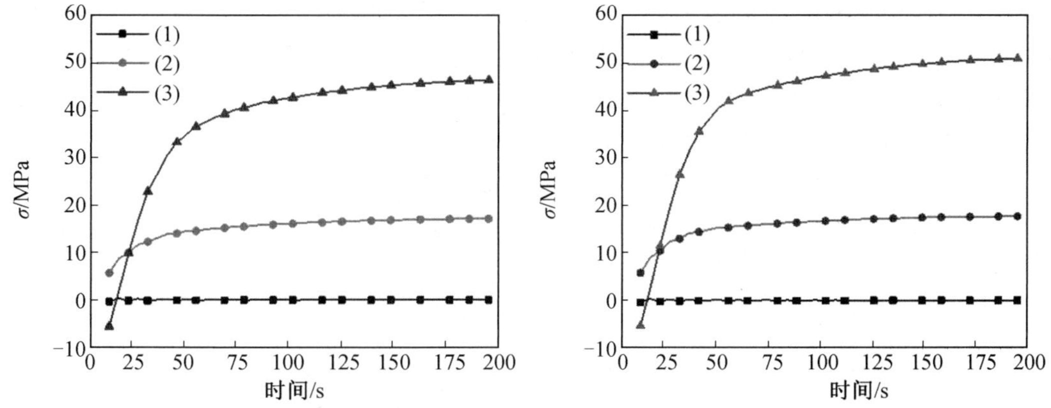

(a) 含石蜡层玻璃围护结构　　(b) 中空玻璃围护结构

图 4.12　表面 4 的 3 个不同位置的应力随时间变化情况

层玻璃围护结构耐火性能要比中空玻璃围护结构耐火性能好。然而，火灾环境条件下建立的含石蜡层玻璃围护结构的数学分析模型，并未考虑石蜡在高温环境下的化学变化，因此对含石蜡层玻璃围护结构在高温荷载作用下的极限抗拉强度的预测仍需进一步展开研究。

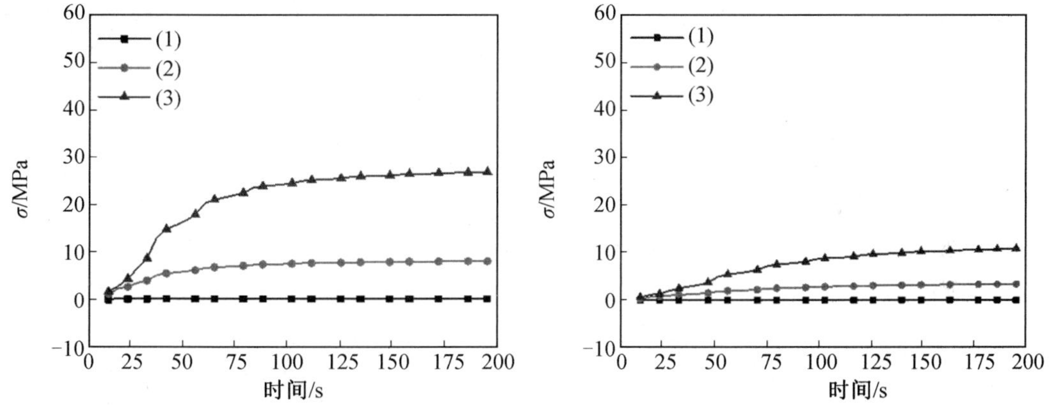

(a) 含石蜡层玻璃围护结构　　(b) 中空玻璃围护结构

图 4.13　表面 1 的 3 个不同位置的应力随时间变化情况

4.4　本章小结

本章结合火灾荷载作用下玻璃破裂判定准则，建立了含石蜡层玻璃围护结构高温环境条件下热力耦合物理及数学模型。对火灾荷载作用下含石蜡层玻璃围护结构进行了探索性研究，主要结论如下。

(1) 基于火灾荷载的特点建立含石蜡层玻璃窗的热传输模型，对比已有文献实验结果对所建立的数学模型进行可行性验证，实验结果与数值计算结果在相同的时间范围内平均误差不超过 5 ℃，表明所建立的物理及数学模型可以对含石蜡层玻璃围护结构和中空玻璃围护结构热力耦合特性进行分析。

(2) 短时快速升温的火灾荷载作用下中空玻璃围护结构的向火面温度高于含石蜡层玻璃围护结构向火面的温度。火灾发生初期被边框遮盖处的温度低于玻璃围护结构中心位置的温度,随着时间的推移,被边框遮盖处的温度很快就超过中心位置的温度,含石蜡层玻璃围护结构边框温度超过中心位置温度的时间比中空玻璃围护结构延迟 30 s。

(3) 考虑非脱落情况下玻璃围护结构向火面达到极限应力状态即判定为破坏,含石蜡层玻璃围护结构表面 4 边缘位置在火灾发生后达到极限应力状态的时间比中空玻璃延迟5 s,延长了玻璃破裂的时间。

第 5 章　附加阳光间农宅玻璃围护结构优化研究

随着社会的不断进步、生产力的不断发展和生活水平的不断提高，人们对建筑室内热环境提出更高的要求，导致建筑能耗逐年增加。在我国东北地区，大多数农宅冬季采暖以燃烧煤炭、秸秆为主，不仅降低了室内环境品质，还造成了温室效应、雾霾天气等。因此，在保证室内热舒适度的同时，运用技术手段降低建筑能耗逐渐成为农宅的发展方向。

太阳能是最具发展潜力的可再生能源，其可持续性和环保性特点适应绿色建筑目标。我国东北地区太阳年辐射总量约 5 400 MJ/m^2，在该地区发展农村太阳能建筑潜力巨大。

附加阳光间是一种构造简单、造价经济的被动式太阳房建筑形式。经研究发现，与传统建筑相比，附加阳光间可降低建筑能耗，改善室内热舒适度。本章以东北安达地区农村建筑为研究对象，研究了附加阳光间对安达地区农宅建筑的影响。

5.1　附加阳光间建筑能耗与室内热环境影响研究

5.1.1　农宅建筑参数

安达地区传统农宅多为 3 开间，满足住户基本生活需求。在建筑设计初期对传统阳光间内空间布局进行优化，在满足人们多样化需求的同时，可使其空间布局更有利于建筑节能。

研究农宅对象为面积约 118 m^2（面阔 14.4 m，进深 8.2 m）的双层建筑。起居室、卧室等主要居住活动空间位于东南侧，有利于吸收太阳辐射热，而其他辅助空间位于西北侧，可以阻挡冬季的西北风，减少主要房间内的热量散失。图 5.1(a) 所示为传统农宅建筑布局优化后的参考建筑模型(RB)；图 5.1(b) 所示为在参考建筑模型基础上附加阳光间的建筑模型(TB)，其中阳光间进深1.5 m，玻璃厚度为 3 mm。

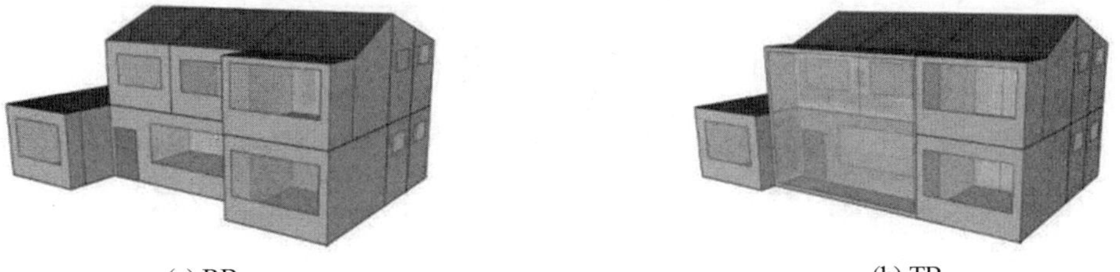

(a) RB　　(b) TB

图 5.1　传统农宅和附加阳光间的建筑模型

根据《农村单体居住建筑节能设计标准》(CECS 332:2012) 的规定，农村建筑采用空气层为 9 mm的双层玻璃窗。建筑外围护结构采用外挂保温板形式，表5.1所示为RB外围护结构参数。

表 5.1　RB 外围护结构参数

	构造	传热系数 /(W·m^{-2}·K^{-1})
外墙	黏土砖墙外挂保温板	0.171
内墙	黏土砖墙	0.421
屋顶	彩钢板保温坡屋面	0.434
地面	中砂浆黏土	N/A
窗	9 mm 厚中空双层玻璃窗	3.759

5.1.2　当地气候环境

在 EnergyPlus 模拟软件中提取安达地区室外干球温度及太阳辐射强度。该地区住宅供暖期为 10 月 19 日至次年 4 月 10 日。图 5.2 所示为寒区典型农宅逐月太阳辐射强度。图 5.3 所示为寒区典型农宅每月室外平均温度、最低和最高干球温度。由图可知，该地区 7 月份年最高干球温度为 35.4 ℃，2 月份最低干球温度为 −27.4 ℃。

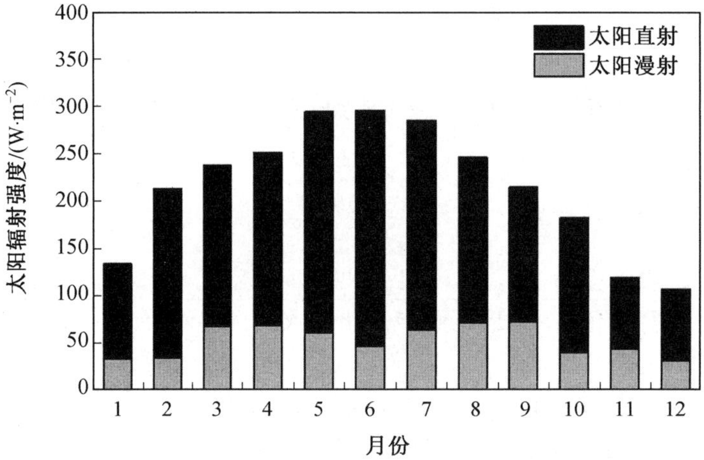

图 5.2　寒区典型农宅逐月太阳辐射强度

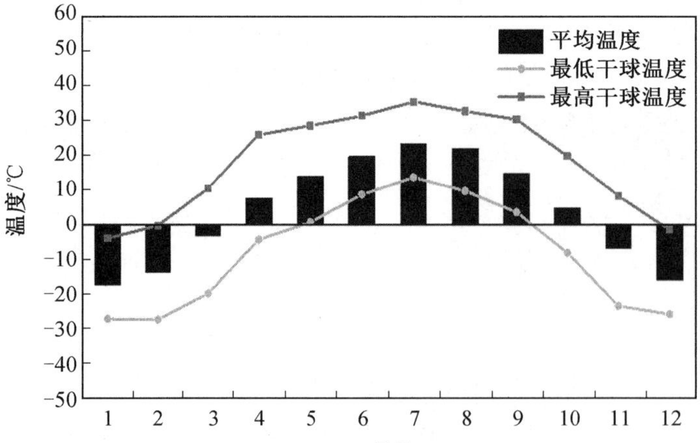

图 5.3　寒区典型农宅每月室外平均温度、最低和最高干球温度

门厅灶台和室内火炕为农宅冬季采暖的两种主要设施。根据《严寒和寒冷地区农村住房节能技术导则》，农村住房冬季采暖室内设计计算温度为 18 ℃，夏季室内最高设计温度为 24 ℃。

5.1.3　可选的玻璃类型

附加阳光间是建筑室内空间与室外空间的缓冲空间，起到增大建筑热阻的作用。附加阳光间主要由玻璃围护结构组成，但玻璃围护结构属于围护结构中的薄弱环节。而改变附加阳光间玻璃围护结构热阻可以减少建筑能耗。

本节研究了附加阳光间内玻璃层数、双层玻璃内填充气体种类（空气、氩气和氪气）以及空气层厚度（3 ～ 24 mm）对建筑能耗的影响。图 5.4 所示为本研究选用的 4 种玻璃种类，4 种玻璃种类构成的附加阳光间分别为：TB-TBs、TB-DAi、TB-DAr 和 TB-DKr。

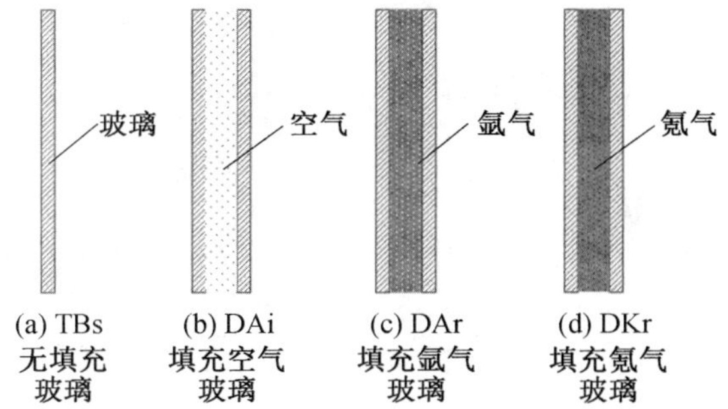

图 5.4　本书选用的 4 种玻璃种类

5.1.4　建筑室内人员热扰

对于建筑室内温度的设定，根据《农村单体居住建筑节能设计标准》（CECS 332：2012）（以下简称《标准》）规定，严寒地区建筑冬季室内温度最低为 14 ℃，然而哈尔滨工业大学金虹等研究得出严寒地区建筑冬季室内适宜温度在 15 ～ 18 ℃，东北石油大学马令勇等研究发现安达地区农宅建筑室内适宜温度为 18 ℃。通过以上分析，本研究将建筑卧室最低温度设置为 16 ℃；根据《标准》将厨房、卫生间等的最低温度设置为 10 ℃。

室内人员的设定方面，根据实地调查，本节研究将室内人员设置为最多 5 人，各房间人员参数设定见表 5.2。

表 5.2　各房间人员参数设定

建筑模型	房间	房间室内人数 / 个
原建筑 / 附加阳光间建筑	南向主卧	0 ～ 3
	南向次卧	0 ～ 2
	南向起居室	0 ～ 3
	餐厅 / 厨房	0 ～ 2
	卫生间	0 ～ 1
	附加阳光间	0

5.2 有无阳光间能耗分析

5.2.1 附加阳光间的影响

图 5.5 显示了采暖期室外温度对 TB-TBs 与 RB 总建筑能耗的影响。由图可知，总建筑能耗与室外温度呈负相关趋势，室外温度越低，总建筑能耗越大。整个采暖期内，与 RB 总建筑能耗相比，TB-TBs 总建筑能耗降低了 1 115.56 kW · h。

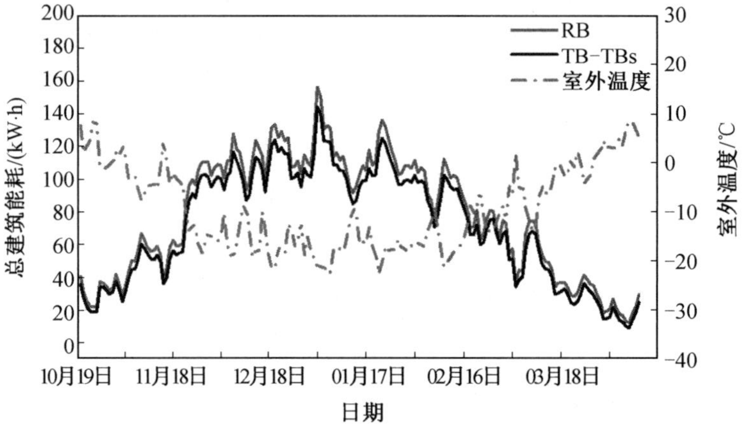

图 5.5 采暖期室外温度对 TB-TBs 与 RB 总建筑能耗的影响

图 5.6 所示为 1 月 20 日的 RB、TB-TBs 和 TB-DAi 3 种工况下逐时建筑能耗。由图可见，3 种工况下建筑能耗曲线变化基本一致。太阳辐射强度增加，建筑能耗降低。建筑能耗一般在无日照时出现峰值，这是由于此时室外环境温度最低且建筑内空气刚开始吸收太阳辐射。虽然 11:00 时太阳辐射强度达到最大值并开始减小，但由于建筑内空气、家具有储热，因此建筑能耗仍然在降低，而在 13:00 之后开始缓慢升高。由于建筑外附加阳光间的作用，相比于 RB 建筑，TB-TBs 和 TB-DAi 建筑能耗更低，分别减少 1 130 kW · h 和

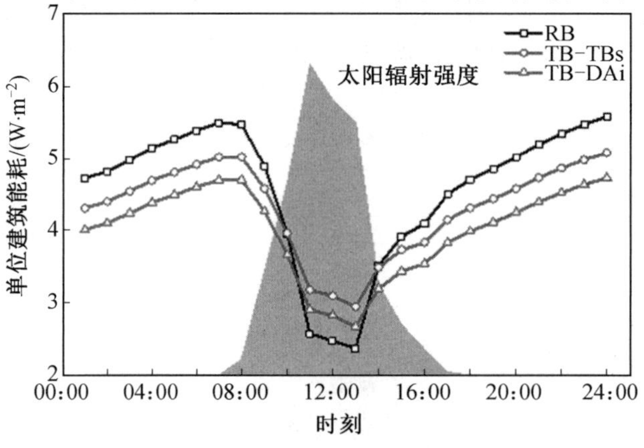

图 5.6 RB、TB 和 DAi 3 种工况下逐时单位建筑能耗曲线(1 月 20 日)

1 630 kW·h。此外，RB 建筑室内温度波动较大，附加阳光间的 TB-TBs 和 TB-DAi 建筑可明显减小室内温度波动，只是由于附加阳光间增大了建筑整体热阻、减少了热量散失的缘故，可见附加阳光间可以增大建筑整体热阻，有利于农宅节能。

5.2.2　玻璃类型的影响

图 5.7 显示了双层玻璃内夹层厚度和气体种类对总建筑能耗的影响。如图所示，夹层厚度增加，填充氩气和氪气的双层玻璃附加阳光间能耗均呈现先降低后升高的趋势。空气厚度增加到 21 mm 时，3 种气体对应的总建筑能耗基本一致，这就是说，厚度增加至 21 mm 后继续增加空气层厚度对总建筑能耗的影响相对较小。当空气层内气体为空气或氩气时，其厚度为 18 mm 时建筑能耗最低，与 RB 建筑相比分别减少了 16.6 % 和 17.2%；当空气层内气体是氪气时，最佳厚度为 9 mm，与 RB 建筑相比，能耗减少了 17.6%。

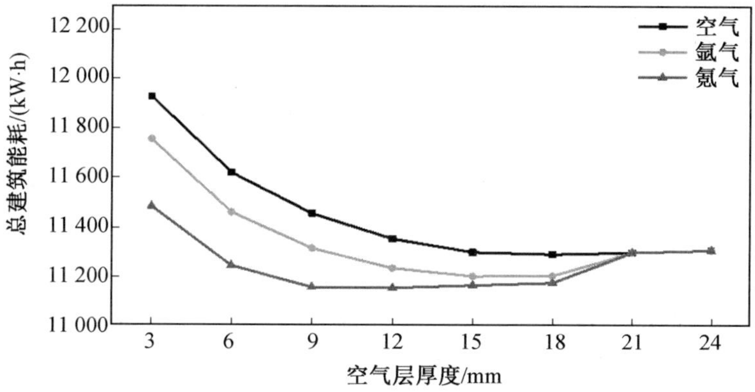

图 5.7　双层玻璃内夹层厚度和气体种类对总建筑能耗的影响

5.2.3　建筑室内温度计算

建筑室内温度计算是在建筑无空调系统作用的情况下，计算建筑室内各个房间的温度。在建筑设计中，建筑朝向对于建筑室内温度有较大影响，同时，建筑内各功能房间的位置也受到建筑朝向的影响。图 5.8 为原农宅 7 月 16 日各功能房间室内温度示意图。在夏季建筑室内房间温度波动受到室外温度影响较小，而室外温度较大浮动是受到太阳辐射的影响，在中午时刻温度上升较快。从图中可以看到，建筑东南向房间的室内温度普遍高于西北向房间，最高温差达 3.61 ℃。主卧室与次卧室同为建筑南向房间，受到太阳辐射影响室内温度较高，然而次卧室日平均温度较主卧室低 1 ℃，这是由于 2 个房间内活动人员数量不同，次卧室室内人员的热扰小于主卧室室内人员的热扰，导致 2 个房间室内温度产生差异。热扰指的是影响建筑内部热环境的各种因素，包括内部热扰和外部热扰。

同样为建筑南向房间，起居室的室内温度明显低于其他 2 个房间。与主卧室日平均温度相比，起居室温度低了 1.8 ℃。与其他 2 个房间相比，起居室空间较为宽敞，不仅通过门与室外进行热量交换，还与北向房间 —— 餐厅形成穿堂风，加快了起居室内的空气流通，进而使得房间内温度迅速下降。与这一情况相似，北向房间 —— 餐厅日逐时温度最低。另外，厨房室内温度在一天内变化最大，最高温度达 27.7 ℃，最低温度为 24.8 ℃。图中可以看到，该房间室内温度两次快速升高是在午餐及晚饭时，厨房内设备、人员的热扰及燃烧所产生的热量使温度迅速上升。因此通过对各个房间温度进行比较发现，建筑室内温度受到房间朝向、通风以及室内人员和设备热扰等综合因素的影响。

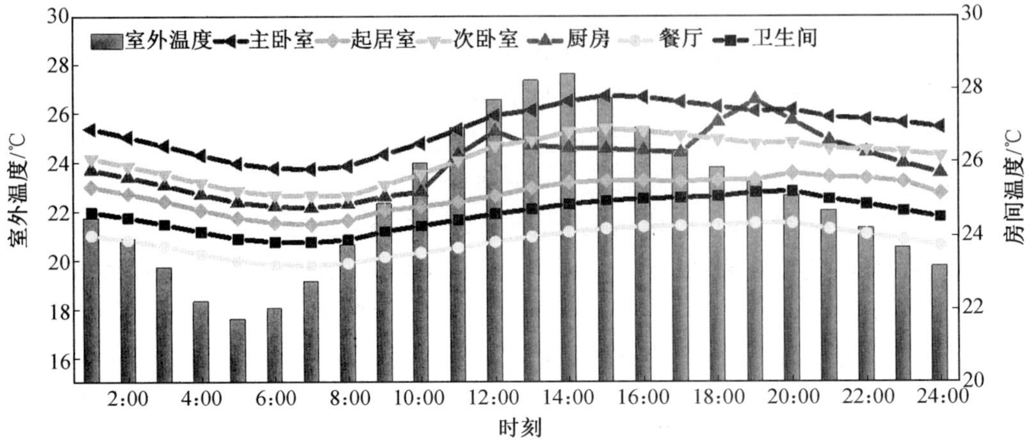

图 5.8　原农宅 7 月 16 日各功能房间室内温度示意图

图 5.9 显示了原农宅 1 月 4 日各功能房间室内温度。从图中可以看到，各房间内温度变化与图 5.8 相似，但是略有不同。其中位于南向的主、次卧室温度依然高于其他房间，但是主卧室房间的温度明显高于次卧室，日平均温差达 3.6 ℃。这是由于安达地区冬季受到西北方向的冷风侵袭，室内外温差较大，加快了西北侧房间室内外热量的交换；而主卧室位于东南侧，西北侧的房间起到了增加该房间热阻的作用，因此相对其他房间主卧室能量损失较小，室内温度较高，可见在安达地区，房间的朝向对于室内温度的影响较大。

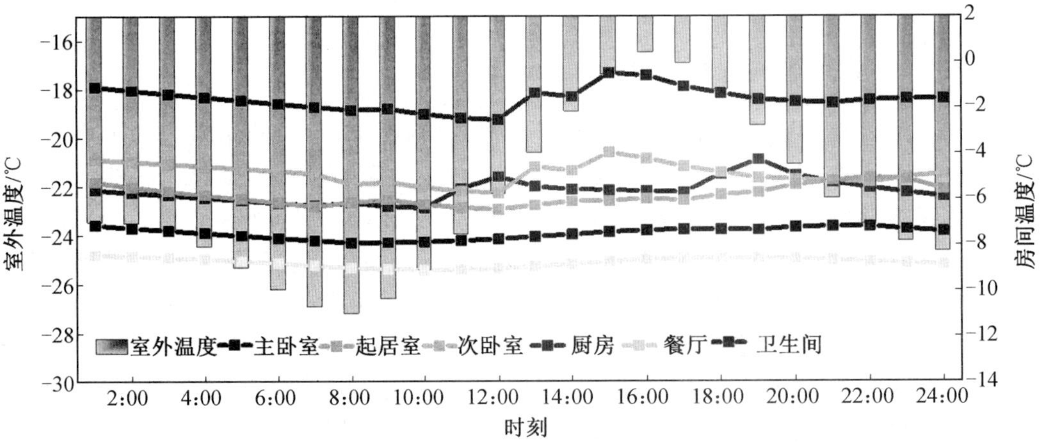

图 5.9　原农宅 1 月 4 日室内各功能房间室内温度示意图

附加阳光间作为被动设计手段加建在农宅建筑南侧，为减少冬季建筑能耗做出了重大贡献。本研究针对附加阳光间对建筑各房间室内热环境的影响进行分析。图 5.10 为原建筑与附加阳光间建筑在 1 月 4 日和 7 月 16 日各房间室内日平均温度对比图。研究发现，与冬季相比，附加阳光间在夏季对于建筑各房间室内温度的影响较小，因此本研究不进行附加阳光间对夏季建筑各房间室内热环境影响的研究。从图 5.10 中可以发现，在建筑南向附加阳光间可以提高建筑整体室内温度，然而对于北向房间的室内温度提升较小，约 1 ℃；对于南向房间的室内温度影响较大，最低可以提高室内温度 2.2 ℃。与其他 2 个南向房间相比，附加阳光间对起居室的室内温度影响最大，使其温度提高了 4.3 ℃。由于在南向附加阳光间避免了南向房间与室外环境的直接接触，减缓了室内外的热量交换。附加阳光间还具有一定的蓄热性，阳光间吸收太阳辐射，阳光间内空气温度升高，增大了南向房间整体热阻。此时位于建筑最中间的起居室，在寒冷条件下，该房间的围护结构不与外界环境直接接触，因此温度升高幅度最大。

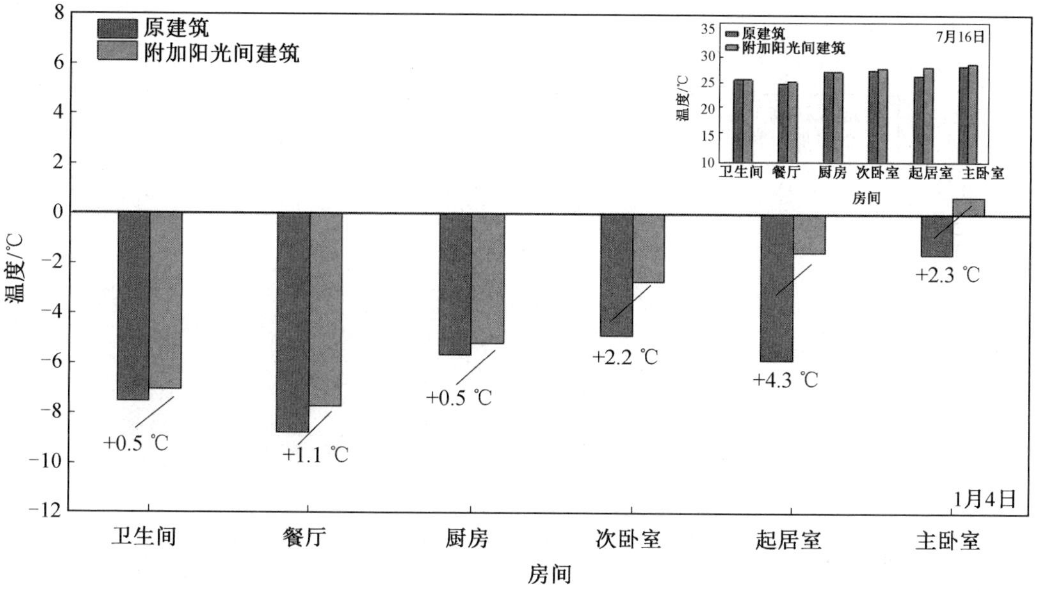

图 5.10　原建筑与附加阳光间建筑在 1 月 4 日和 7 月 16 日各房间室内日平均温度对比图

5.2.4　房间室内含湿量

图 5.11 为农宅全年室外含湿量与室外干球温度变化曲线。分析发现，室外含湿量受室外干球温度影响较大。根据上述分析结果可知，附加阳光间对夏季房间的温度影响较小，因此本研究分析了冬季各房间室内日平均含湿量在附加阳光间前后的变化，如图 5.12 所示。由于室内含湿量受室内温度影响较大，南向的房间在附加阳光间后室内含湿量大幅增加，而北向房间含湿量增加幅度较小。此外，在计算冬季室内温度中发现，北向卫生间室内温度最低，而含湿量却明显高于其他房间，这是由房间功能所决定的。因此，室内含湿量不仅受到室内温度的影响，还与房间功能相关，如卫生间的功能性导致其含湿量的增加。

根据上述研究可知，附加阳光间建筑比传统农宅建筑热负荷更小。这是因为在建筑南向附加阳光间，增大了建筑南向热阻。因此，增加阳光间的热惰性可以进一步减少建筑能耗。建筑附加阳光间后，各房间室内温度都有所提高，尤其是与附加阳光间相邻的房间，室内温度升高幅度较大，温差高达 4.3 ℃。同时，附加阳光间增加了建筑整体热阻，尤

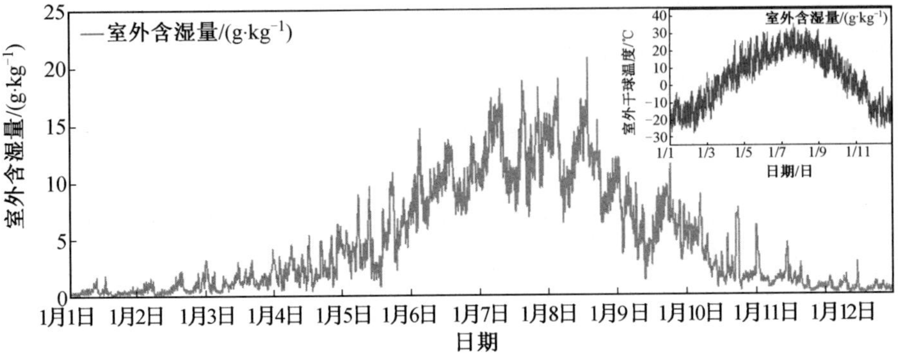

图 5.11　农宅全年室外含湿量与室外干球温度变化曲线

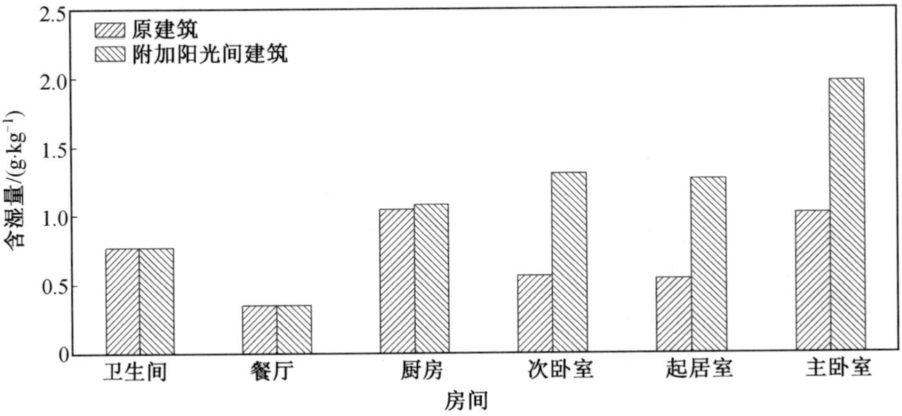

图 5.12　附加阳光间前后冬季各房间室内日平均含湿量

其是南向房间的热阻，减少了南向房间与室外的直接接触面积，减少了热损失，有利于提升建筑温度。建筑室内含湿量受温度影响较大，当附加阳光间后，随南向房间室内温度的大幅提高，各南向房间的室内含湿量升高幅度较大。除此之外，建筑室内含湿量还与房间功能密切相关，如受到房间功能影响，个别房间内的设备会产生大量水蒸气使室内含湿量增加。研究结果表明，在农宅外附加阳光间的被动建筑节能手段不仅能降低建筑能耗，还对改善建筑的室内热环境具有积极作用。但是，室内热环境受到多种因素的影响，在建筑设计中也应考虑到房间通风、人员和设备热扰等因素。

增加围护结构的保温性能是减少安达地区农宅建筑能耗的另一有效手段。传统保温材料虽然具有一定的保温性能，但是在建筑中应用PCM材料，可以将热量储存在PCM材料中，PCM材料在夜间将热量释放到建筑中，延长建筑室内温度的保持时间。为进一步降低农宅建筑能耗，本章下文将从3个方向进行研究：首先，将相变材料应用到建筑中，对相变材料的选择制备、材料的光热特性进行研究；其次，对附加阳光间建筑进行围护结构的完善，同时将相变材料应用到百叶中并进行研究；最后，对附加阳光间且应用相变百叶的农宅进行采光通风效果检测及能耗分析。

5.3　相变百叶应用效果分析

5.3.1　EnergyPlus 软件中的 PCM 模型

EnergyPlus 软件使用了一维传导有限差分(CondFD)求解算法对相变材料(PCM)进行计算,该求解算法中使用了绝对差分格式。使用 EnergyPlus 软件的 CondFD 求解算法对含有相变材料的墙体建立模型,发现局部壁面温度和热通量的模拟结果与实验房间的实验数据一致,全隐式格式(fully implict scheme)的计算公式为

$$c_{\mathrm{p}}\rho\Delta x\,\frac{T_i^{j+1}-T_i^j}{\Delta t}=\left(K_w\,\frac{(T_{i+1}^{j+1}-T_i^{j+1})}{\Delta x}\,K_E\,\frac{(T_{i-1}^{j+1}-T_i^{j+1})}{\Delta x}\right) \tag{5.1}$$

式中,T 为节点温度,(K);i 为模型某一节点;$i+1$ 为与节点 i 相近的内部节点;$i-1$ 为与节点 i 相邻的内部节点;$j+1$ 为新时间步长,(s);j 为上一个时间步长,(s);Δt 为时间步长,(s);Δx 为有限差算法层厚度;C_{p} 为材料比热[J/(kg · K)];K_w 为节点 i 与节点 $i+1$ 之间内表面传热系数[W/(m^2 · K)];K_E 为节点 i 与节点 $i-1$ 之间内表面传热系数[W/(m^2 · K)];ρ 为材料密度(kg/m^3)。

根据式 5.1 计算焓值和温度,公式为

$$h_i=\mathrm{HTF}(T_i) \tag{5.2}$$

式中,HTF 为输入的焓值 - 温度函数,它用于在每个时间步长中产生一个等效的比热式,为

$$C_{\mathrm{p}}=\frac{h_{i,\mathrm{new}}-h_{i,\mathrm{old}}}{T_{i,\mathrm{new}}-T_{i,\mathrm{old}}} \tag{5.3}$$

在 CondFD 求解算法中,使用式 5.4 自动划分或离散所有元素,这取决于空间离散常数(C)、材料的热扩散率(α)和时间步长(Δt)。

$$\Delta x=\sqrt{C\alpha\,\Delta t} \tag{5.4}$$

5.3.2　相变百叶在阳光间中的应用效果

在农宅附加阳光间三维模型(外围护结构参数见表 5.1)的基础上,本研究于附加阳光间的玻璃围护结构内侧设置了含相变材料的百叶窗(以下简称相变百叶),并建立了简化模型。建筑构造主要参数见表 5.3。相变百叶材料参数见表 5.4,其中百叶宽100 mm,共 24 片均匀分布在玻璃内侧,角度为 0°。使用 EnergyPlus 软件进行了冬季最冷日(1 月 21 日)的逐时采暖能耗模拟。

表 5.3　建筑构造主要参数

	主要构造(从外侧到内侧)	材料密度/($kg \cdot m^{-3}$)	导热系数/($W \cdot m^{-1} \cdot K^{-1}$)	传热系数/($W \cdot m^{-2} \cdot K^{-1}$)	热惰性指标
外墙	10 mm 保温砂浆	250	0.06	0.421	5.939
	100 mm 聚氨酯外保温材料	35	0.024		
	240 mm 黏土砖墙	1 700	0.5		
内墙	120 mm 黏土砖墙	1 700	0.5	0.5	1.536
屋顶	50 mm 钢筋混凝土屋面板	2 500	1.74	0.713	1.149
	50 mm 聚氨酯保温材料	35	0.024		
地面	重砂浆黏土	800	0.29	N/A	2.853
窗	6 mm 玻璃	2 500	0.9	6.4	N/A
玻璃围护结构	6 mm 玻璃	2 500	0.9	3.9	N/A
	9 mm 空气	1.29	0.023		
	6 mm 玻璃	2 500	0.9		

表 5.4　相变百叶材料参数

		材质	传热系数/($W \cdot m^{-2} \cdot K^{-1}$)	材料密度/($kg \cdot m^{-3}$)	比热/($J \cdot kg^{-1} \cdot K^{-1}$)	相变温度/℃	相变潜热/($J \cdot kg^{-1}$)
材料	外材料	铝合金 1050A	231	2 702	900	—	—
	内材料	固体石蜡	0.2	880	4 810(固)/3 110(液)	18	236 810

在模拟结果中由于严寒地区夏季温度不高，加之有合理的通风，夏季室内达到 26 ℃的日制冷负荷不足 1 kW·h，差异性不大，因此夏季空调制冷能耗在此不做讨论。

选取冬季室内采暖设计温度为 18 ℃，即满足冬季室内(不含附加阳光间)温度 24 小时恒温 18 ℃。图 5.13 显示了不同工况 1 月 21 日逐时采暖能耗模拟结果，图 5.14 显示了该日总采暖能耗模拟结果。

由图 5.13 可知，在最冷日农宅附加阳光间内设置相变百叶后采暖能耗较原农宅明显降低。含相变百叶的附加阳光间农宅与附加阳光间且未设置相变百叶的农宅采暖能耗相比，在 10:00 之前和 17:00 之后有所降低，在 10:00 至 17:00 之间能耗差异逐渐减小，采暖能耗有所升高，并于 14:00 达到能耗差的最大值。这是由于相变百叶在日间室外温度升高且太阳辐射量增加时不断吸收热量，室内温度降低，能耗就会有所提升。但是在夜晚室内温度降低且无太阳辐射时，在为建筑保温的同时，相变百叶就会发挥其效用，放出热量、提高室内的温度，使采暖能耗降低，减少了日间与夜间的温度波动，提高了室内的热舒适度。

如图 5.14 所示，该日使用相变百叶后的附加阳光间农宅较原农宅日总采暖能耗降低了 16.57 kW·h，节能率为 20.86%；较未设置相变百叶的附加阳光间农宅总能耗降低了 0.96 kW·h，节能率为 1.50%，由于该模拟天为最冷日(1 月 21 日)，室外温度过低，实际

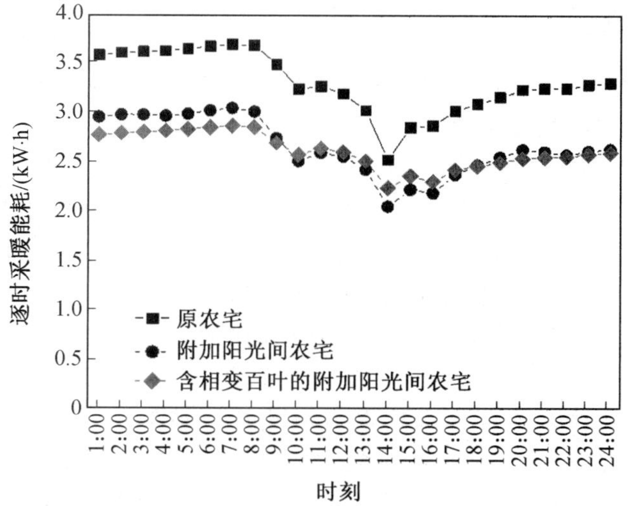

图 5.13　不同工况 1 月 21 日逐时采暖能耗模拟结果

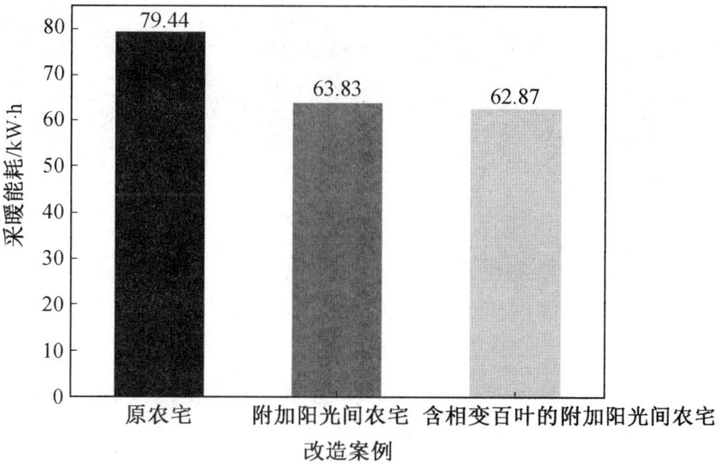

图 5.14　1 月 21 日总采暖能耗模拟结果

上在室外温度和太阳辐射强度升高后，节能率和降低的采暖能耗值要高于该数值。总体上来说，相变百叶具有一定的节能效果，在农宅附加阳光间中使用可以降低冬季采暖能耗。

5.4　附加阳光间内相变百叶模拟优化

严寒地区农宅附加阳光间内使用相变百叶具有一定的节能效果，但在实际应用中，相变百叶材料、叶片单体以及整体位置及间距等都需要模拟优化，以量化相变百叶的最优性能。

5.4.1 数值模型

为了更明显地反映相变百叶的使用效果并对其进行优化，本研究使用优化结果更为细微的小型测试间进行模拟优化。基于 EnergyPlus 软件对安达市农村地区的 4 组测试间进行建筑采暖能耗的模拟分析，使用三维建模工具 Sketchup 软件和 OpenStudio 插件联合建立如图 5.15 所示的 4 组测试间模型：3 m×3 m×3 m 的原测试间模型 M1、安装有窗内百叶的测试间模型 M2，附加 1.5 m×3 m×3 m 阳光间的测试间模型 M3、附加阳光间(1.5 m×3 m×3 m) 并安装有窗内百叶的测试间模型 M4。原测试间南侧铝合金框中空玻璃窗尺寸为 1.8 m×1.8 m，南侧附加阳光间的大面积玻璃围护结构尺寸为 1.8 m×1.8 m。

4 组测试间参照严寒地区标准构造方法建造。玻璃围护结构内侧的百叶尺寸为 1.8 m×0.015 m，厚度均为 0.03 m，窗内侧均匀分布 12 片百叶。普通百叶和相变百叶均为不透明结构，位于窗的内侧，距离窗 3 cm。普通百叶的窗叶板材为铝制板材、截面为梭形，相变百叶是在普通百叶相变的基础上填充相变材料。相变百叶的数据参见表 5.4。

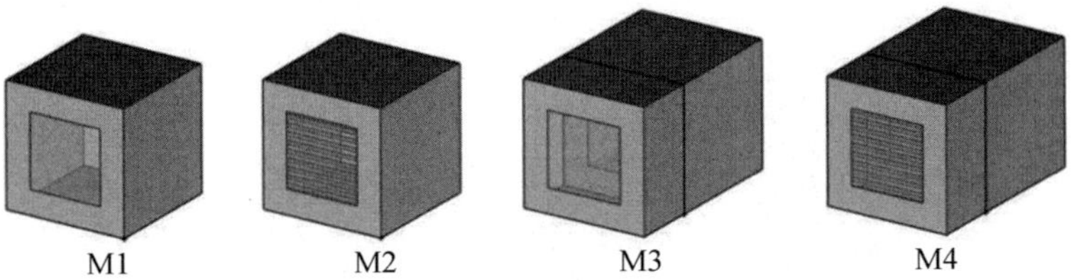

图 5.15 4 组测试间模型

本研究通过 2 个对照组分别模拟研究了内置普通百叶及相变百叶两种情况下附加阳光间测试间的冬季采暖能耗情况，具体模拟分析情况如下。

1. 对照组 1

对照组 1 对均设有窗内百叶的测试间 M1 与附加阳光间后的测试间 M3 的冬季采暖能耗进行模拟分析。

2. 对照组 2

对照组 2 对原测试间 M1、设有窗内普通百叶的测试间 M1、设有窗内相变百叶的测试间 M1 与附加阳光间后的测试间 M3、设有窗内普通百叶的测试间 M3、设有窗内相变百叶的测试间 M3 共 6 组测试间冬季采暖能耗进行模拟分析。

图 5.16 所示为对照组 1 逐月采暖能耗及总采暖能耗。由图可知，在安达地区的测试间外附加阳光间可以大幅降低室内采暖能耗，尤其在室外温度最冷月(12 月)，采暖能耗降低量最多，达 110.58 kW·h，月节能率最高，达 33.28%；原测试间模型 M1 的采暖期总采暖能耗为 1 190.84 kW·h，附加阳光间的测试间模型 M3 的采暖期总采暖能耗为 880.61 kW·h。在建筑外附加阳光间后总节能率达 26.05%，可见在安达地区建筑外附加阳光间可以提高室内温度并改善室内热环境，有效降低冬季采暖能耗。

图 5.17 所示为对照组 2 逐月采暖能耗及总采暖能耗。由图可知，在测试间和附加阳光间测试间内使用普通百叶可以降低采暖能耗，但作用不明显，这是由于普通百叶的使用会遮蔽部分进入室内的太阳辐射，其保温作用与遮蔽作用的效应基本相同，因此对室温升

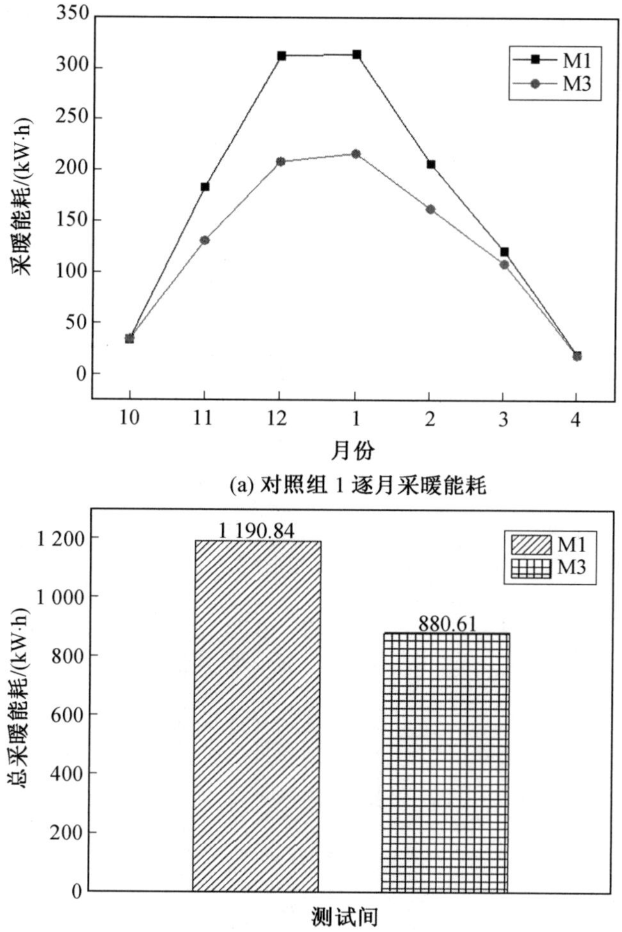

(a) 对照组 1 逐月采暖能耗

(b) 对照组 1 总采暖能耗

图 5.16　对照组 1 逐月采暖能耗及总采暖能耗

高及采暖能耗的降低并不会产生较大的作用。而使用相变百叶后，建筑在采暖期的采暖能耗明显降低。在原测试间内直接使用相变百叶可以减少总采暖能耗45.55 kW·h，节能率为 3.83%；在附加阳光间测试间中使用相变百叶来调节室内温度，可以减少总采暖能耗 64.93 kW·h，节能率为 7.37%。结果表明在附加阳光间中使用相变百叶的效果比在原测试间内直接使用相变百叶的节能效果更好。主要是由于附加阳光间内可吸收的太阳辐射量多，使相变百叶中的相变材料在白天吸热并在夜晚室内温度降低时放热，从而提高室内温度和热舒适度，减少建筑采暖能耗。

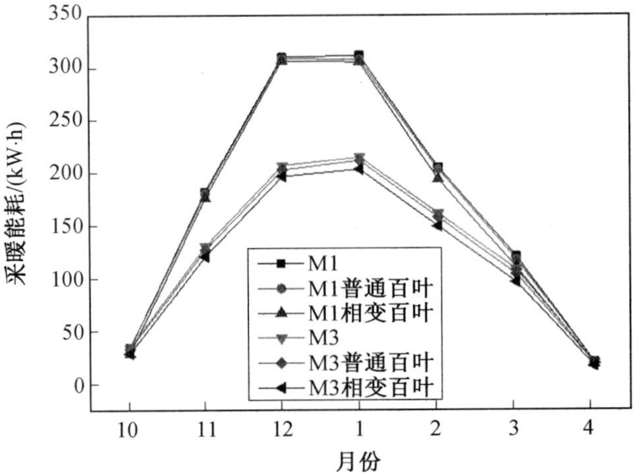

(a) 对照组 2 逐月采暖能耗

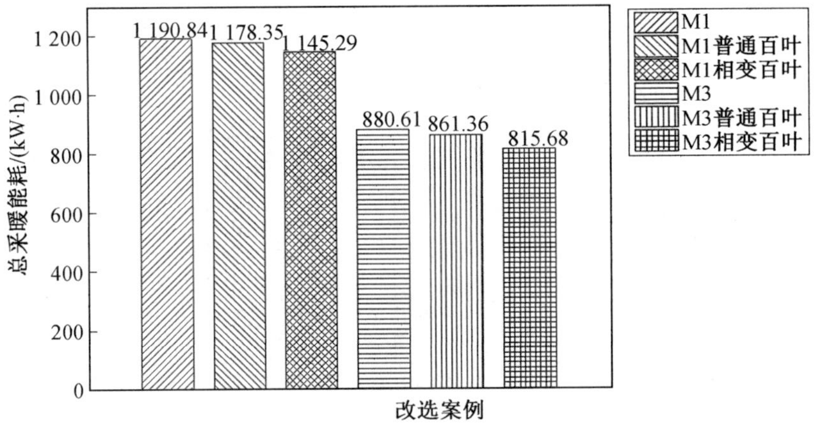

(b) 对照组 2 总采暖能耗

图 5.17　对照组 2 逐月采暖能耗及总采暖能耗

5.4.2　相变百叶材料选择

相变百叶的具体做法是：在中空的百叶内部填充一定的相变材料，并做密封和防腐及防潮处理。其主要的材料包括相变百叶外材料和内材料。

相变百叶外材料的材质一般为玻璃、木材、金属，每种材质的百叶各有利弊：玻璃百叶在部分遮阳的同时具有通透性好的优点，也可以作为通风玻璃幕墙使用，可大面积开启，但是阳光透过率较大，易使室内温度大幅升高，且安全性能较低；木材百叶韧性好、易成材、结实耐用，但防火和防潮效果欠佳，尤其在严寒地区使用时易形成凝露和霜冻的现象，且易受潮变形，严重影响使用；金属百叶由不易生锈的铝合金制成，铝合金本身是一种空芯薄壁组合的断面材料，具有质量轻、强度高、不易变形、截面抗弯性能好的优点，同时不易生锈、防水性能好、耐腐蚀性能强，铝合金材质表面经过了阳极电化处理和亮光氧化处理，所以在室内设置会使房间内更明亮。

从热的角度考量，铝合金的传热系数较高，可以更好地室内热量和太阳辐射热传递至相变百叶内材料，所以是相变百叶外材料的最优选择。

常用于建筑中的相变百叶内材料有固体石蜡、六水氯化钙、月桂酸、硬脂酸等。常用于建筑中的相变材料物性参数见表 5.5。

表 5.5　常用于建筑中的相变材料物性参数

	熔点 /℃	材料密度(固态)/(kg・m^{-3})
六水氯化钙	30	1 710
石蜡	14 ～ 29	880
月桂酸	42 ～ 44	1 007
硬脂酸	69/70	965

出于物性及安全性和经济性的考虑，最常用于玻璃围护结构的相变材料是熔点为 14 ～29 ℃ 的石蜡。石蜡的优点为：相变温度适应性好、有较高的相变潜热；无过冷及析出现象，性能稳定，无毒，无腐蚀性，无异味；相变时膨胀或收缩性小。它既是石油加工时产生的副产品，也可通过化学合成的方式生产，十分易得，价格低廉。因此，石蜡在建筑中，尤其在追求低技术及经济环保的严寒地区农宅中推广使用效果更佳。常用石蜡型号相变温度及相变潜热见表 5.6。当前研究中在相变材料石蜡中添加纳米材料可以对该材料的相变温度及相变潜热进行调控，所以以石蜡作为建筑相变材料是十分有前景的。

表 5.6　常用石蜡型号相变温度及相变潜热

石蜡型号	相变温度 /℃	相变潜热 /(J・kg^{-1})
$C_{16}H_{34}$	18	236 810
$C_{18}H_{38}$	26	242 670
$C_{19}H_{40}$	32	244 560

下面讨论相变百叶在附加阳光间的测试间内使用时，百叶材料相变温度对室内采暖能耗的影响。根据安达地区的室内外温度以及室外太阳辐射量，模拟选用相变材料石蜡的相变温度为 18 ℃、26 ℃、32 ℃，每组相变温度含 4 种相变百叶倾角，共 12 组(表5.7)，12 组编号分别为 A0T18、A0T26、A0T32、A30T18、A30T26、A30T32、A60T18、A60T26、A60T32、A90T18、A90T26、A90T32。模拟结果如图 5.18 所示。

表 5.7　不同百叶倾角和相变温度的相变百叶附加阳光间测试间编号

百叶倾角	图示	相变温度	编号	百叶倾角	图示	相变温度	编号
		18 ℃	A0T18			18℃	A30T18
0°	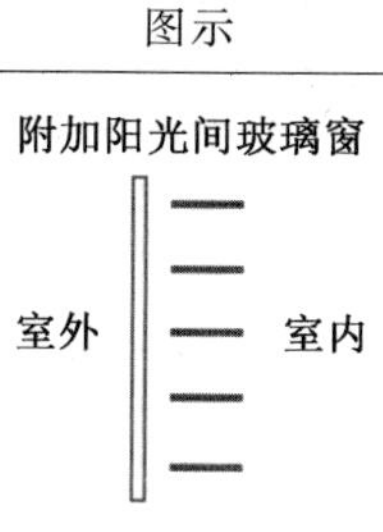	26 ℃	A0T26	30°	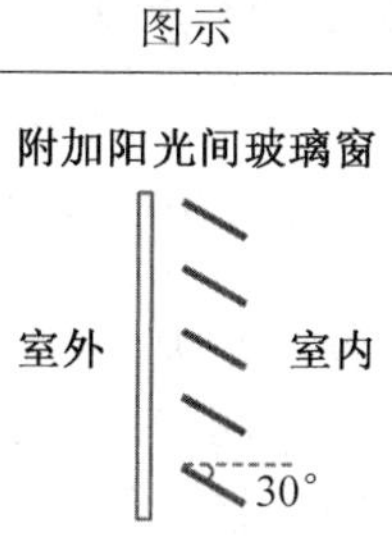	26℃	A30T26
		32 ℃	A0T32			32℃	A30T32

续表

百叶倾角	图示	相变温度	编号	百叶倾角	图示	相变温度	编号
60°	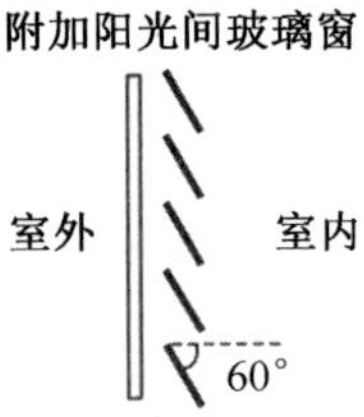	18 ℃	A60T18	90°	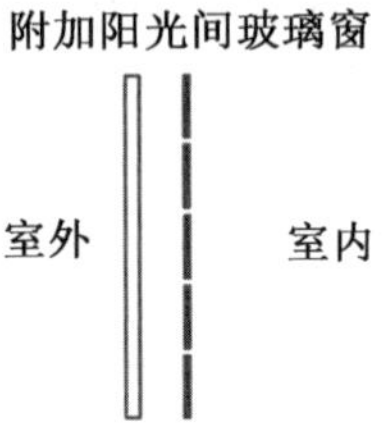	18℃	A90T18
		26 ℃	A60T26			26℃	A90T26
		32 ℃	A60T32			32℃	A90T32

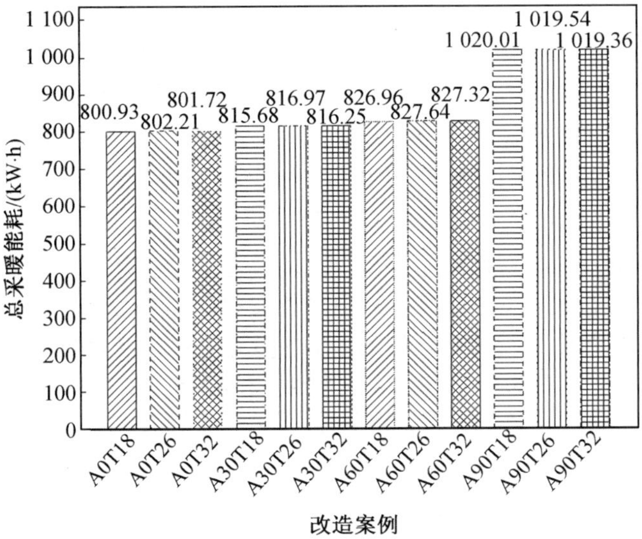

图 5.18　采用不同相变温度石蜡材料的测试间总采暖能耗模拟

由图 5.18 可知，不同相变温度石蜡实际上对建筑总采暖能耗的影响差别并不大，其也与建筑规模和相变材料的用量有关。在百叶没有完全遮蔽（倾角为 0°、30°、60°）时，相变温度为 18 ℃ 时建筑总采暖能耗最低，石蜡 $C_{16}H_{34}$ 使用效果最好，相比于相变温度为 26 ℃ 和32 ℃时可以降低采暖能耗1～2 kW·h，但是在遮蔽状态（倾角为 90°）时，相变温度为 32 ℃ 时使用效果最好（白天正常使用中不会完全遮蔽，此不予考虑）。严寒地区室外温度过低，冬季和夏季的温度差异大，早晚的温度差异也尤为明显，选用相变温度为 18 ℃ 的石蜡相变材料可以更为容易地达到其相变温度，相比于相变温度为 26 ℃ 和 32 ℃ 更为节能。

5.4.3　相变百叶叶片形状

遮阳百叶可以分为平板百叶、梭形百叶、欧式百叶 3 种。总体来讲，这 3 种遮阳百叶从材质上并没有太多不同，只是在形状上和构造上有些不同，在实际应用时需要根据遮阳需求、建筑类型、遮阳位置选用适配的遮阳百叶。不同形状的叶片具有不同的装饰效果、调光精细度，也会间接影响通风效果和保温隔热效果，它们各自存在优缺点。平板百叶的遮光、遮阳、遮风挡雨及遮灰尘的效果好，在建筑中可以垂直或水平安装，叶片可以在

0°～105°之间调控；具有隔热、保温、防盗、隔声降噪的作用。平板百叶的使用成本和维护费用低，使用效果好。梭形百叶由于特殊的截面形状导致整体强度大，同时在百叶闭合时可以减小正向风压压力，有效引导风的流向；可根据工程的实际需要安装在建筑室内一侧或室外一侧。梭形百叶叶片在更大的范围内可调，一般调节角度范围为 0°～150°。欧式百叶是在立面或与水平面夹角大于 75°倾斜的方向上可完成伸展或收回以及开启或关闭操作的建筑用遮阳百叶。欧式百叶叶片呈弧形，两侧具有嵌套结构，相比于平板百叶和梭形百叶，它的叶片更为小巧精致，能较好地调节光线，使光线柔和且均匀。

本研究要求相变百叶截面形状需满足内部空间充足的要求，并且调节范围要广，在综合考虑了百叶透光性、经济性、便捷性等综合性能后，最终决定选取叶片形状为梭形的梭形百叶。

5.4.4　相变百叶叶片尺寸

相变百叶叶片尺寸方面，主要对叶片长度、叶片宽度、相变百叶相变层厚度以及相变百叶位置及间距进行研究。

1. 叶片长度

由于百叶叶片与边框之间的连接应按铰接考虑，对于百叶叶片中间设置支撑结构的，百叶叶片的连接可按两端简支的连续梁考虑，设计百叶叶片长度和加劲肋时考虑共振、颤振、振动的可能性是很重要的；百叶叶片应校核整体扭转，叶片允许的挠度值为 $L/120$，绝对挠度值不大于 20 mm，其中 L 为构件支撑点间的最大距离，所以百叶支撑点间的连续长度不宜大于 2.4 m。

2. 叶片宽度

百叶的宽度不仅影响室内的观感，而且对热环境也有一定的影响。小片的百叶叶片不会遮挡过多的光线，夏季时在遮阳方面没有太大的作用，且过密的百叶叶片不怎么美观，通风能力也下降很多，反而影响了室内空气的流通和散热，安装困难且易折坏，在使用和调节上也多有不便。

大片的百叶叶片透气性能好，但是通风和遮光效果差，也很难阻止雨水，且由于大片的百叶叶片对光线的调控不够精确，甚至较为粗犷，因此不能很好地遮光。除此之外，它在冬季太阳高度角较高时会过多地遮挡阳光。所以针对不同用途宜采用不同宽度的百叶叶片，这样是最好的。

建筑户外水平遮阳板的百叶进深尺寸、遮阳板的百叶垂直间距，应满足下列关系：

$$W = S \times \cos\theta \times \cot\alpha \tag{5.5}$$

式中，W 为百叶进深尺寸；S 为百叶垂直间距；α 为太阳高度角；θ 为太阳方位角与法线的夹角。

太阳方位角与法线的夹角的计算公式为

$$\theta = |\beta - \eta| \tag{5.6}$$

式中，β 为太阳方位角；η 为墙面法线与正南向的夹角，与 β 位于正南向同侧时取正，位于正南向异侧时取负。

对于地球上的某点来说，太阳的空间位置可以用太阳高度角及太阳方位角来确定，可根据地球上某点的经纬度进行计算。本章研究的测试间所处的安达市位于东经124°53′～125°55′，北纬46°01′～47°01′，通过计算可得该地区太阳高度角(α)及太阳方位角(θ)，见表5.8。

表5.8 太阳高度角(α)及太阳方位角(θ)

日期	冬季1月21日			夏季7月21日		
时刻	10:00	12:00	14:00	10:00	12:00	14:00
太阳高度角(α)/(°)	18.33	23.68	18.36	54.39	64.08	54.37
太阳方位角(θ)/(°)	−29.68	0.00	29.69	−53.55	0.00	53.52

根据公式5.5计算，百叶的宽度(即进深尺寸)范围在48.6～228 mm，才能符合夏季的隔热和冬季的不过分遮挡要求。

由于是在热力学的基础上进行模拟分析，因此本研究仅考虑百叶叶片尺寸对室内热环境及采暖能耗的影响。本研究选用的相变百叶适用于严寒地区农宅的附加阳光间，不同于传统室内所用的百叶，如此大面积的玻璃围护结构不宜使用宽度较小的叶片，因此选取的相变百叶叶片的宽度为50 mm、100 mm、150 mm、200 mm 4种，对应的叶片数量分别为36、18、12、9片。模拟结果见表5.9。不同宽度相变百叶叶片的附加阳光间测试间总采暖能耗如图5.19所示。

表5.9 不同宽度相变百叶附加阳光间测试间各月采暖能耗 kW·h

月份	相变百叶叶片宽度			
	50 mm	100 mm	150 mm	200 mm
10月	24.85	24.85	24.85	24.85
11月	120.75	120.75	120.75	120.75
12月	200.75	200.75	200.75	200.75
1月	203.25	203.24	203.22	203.19
2月	137.44	137.44	137.44	137.44
3月	83.69	83.69	83.69	83.69
4月	14.46	14.46	14.46	14.46
总计	785.19	785.18	785.16	785.13

由表5.9及图5.19可知，相变百叶的叶片宽度及数量对室内热环境及总采暖能耗的影响偏小，仅在最冷月(1月)有总采暖能耗差异，但1月份总采暖能耗的差异也十分微小，所以在当地百叶叶片宽度的允许值内，相变百叶的叶片宽度对室内热环境的影响很小，基本可以忽略，即相变百叶叶片在合理的宽度范围内，使用效果基本相同。但基于使用便捷度及使用方法的考虑，建议使用宽度中等的叶片，即在百叶叶片宽度可选范围内应选择100 mm叶片。

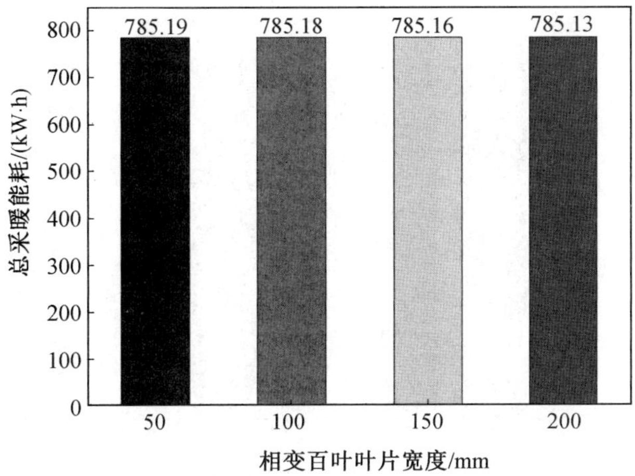

图 5.19　不同宽度相变百叶附加阳光间测试间总采暖能耗

3. 相变百叶相变层厚度

百叶横截面铝合金最小实测壁厚不低于 1 mm，百叶的实际厚度包括铝合金外壁厚度、内部结构厚度以及内部相变材料的厚度，但实际上改变相变百叶厚度改变的是相变层的厚度，忽略了百叶内部结构厚度。厚度过小内部无法容纳足够的相变材料，厚度过大则影响通风、采光及压力荷载。综合以上因素以及美观度要求，百叶叶片宽度 100 mm 为宜，此时百叶的厚度宜在 20 ～ 50 mm 之间。所以本章在选取了厚度为 20 mm、30 mm、40 mm、50 mm 百叶的基础上，附加了 75 mm 及 100 mm 时假设的采暖能耗情况，不同厚度相变百叶附加阳光间测试间采暖能耗见表 5.10。不同厚度相变百叶附加阳光间测试间总采暖能耗如图 5.20 所示。

表 5.10　不同厚度相变百叶附加阳光间测试间各月采暖能耗　kW・h

月份	相变百叶厚度					
	20 mm	30 mm	40 mm	50 mm	75 mm	100 mm
10 月	28.82	28.81	28.80	28.80	28.78	28.76
11 月	121.61	121.56	121.52	121.48	121.37	121.26
12 月	197.87	197.86	197.86	197.85	197.84	197.83
1 月	204.81	204.82	204.83	204.84	204.86	204.87
2 月	150.24	150.27	150.30	150.32	150.40	150.47
3 月	96.85	96.87	96.88	96.89	96.93	96.96
4 月	16.01	16.00	15.99	15.98	15.97	15.95
总计	816.21	816.19	816.18	816.16	816.15	816.10

由图可知，测试间的总采暖能耗随着相变百叶厚度的增加而减少，即当相变层内部的相变材料增多、相变百叶变厚时，相变百叶对室内的热环境影响更大。但总体来说相变层的厚度对采暖能耗的影响偏小，能耗在季节过渡月（4 月和 10 月）时才会较小，在 11 月至次年 3 月里，能耗反而会随着厚度的增大而增加。实际上在 EnergyPlus 软件的建筑能耗

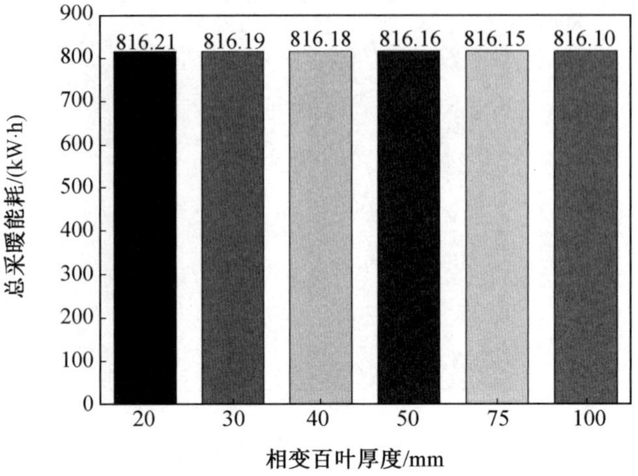

图 5.20　不同厚度相变百叶附加阳光间测试间总采暖能耗

模拟中，由于材料的厚度几乎不影响建筑的采光和通风，因此它是通过材料属性和虚拟厚度来进行模拟的，因此百叶的厚度宜选用用材较少的 20 mm。

5.4.5　相变百叶位置及间距

相变百叶位置及间距方面，主要对相变百叶使用角度、位置选择及其与窗的间距等进行研究。

1. 相变百叶使用角度

选取 4 组不同百叶倾角（0°、30°、60°、90°）进行研究，选用的相变材料石蜡 $C_{16}H_{34}$ 的相变温度为 18 ℃。如表 5.7 所示，4 组不同百叶倾角的相变百叶的附加阳光间测试间编号分别为 A0T18、A30T18、A60T18、A90T18。相比之下，附加阳光间内使用相变百叶的百叶倾角为 0° 时，测试间内的冬季采暖能耗最低，即此时室内获得的太阳辐射量最大，室内的视野效果也最佳。

2. 相变百叶位置选择

普通百叶窗在建筑中应用时位置较为灵活，可以根据不同的自然气候条件、使用功能及用户的要求设置于需要的不同位置。相变百叶同样如此，不同相变百叶位置示意图如图 5.21 所示。在附加阳光间中应用时，相变百叶可以置于附加阳光间内侧、外侧，也可以置于双层中空玻璃围护结构中。而置于双层中空玻璃围护结构中在起到遮阳效果的同时，节约了室内空间资源，增加了保温性能和隔音降噪性能。将相变百叶放置在双层中空玻璃围护结构中，能够使封闭的空气间层形成保温隔热层，据测算可使双层中空玻璃围护结构的节能率达到 40%。该结构还具有可调节、隔音、防结露等优点，并包含相变百叶双层中空玻璃围护结构在使用方面的优势，因此在严寒地区农宅附加阳光间中宜采用该种相变百叶设置方式。

3. 相变百叶与窗的间距

相变百叶与窗的间距决定了双层中空玻璃围护结构的厚度，适当增加更有利于空气的循环流通，双层中空玻璃围护结构内的空气可以在热压作用下利用烟囱效应使玻璃间

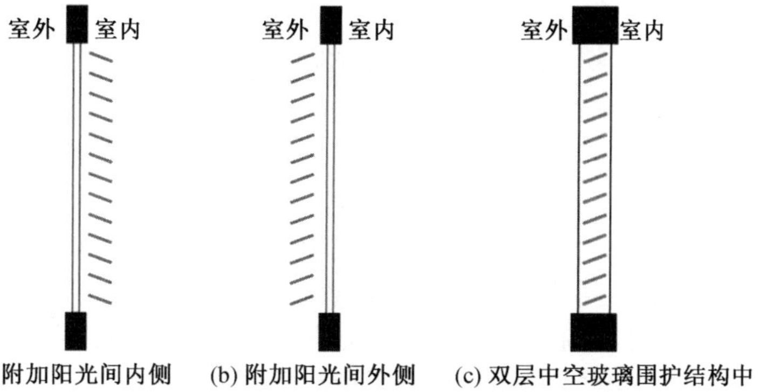

图 5.21　不同相变百叶位置示意图

层通风道内实现循环流通，排出热空气。但是过宽的间距不仅增加了成本、影响了室内空间可用面积，而且在玻璃间层难以形成温室，影响相变百叶的使用效果。

由于内置相变百叶，因此双层中空玻璃围护结构的厚度可以适当增加，除百叶外单侧空气通道宽度宜等于 1/4 百叶叶片宽度，整体宽度为 150 mm。

5.5　工程应用方案设计

5.5.1　工程应用方案

通过前文分析已知，相变百叶在严寒地区的附加阳光间中使用具有一定的优势和效果。本节对相变百叶在工程应用中的某些基础数据进行了模拟优化，通过对安达地区的小型测试间的数据进行模拟研究得出相变百叶应用中的某些基础数据。研究中，相变百叶的外材料为铝合金、内部填充相变潜热为236 810 J/kg的石蜡 $C_{16}H_{34}$ 相变材料，相变百叶两端做密封处理，均与手动控制系统相连；百叶的长度(即整块玻璃的宽度）为2 m，百叶叶片宽 100 mm、厚 20 mm；百叶放置在双层中空玻璃的间层，玻璃间距为150 mm，百叶与两侧玻璃间均有 25 mm 的间距。

要将相变百叶应用到实际工程和日常生活中，仅知道这些基础数据是不够的，因为这项工程技术还不够成熟，在设计和使用方面存在诸多问题亟待解决，且在工程应用上还存在着一定的弊端。

1. 气密性

含相变百叶双层中空玻璃围护结构中间密闭的空气结构，会因实际农宅的经验式施工条件和施工工艺限制，不具备很好的气密性，使空气间层易产生结露，久而久之对建筑材料产生锈蚀，最终严重影响围护结构的使用功能。

2. 通风

在夏季人们往往会将相变百叶完全遮蔽，而附加阳光间的玻璃围护结构又难以开启，这对室内通风产生了极大影响，室内会产生温度过高和通风不畅的问题，尤其是在午后，室内温度可能会急剧升高。

3. **采光**

不同于半透明的塑料或布艺百叶，铝合金相变百叶在达到相变温度后室内太阳辐射量降低，采光效果受到影响，室内光环境不佳。

4. **夜间散热**

冬季夜晚温度降低时，相变百叶由于受到玻璃围护结构的影响，向室内放出热量受到阻碍，同时也会有大部分热量通过外侧玻璃向室外散失。

针对以上弊端，本研究在优化相变百叶参数的基础上，提出工程应用中新型含相变百叶双层中空玻璃围护结构的附加阳光间设计方案，在实际使用时效果更佳，建造方式更为科学简便。如图 5.22 和图 5.23 所示分别为设计方案的外观图和剖视图，新型含相变百叶双层中空玻璃围护结构附加阳光间主要具有如下结构：① 顶部空气加热空腔；② 可翻转调节的反光 / 遮阳板，并在外侧涂吸光涂料、内侧涂反光涂料；③ 相变百叶的控制系统集成模块；④ 百叶叶片向阳侧涂有吸光涂料。

图 5.22　设计方案外观图

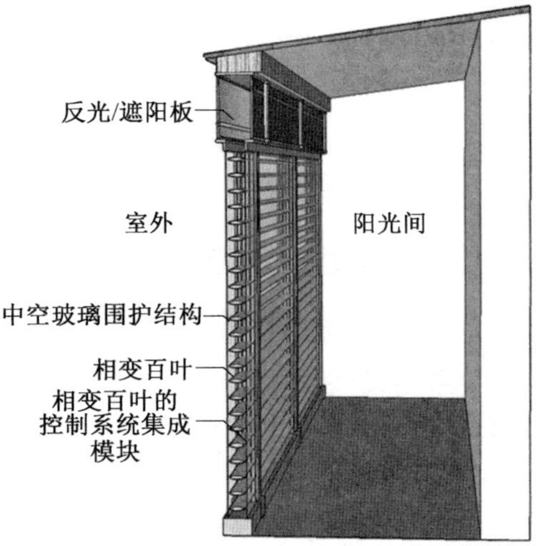

图 5.23　设计方案剖视图

该工程应用方案主要解决了以下问题。

(1) 相变百叶在附加阳光间的应用中，由于冬季需要保证空气间层内空气及相变百叶在日间获得更多热量，在夜晚空气间层与室内空气能流通循环，使热量在室内充分交换。因此方案在玻璃围护结构的顶部增加了空气加热空腔，空气加热空腔的两侧挡板的外侧均涂有吸光涂料，以便充分吸收太阳能加热腔体内的空气。在冬季夜晚将室内外两侧的挡板(反光 / 遮阳板) 打开，腔体内热空气与室内空气充分进行热交换，提升室内温度。

(2) 炎热的夏季室内通风差，将室内外两侧的挡板(反光 / 遮阳板) 同时打开，可保证室内外通风顺畅。

(3) 炎热的夏季百叶需要完全遮蔽，但有时室内需要一定的光照，将室内外两侧的挡板(反光 / 遮阳板) 同时打开，挡板内侧的反光涂层可以使太阳光发生漫反射后照进室内，提供室内照度的同时，漫反射会削弱阳光带入的热量。

(4) 相变百叶的控制系统集成模块可以使相变百叶易于维修及更换，将控制系统同时集成到模块中能够加强百叶的控制效果。

(5) 相变百叶剖面图如图 5.24 所示，单片百叶的向阳面增加了一层深色的吸光涂层(一般为铝的阳极氧化涂层)，可以更好地吸热。通过电解着色工艺获得的涂层，吸收比为 0.92 ～ 0.96，法向反射比为 0.1 ～ 0.2，且具有牢固、稳定、耐晒的特性，方便大规模生产。

图 5.24　相变百叶剖面图

5.5.2　具体使用方式

1. 夏季使用方式

在夏季测试间南向阳光间会由于室外太阳辐射量过大而温度持续攀升。若无自然或机械通风和遮阳措施，温度甚至最高可达到 50 ℃，严重影响房间的热舒适度。此时的阳光间需要通风和遮阳，所以在夏季室外温度升高的日间，需将玻璃围护结构顶部空气加热空腔两侧挡板(反光 / 遮阳板)开启，角度以与水平线夹角为 15° ～ 30° 为宜。中空玻璃围护结构内的相变百叶全部或大部分关闭。

夏季使用方式图如图 5.25 所示，这样就可以使房间上部通风顺畅。除此之外，可以将阳光间的门及室内门窗全部打开，保证室内自然通风顺畅，室内不再需要机械通风。而此时反光 / 遮阳板也将漫反射光引入室内，提高了室内照度。

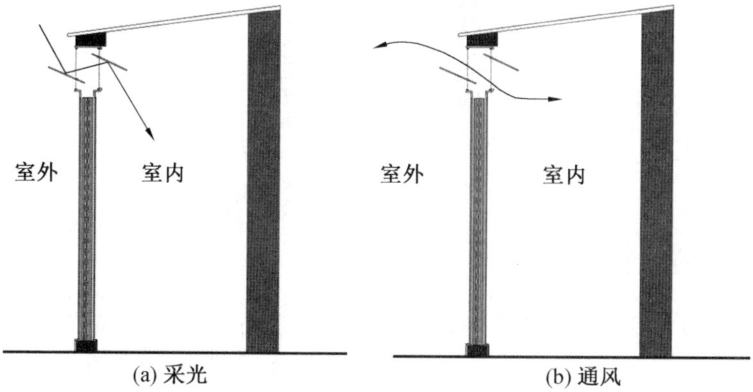

图 5.25　夏季使用方式图

2. 冬季使用方式

在冬季测试间南向阳光间往往不需要遮阳，但需要注重保温和储热。冬季相变百叶的调节需要将涂有吸光涂料的一面水平向上对着太阳光照面以吸收太阳辐射，中空玻璃围护结构内相变百叶可以全部开启，或者太阳辐射过强需要遮阳时开启或部分开启。

冬季日间使用方式图如图 5.26 所示，空气加热空腔是日间吸热的主体。冬季挡板（反光 / 遮阳板）不需要打开，只需要凭借室外一侧的吸光涂料吸收太阳辐射加热空腔，使封闭腔体内空气温度升高，而打开室内一侧挡板（反光 / 遮阳板）则可以使腔内热空气与室内空气进行热交换，提高室内温度。

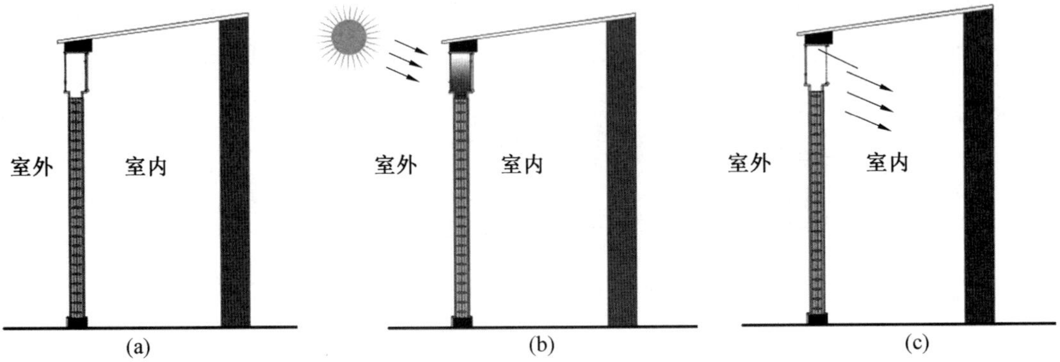

图 5.26　冬季日间使用方式图

冬季夜间使用方式图如图 5.27 所示。冬季夜间阳光间百叶完全遮蔽，其作为一层保温结构加强了中空玻璃围护结构的保温效果，提高了室内温度，同时中空玻璃围护结构内相变百叶持续放热，通道内温度升高，但同时也会产生对外的热量散失，所以需要将通道内热量引入室内，此时需要将顶部室内一侧挡板（反光 / 遮阳板）打开，在热压的作用下产生自然对流，提高室内温度。

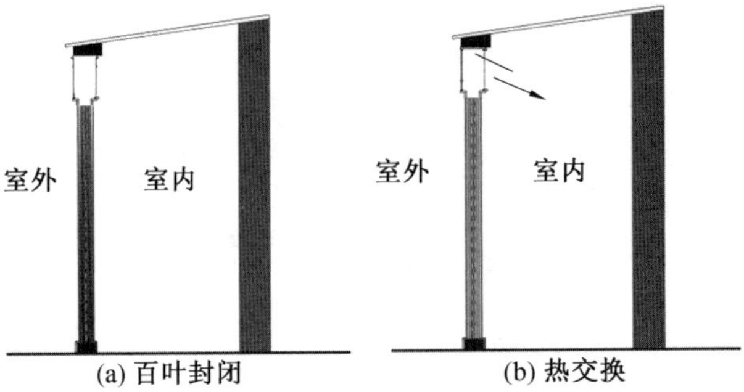

图 5.27　冬季夜间使用方式图

5.5.3　连接及安装方式

如图 5.28 所示，相变百叶的控制系统集成模块就是将中空玻璃围护结构与相变百叶集成在高 2.2 m、宽 2 m、总厚度为 180 mm 的金属支架框内，目的在于方便维修与更换，同时每个模块内拥有独立的控制系统，这样就可以根据实际需要和生活作息情况做到独立调控。值得注意的是，控制系统根据需要可选择手动或是电动调控，电动调控简便但耗电耗能，增加了成本，手动调控则更加节能环保，在低技术节能的严寒农村地区更推荐使用手动调控。

相变百叶叶片连接方式如图 5.29 所示。单片百叶左右两侧由百叶夹固定，用于相变

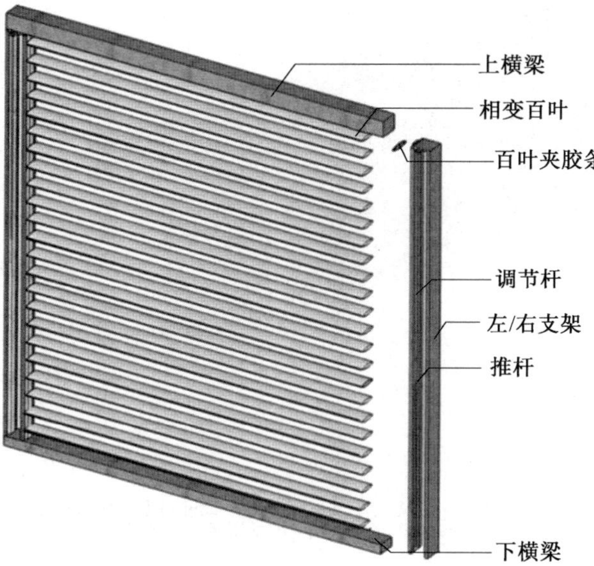

图 5.28　相变百叶的控制系统集成模块

百叶的翻转和调节；因为相变百叶铝合金外壳内部填充相变材料石蜡，所以百叶叶片两端要用胶条做密封处理，防止材料泄漏。

图 5.29　相变百叶叶片连接方式

顶部反光 / 遮阳板结构如图 5.30 所示。空气加热空腔位于中空玻璃围护结构的顶部，高 40 mm、宽 25 mm，长度与阳光间总长度相等，底端与玻璃间层相连通。室内外两侧的反光 / 遮阳板可绕转轴转动，外侧挡板的室外一侧涂吸光涂料，内侧涂反光涂料，内侧挡板则正好相反。挡板交接处需做密封处理，防止冬季冷风倒灌及渗透。

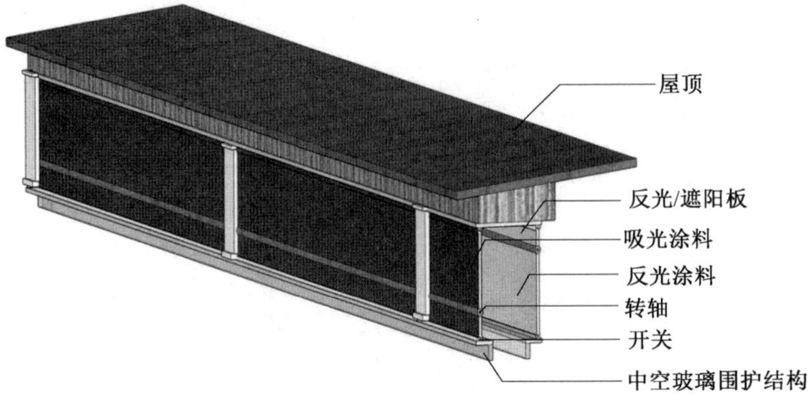

图 5.30　顶部反光 / 遮阳板结构

5.6　采光通风效果检测及能耗分析

新型含相变百叶双层中空玻璃围护结构附加阳光间的设计方案综合考虑了建筑室内的采光、通风，在保证室内舒适热环境的同时减少采暖能耗。其中，光环境和风环境的模拟使用了 DesignBuilder 软件，DesignBuilder 软件具有可视化建模功能和建模简便、操作界面简单直观、计算核心权威准确的优势，软件具有建筑日照及采光分析系统。软件的 Daylighting 模块采用了 radiance 核心，可以计算建筑某点的采光照度及采光系数，并输出 LEED 和 BREAM 的采光报告；CFD 气流分析系统可以对室内环境温度、室内气流速度进行定性及定量分析。热环境及采暖能耗分析的内置计算核心与 EnergyPlus 软件相同，但 DesignBuilder 软件不具有非建筑围护结构的相变模块功能，所以热环境及采暖能耗的模拟依旧使用 EnergyPlus 软件。

图 5.31 为 DesignBuilder 软件建立的简化模型图。其中，建筑外围护结构的参数参见表 5.1，相变百叶的参数参见表 5.4，DesignBuilder 软件中百叶参数的设置界面如图 5.32 所示。

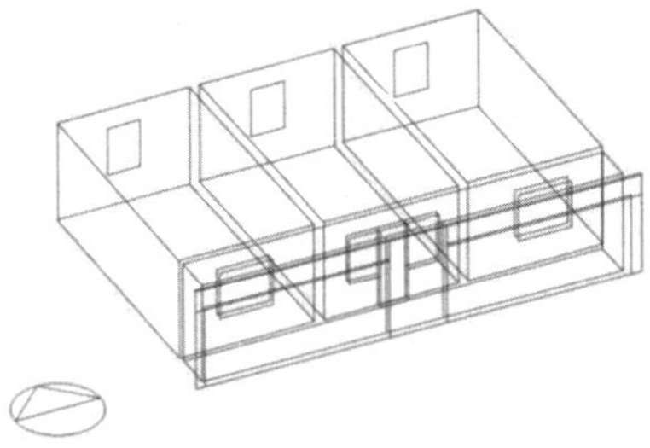

图 5.31　DesignBuilder 软件建立的简化模型图

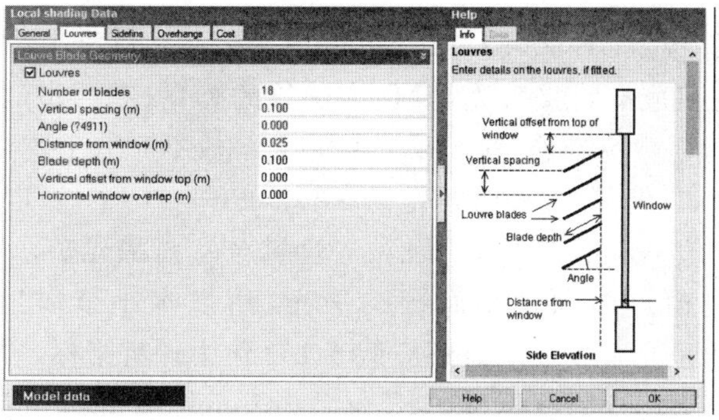

图 5.32　DesignBuilder 软件中百叶参数的设置界面

5.6.1　室内光环境

建筑中相变百叶的最主要功能之一是遮光，尤其是在夏季，遮光是相变百叶最为重要的基本功能之一，但是传统的遮阳只会遮挡可见光，在阴天且气候闷热的夏季，有时室内往往需要阳光却不需要热量。而冬季需要将相变百叶完全打开，即保持相变百叶叶片水平，即可在不挡光的同时使百叶充分吸热，发挥效用。反光 / 遮阳板的使用方面，反光板可以反射直射光，使光线透过反光板到达室内顶棚，在减少眩光的同时增加夏季的室内进光量，但又削弱了进入室内的热量。南侧的反光板反射大部分太阳光的同时只吸收少量的太阳光，降低了室内温度。本小节使用 DesignBuilder 软件模拟夏季及冬季遮光效果以及冬季的室内不遮挡效果。

评价自然采光效果好坏的主要技术指标为采光系数、室内天然光照度，特殊情况下还需要对采光均匀度、不舒适眩光等采光质量进行控制。室内某一点的采光系数 C 的计算公式为

$$C=\frac{E_{\mathrm{n}}}{E_{\mathrm{w}}}\times 100\% \tag{5.7}$$

式中，E_{n} 为室内照度(lux)；E_{w} 为室外照度(lux)。

常规情况下，室内侧面采光设计需要以《建筑采光设计标准》(GB 50033－2013) 中采光系数标准值和室内天然光照度标准值为参考平面上的平均值，民用建筑中取距地面 0.75 m 的水平面。表 5.11 中所列建筑采光设计标准值适用于安达地区(Ⅳ 类光气候区)，采光系数标准值也是按照室外设计照度值 135 000 lux 计算的。

表 5.11　建筑采光设计标准值

采光等级	侧面采光		顶部采光	
	采光系数标准值 /%	室内天然光照度标准值 /lux	采光系数标准值 /%	室内天然光照度标准值 /lux
Ⅰ	5	750	5	750
Ⅱ	4	600	3	450
Ⅲ	3	450	2	300
Ⅳ	2	300	1	150
Ⅴ	1	150	0.5	75

《建筑采光设计标准》(GB 50033—2013) 中对采光系数标准值的规定为：住宅建筑的卧室、起居室(厅)、厨房应有直接采光，且住宅建筑的卧室、起居室(厅) 的采光不应低于采光等级 Ⅳ 级的采光系数标准值，侧面采光的采光系数不应低于 2%，室内天然光照度标准值不应低于 300 lux。但《住宅设计规范》(GB 50096 — 2011) 规定，卧室、起居室(厅)、厨房的采光系数标准值不应低于 1%。因农宅建筑对室内采光需求不高，且严寒地区农宅更因保温保暖需要窗口面积较小而影响采光，所以本小节以《住宅设计规范》(GB 50096 — 2011) 规定的采光系数标准值不应低于 1% 作为评价指标。而模拟中选用了国际照明委员会的 CIE 晴天室外照度模型，CIE — 晴天表示标准 CIE 晴空分布中无太阳直接照射。以下是根据不同季节的使用工况进行的室内天然光照度和采光系数的模拟。

1. 夏季光环境

夏季相变百叶的主要功能是遮阳，防止室内过热，此时百叶角度调节为 60°，顶部通风口打开，反光 / 遮阳板也同时开启。图 5.33 所示为原建筑晴天时室内的光环境；图 5.34 所示为原建筑晴天时遮阳后室内的光环境，也反映了 9:00 及 15:00 的室内采光情况。图中 DF 为日光系数。LEED 夏季室内光环境报告见表 5.12，数据是获得的从 9:00 至 15:00 的平均值。

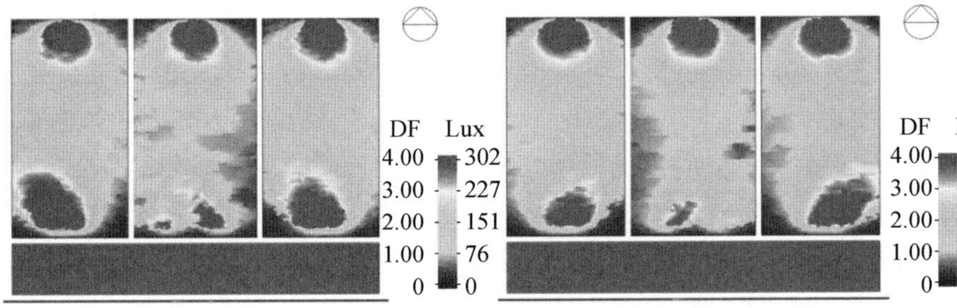

(a) 9:00　　(b) 15:00

图 5.33　原建筑晴天时室内的光环境

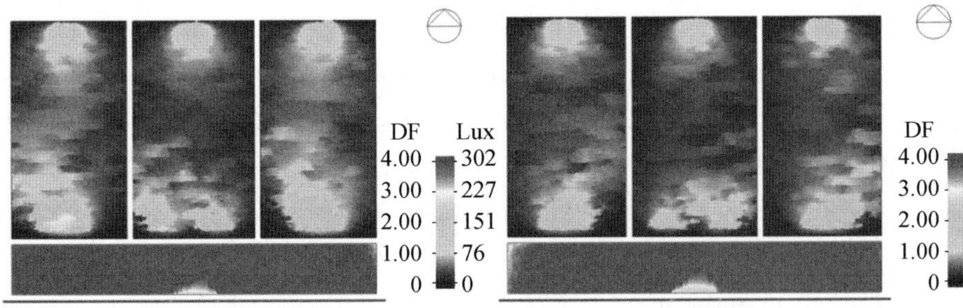

(a) 9:00　　(b) 15:00

图 5.34　原建筑晴天时遮阳后室内的光环境

由图可知，在夏季 CIE 晴天室外照度模型中，室内已有 81.5% 以上的面积采光系数在临界值(1%) 以上，其中客厅的采光系数和照度均小于 2 个卧室；在建筑百叶为 60° 遮阳角度时，区域内有 41.6% 以上面积采光系数在临界值以上，使用百叶遮阳后阳光间内照度及采光系数明显降低，同时减轻了室内的眩光，该设计方案在夏季的遮阳效果明显。

表 5.12　LEED 夏季室内光环境报告

房间	面积/m^2	原建筑		夏季遮阳建筑	
		临界值以上面积所占百分比/%	区域最小照度/lux	临界值以上面积所占百分比/%	区域最小照度/lux
主卧室	31.92	88.3	6.3	43.7	7.4
起居室	31.92	59.9	8.3	34.7	7.2
次卧室	31.92	85.5	7.4	41.5	8.2
阳光间	18.90	100	151.5	50	259.9
加权平均值	—	81.5	—	41.6	—

2. 冬季光环境

冬季相变百叶的主要功能是百叶的保温效果，此时使用含相变百叶中空玻璃围护结构，但百叶角度为 0°，几乎不对室内采光有遮挡。LEED 冬季室内光环境报告见表 5.13，数据同样是获取的从 9:00 至 15:00 的平均值。图 5.35 所示为冬季建筑晴天时室内的光环境。图 5.36 所示为冬季晴天时室内光环境 LEED 报告。

表 5.13　LEED 冬季室内光环境报告

房间	面积/m^2	原建筑		冬季遮阳建筑	
		临界值以上面积所占百分比/%	区域最小照度/lux	临界值以上面积所占百分比/%	区域最小照度/lux
主卧室	31.92	88.3	6.3	76.6	5.3
起居室	31.92	59.9	8.3	62.8	3.4
次卧室	31.92	85.5	7.4	77.5	5.2
阳光间	18.90	100	151.5	100	161.6
加权平均值	—	81.5	—	76.9	—

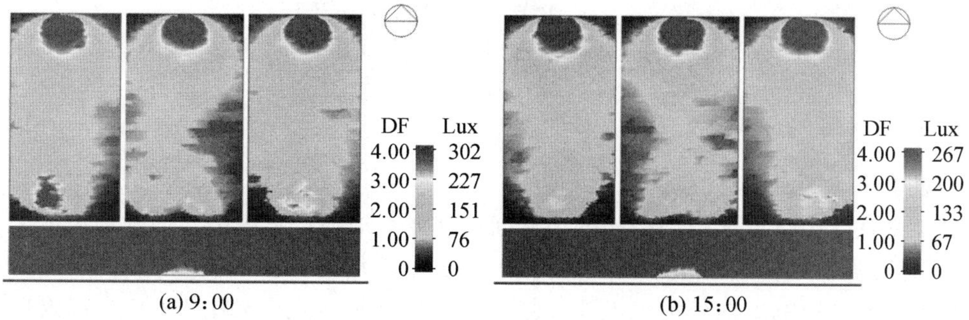

图 5.35　冬季建筑晴天时室内的光环境

由图可知,该方案在冬季使用时有77.6%以上的面积采光系数在临界值(1%)以上,相比于不使用相变百叶遮阳的原建筑(81.3%)降低了3.7%,对室内采光并无过多遮挡。而根据图5.36中LEED输出的报告来看,方案满足室内有75%以上的面积采光系数在临界值1%以上的标准,报告结果为"PASS",模拟结果表明该方案虽然在冬季采光效果稍有降低,但总体来说满足室内设计标准:冬季室内绝大部分区域可以进行书写和阅读活动,且不需要辅助照明就可以满足室内一般需求。但冬季室外昼短夜长,在8:00之前和16:00之后的时间段室内均需要电气照明。

Daylighting Credit - LEED v3 NC 2009 IEQ 8.1

The aim of the daylighting credit is to encourage and recognize designs that provide appropriate levels of daylight for building users.

A daylighting credit is available if at least 75% of net lettable area in occupied spaces is adequately daylit, having illuminance within the range 10-500 fc.

The results below were calculated using the Radiance simulation engine which provides a detailed multi-zone physics-based calculation of illumination levels on the working planes of the building.

Daylighting data	
Project file	C:\Users\Administrator\Desktop\moxing.dsb
Report generation time	
Sky model	CIE clear day
Time 1	9:00, 21 Sep
Time 2	15:00, 21 Sep
Location	ANDA
Working plane height (m)	0.750
Max Grid Size (m)	0.020
Min Grid Size (m)	0.010
Illuminance lower threshold (lux)	110.000
Illuminance upper threshold (lux)	5400.000

Summary Results, average values for 9:00 and 15:00	
Total area (m2)	104.110
Total area above threshold (m2)	80.752
% Area within illuminance threshold limits	77.6
LEED v3 NC 2009 IEQ 8.1 Status	PASS

Eligible zones for daylighting, average values for 9:00 and 15:00

Zone	Block	Floor area (m2)	Min Illumination (lux)	Working plane area within Limits (%)
Block1:Zone3	Block 1	31.92	5.3	76.6
Block1:Zone4	Block 1	31.92	3.4	62.8
Block1:Zone2	Block 1	31.92	5.2	77.5
Block1:Zone5	Block 1	18.90	161.6	100.0
Total		**114.66**	**3.4**	**77.6**

图5.36　冬季晴天时室内光环境LEED报告

5.6.2　室内风环境

1. 夏季风环境

含相变百叶中空玻璃围护结构的阳光间设计方案加强了夏季的室内外通风效果。在夏季,阳光间玻璃围护结构顶部通风口打开,同时遮阳板遮挡直射光,因此在炎热的夏季百叶的遮阳不会影响室内外空气流通。舒适性相关规范规定,空调房间夏季室内空气流速的数值宜小于等于0.25 m/s,以保持室内的舒适,本小节对于室内自然通风风速舒适度的评估参考值参照0.25 m/s的标准。

夏季遮阳板及南北向窗全开启，室外空气由南侧遮阳板进入阳光间，使南向窗与北向窗之间形成室内空气对流，保证了室内空气的流通，室内有两处空气流速较大，分别是遮阳板及北侧窗附近，总体室内风环境良好。

在符合住户生活习惯的 0.75 m 水平面中，北侧窗的空气流速约为 0.38 m/s，房间内平均空气流速为 0.19 m/s，基本满足室内自然通风风速舒适度评估参考值 0.25 m/s 的要求。在人均视平线高度(1.6 m)水平面处，靠近北向窗一侧的空气流速达到 1.73 m/s，室内空气流速也基本满足 0.25 m/s 的舒适度要求。在通风遮阳板所在高度(2 m)水平面处，空气流速较大，室内外通风效果良好。

空气龄是指空气质点自进入房间至到达室内某点所经历的时间，反映了室内空气的新鲜程度，它可以综合衡量房间的通风换气效果，是评价室内空气品质的重要指标。阳光间内的空气龄低于室内南侧，室内空气龄的平均值为 55.59 s，也就是说室内每小时可实现自然通风 60 次左右，完全可以实现自然通风，达到室内风环境的舒适度标准。

2. 冬季风环境

严寒地区冬季室人们基本不会开启门窗进行自然通风，房间和阳光间保持相对独立，两者冬季室内空气流速偏低，所以冬季风环境是指含相变百叶中空玻璃围护结构内部在热压通风作用下与阳光间空气之间的通风效果。阳光间含相变百叶中空玻璃围护结构内部形成了热压作用下的热流通风，热空气在方案上下两部分的通风口处形成了热流通风，方案有效。

5.6.3　冬季采暖能耗

使用了该方案后，采暖能耗同样与前文进行对比分析，其中包括了 14 ℃、16 ℃、18 ℃和 20 ℃ 4 种不同设计采暖温度下的采暖能耗分析，4 种不同设计采暖温度下不同农宅冬季逐月采暖能耗如图 5.37 所示。

由图 5.38 可知，在设计采暖温度为 14 ℃ 和 16 ℃ 时，含相变百叶中空玻璃围护结构附加阳光间农宅(以下简称含相变百叶阳光间农宅)冬季总采暖能耗高于仅附加阳光间的农宅，且分别高出了 704.63 kW·h 和 171.01 kW·h，其中 14 ℃ 时总采暖能耗甚至高

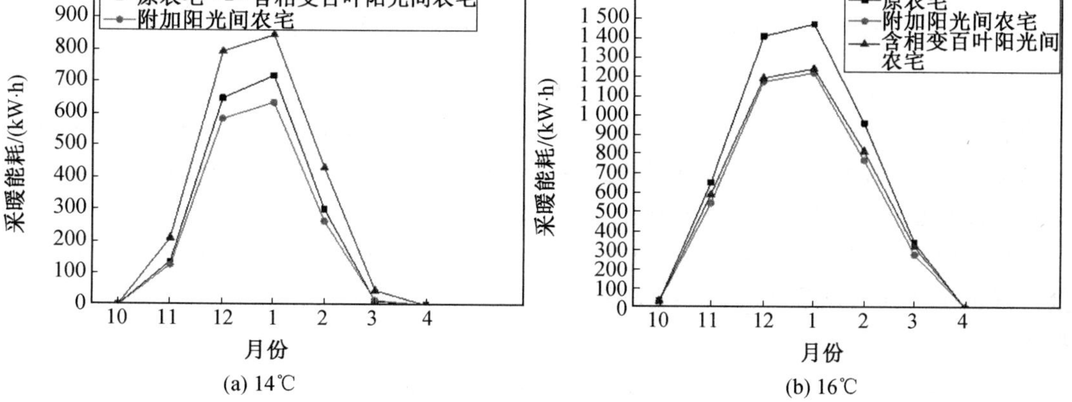

图 5.37　4 种不同设计采暖温度下不同农宅冬季逐月采暖能耗

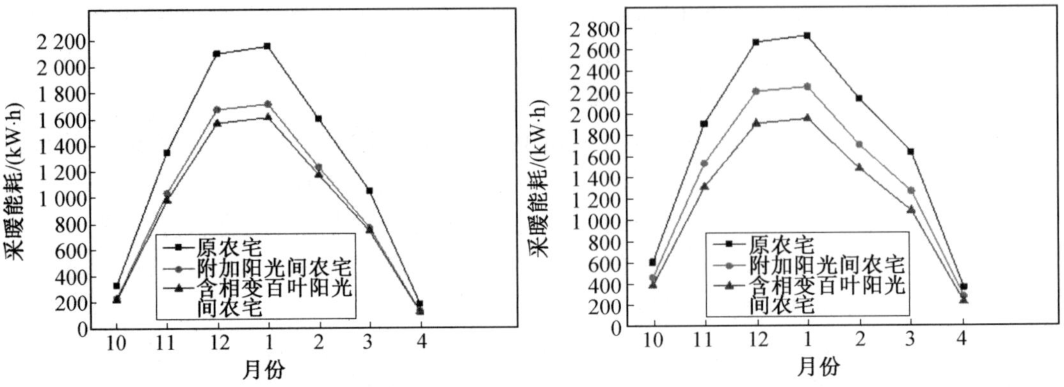

(c) 18℃ (d) 20℃

图 5.37(续)

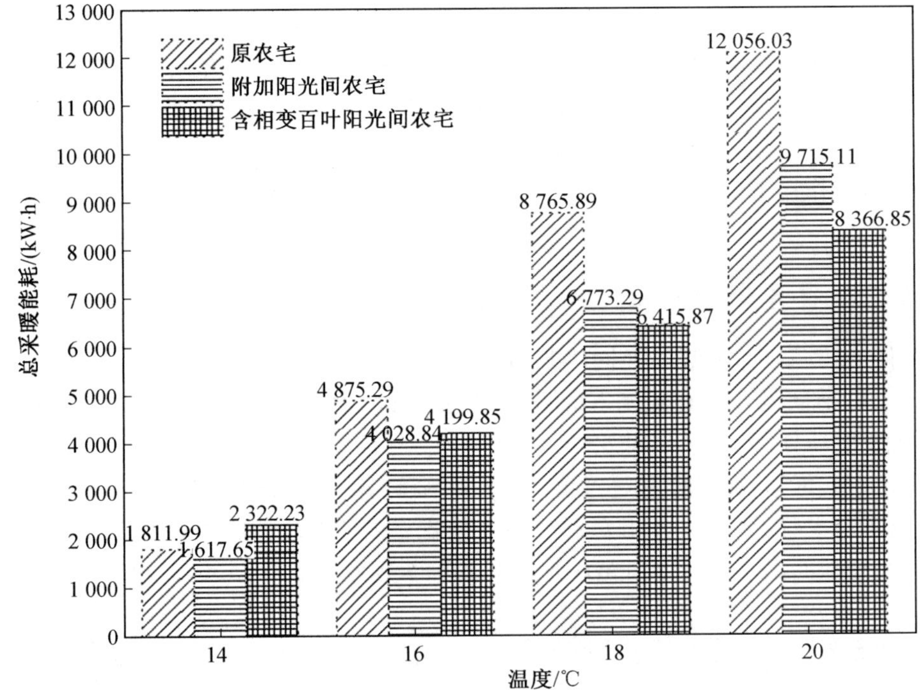

图 5.38 4 种不同设计采暖温度下不同农宅冬季总采暖能耗

于原农宅 510.24 kW·h。但随着设计采暖温度的升高，相变百叶开始发挥其效用，使用效果变得更好，在 18 ℃ 时总采暖能耗已经明显低于原农宅和附加阳光间农宅，在 20 ℃ 时差距进一步拉大，节能效果更加明显。

究其原因，主要是相变温度为 18 ℃ 的相变百叶对温度的调节范围在 18 ℃ 以上，调节方式也主要在中高温区，所以当室内温度超过相变温度时，相变材料才可充分发挥其作用。

5.6.4　夏季制冷能耗

在夏季，安达室外温度高于 26 ℃ 的情况很少，所以夏季制冷能耗可以忽略不计，若室内门窗以及阳光间的挡风板定时开启以保持良好的自然通风，则室内夏季舒适度更佳。

5.6.5　节能率

国际上评价建筑是否节能的指标之一是建筑节能率，它也是建筑能耗计算的重要依据。在给定建筑可参考与依照的标准值和引导值的基础上，可用节能率判定该建筑是否达到了预期目标或者在规定期限内节能率是否小于该规定值。节能率是以建筑的能耗，即建筑的采光、通风、采暖、制冷等运行能耗作为评定指标。

本小节中的建筑节能率指的是建筑采暖能耗的能耗效果分析，判定该建筑是否达到预期效果、是否达到规定的约束值和标准值。本小节用建筑节能率侧面反映建筑的热性能，建筑节能率 R 一般由下式进行计算：

$$R=\frac{K_N-K_P}{K_N}\times 100\% \tag{5.8}$$

式中，K_N 为原建筑能耗(kW・h)；K_P 为现建筑能耗(kW・h)。

根据上文 5.5 计算出含相变百叶阳光间农宅的采暖能耗情况，根据公式(5.8)进行不同设计采暖温度下的节能率计算。由图 5.39 可知，在设计采暖温度为 18 ℃ 时，在农宅阳光间中使用相变百叶的农宅较原农宅降低能耗 2 350.02 kW・h，节能率达到 26.81%；较附加阳光间农宅能耗降低 357.42 kW・h，节能率达到 5.28%。在设计采暖温度为 20 ℃ 时，在农宅阳光间中使用相变百叶的农宅较原农宅降低能耗 3 689.18 kW・h，节能率达到 30.60%；较附加阳光间农宅能耗降低 1 348.26 kW・h，节能率达到 13.88%。

根据节能率的计算结果可知，虽然在设计采暖温度为 20 ℃ 时比 18 ℃ 时农宅节约资源量更多，节能率也更高，但是这也是基于设计采暖温度为 20 ℃ 的采暖能耗基数大、室内温度高的前提下，实际上室内设计采暖温度为 18 ℃ 时室内即有很好的热舒适度，且根据前文的分析可知，18 ℃ 下阳光间具有较高的节能率，所以下一章的分析主要是基于设计采暖温度为 18 ℃ 展开的。

5.7　本章小结

本章在相变百叶应用效果分析及阳光间内相变百叶应用优化研究的基础上，提出了适用于严寒地区农宅的工程应用设计方案——新型含相变百叶双层中空玻璃围护结构的附加阳光间设计方案，具有如下结构：顶部空气加热空腔；可翻转调节的反光/遮阳板，其外侧涂有吸光涂料、内侧涂有反光涂料；相变百叶的控制系统集成模块；百叶叶片向阳侧涂有吸光涂料。该方案可以解决严寒地区农宅冬季的室内外热交换问题以及夏季室内外的通风及采光问题。

同时对该工程应用设计方案进行室内通风和采光的模拟检测，结果表明，该方案在安达市某处农宅中使用后，农宅室内冬夏两季采光基本满足要求，且室内通风效果良好；室内空气龄的平均值为 55.59 s，且夏季主要空间空气流速小于 0.25 m/s 的，符合规范要求。

在冬季采暖能耗方面，在设计采暖温度为 14 ℃ 和 16 ℃ 时，含相变百叶阳光间农宅冬季逐月采暖能耗高于仅附加阳光间的农宅，但随着设计采暖温度的升高，相变百叶使用效果显现出来，设计采暖温度为 18 ℃ 时，在农宅阳光间中使用相变百叶的农宅较原农宅降低能耗 2 350.02 kW·h，节能率达到 26.81%；较附加阳光间农宅能耗降低 357.42 kW·h，节能率达到 5.28%。在设计采暖温度为 20 ℃ 时，在农宅阳光间中使用相变百叶的农宅较原农宅降低能耗 3 689.18 kW·h，节能率达到 30.60%；较附加阳光间农宅能耗降低 1 348.26 kW·h，节能率达到 13.88%。

第6章　主动式太阳能利用技术在农宅中的应用

太阳能空气集热器是农宅主动式太阳能利用的设备之一，对改善室内热环境起到积极作用。本章对太阳能空气集热器在农宅中的适用性进行分析，建立了太阳能空气集热器模型，通过文献分析，利用EnergyPlus软件验证了模型的可靠性；对太阳能空气集热器透明玻璃盖板形式、吸热板吸热率和保温层厚度进行研究并优化了PCM烟囱农宅模型中的太阳能集热器参数，分析了优化的太阳能空气集热器对农宅室内热环境的影响。

6.1　太阳能空气集热器

6.1.1　太阳能空气集热器设计及工作原理

本研究所述太阳能空气集热器由透明玻璃盖板、吸热板、保温层和金属外壳等组成。太阳能空气集热器背板设置上下通风口，用于连接室内外与引进室外空气。采暖期内太阳能空气集热器实现向室内提供热空气。太阳能空气集热器构造如图6.1所示。

白天阳光充足时，太阳能空气集热器中的空气被加热，通过风机循环进入室内，提高室内空气温度，再通过集热器进风口返回太阳能空气集热器。在EnergyPlus软件参数设置中，当太阳能空气集热器出风口空气温度降低到一定范围时，温度控制器自动关闭风机使集热器停止工作。图6.2为太阳能空气集热器工作原理图。

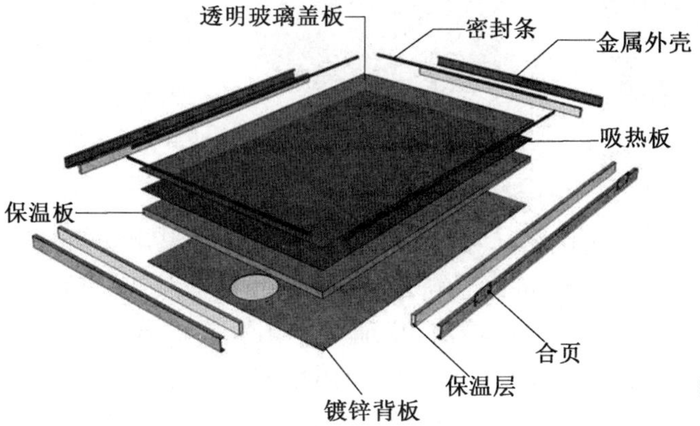

图6.1　太阳能空气集热器构造

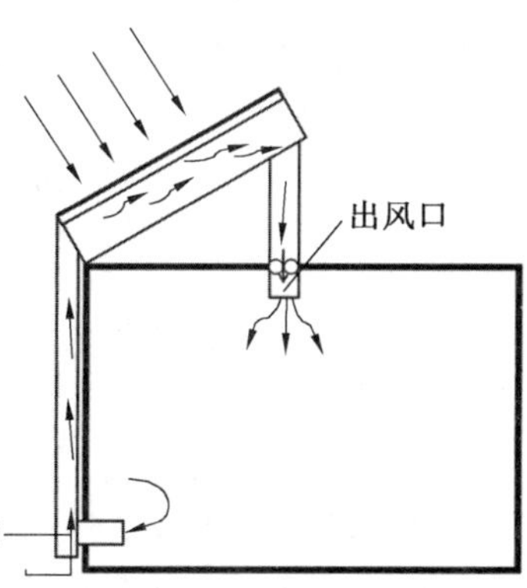

图6.2　太阳能空气集热器工作原理图

太阳辐射透过透明玻璃盖板辐射到有吸热涂层的吸热板上，吸热板将辐射能快速转化为热能。冷空气在风压作用下进入太阳能空气集热器，经过吸热板时通过对流方式与空气进行热量传递。太阳能空气集热器得热量计算公式如下：

$$Q=\dot{m}C_{\mathrm{p}}(t_{\mathrm{out}}-t_{\mathrm{in}}) \tag{6.1}$$

式中，Q 为太阳能空气集热器得热量(W)；m 为太阳能空气集热器内空气质量流速(kg/s)；C_{p} 为空气的比热容[J/(kg・K)]；t_{out} 为太阳能空气集热器出风口温度(℃)；t_{in} 为太阳能空气集热器进风口温度(℃)。

因为在空气流动过程中，部分对流和辐射会产生热损失，所以太阳能空气集热器的得热量低于太阳能空气集热器吸收的热量。因此，将太阳能空气集热器集热效率定义为太阳能空气集热器得热量与太阳辐射的比值，计算公式为

$$\eta_{\mathrm{c}}=\frac{Q}{\tau_{\mathrm{p}}\partial_{\mathrm{p}}AG}\times 100\%=\frac{\dot{m}C_{\mathrm{p}}(t_{\mathrm{out}}-t_{\mathrm{in}})}{\tau_{\mathrm{p}}\partial_{\mathrm{p}}AG}\times 100\% \tag{6.2}$$

式中，η_{c} 为太阳能空气集热器集热效率；τ_{p} 为玻璃盖板透射率；∂_{p} 为吸热板吸收率；A 为吸热板面积(m^2)；G 为太阳辐射强度($\mathrm{W/m}^2$)。

6.1.2 太阳能空气集热器在农宅中的适用性研究

为探讨太阳能空气集热器(以下简称“集热器”)在大庆市农村地区的适用性，本研究利用 EnergyPlus 和 OpenStudio 软件建立了 2 个含有集热器的建筑模型。图 6.3 所示的 4 个模型分别为基础模型(基础模型 Ⅰ)、有集热器的测试模型(测试模型 Ⅱ)、附加阳光间的基础模型(基础模型 Ⅲ)、集热器与附加阳光间联合作用的测试模型(测试模型 Ⅳ)。4 个模型尺寸均为 4.2 m×3.9 m×3 m。基础模型面积 16.38 m^2，附加阳光间尺寸为 1.5 m×3.9 m×3 m，南向为大面积玻璃围护结构，建筑构造参数见表 6.1。集热器内部为空腔结构，尺寸为 1.5 m×2 m，集热面积 3 m^2，即 1 m^2 集热面积为 5.46 m^2 建筑提供热量。此外，集热器与水平面呈 45° 夹角。

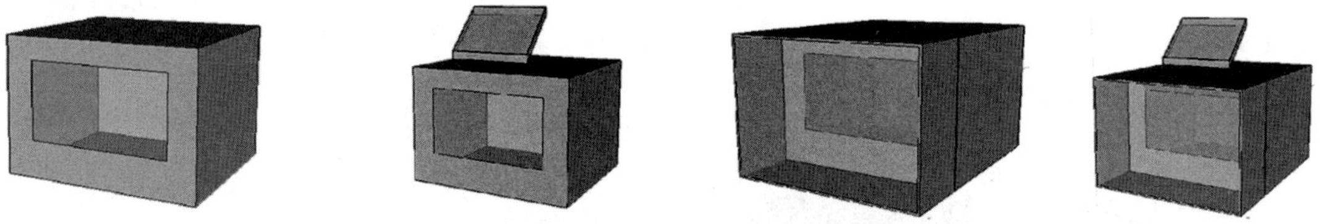

(a) 基础模型Ⅰ　(b) 测试模型Ⅱ　(c) 基础模型Ⅲ　(d) 测试模型Ⅳ

图 6.3　4 个模型

当无任何采暖措施时，室外温度较高的 10 月和 4 月，建筑室内自然温度均可达到 14 ℃ 以上，从建筑室内平均辐射温度(图 6.4)可以看到，测试模型 Ⅱ 为直接受益窗与集热器相结合的建筑形式，在相对温暖月份室内温度最高，反而只有阳光间的基础模型 Ⅲ 室内温度最低。随着室外温度的下降，不同建筑形式模型室内温度明显发生变化。11 月至次年 2 月为室外温度较低的时间段，有集热器的建筑模型采暖期间室内温度明显高于无集热器的建筑模型。通过模拟发现，测试模型 Ⅳ 的室内温度在该时间段比基础模型 Ⅰ 高 1.7 ℃ 左右。2 月份之后太阳辐射增强，但由于附加阳光间增大了建筑热阻，导致相同条件下附加阳光间建筑模型室内温度比无阳光间的建筑模型室内温度低。

表 6.1　建筑构造参数

围护结构		建筑构造	密度 / (kg·m^{-3})	导热系数 / (W·m^{-1}·K^{-1})	传热系数 / (W·m^{-2}·K^{-1})
墙体	外墙	20 mm 水泥砂浆	1 800	0.930	0.336
		100 mm 膨胀聚苯板	230	0.046	
		20 mm 水泥砂浆	1 800	0.930	
		490 mm 黏土实心砖	1 800	0.814	
		10 mm 水泥砂浆	1 800	0.930	
	内墙	120 mm 黏土实心砖	1 800	0.930	3.060
		10 mm 水泥砂浆	1 800	0.930	
平屋面	吊顶	10 mm 水泥砂浆	1 800	0.930	0.223
		50 mm 混凝土	2 360	0.970	
		100 mm 秸秆	120	0.047	
		50 mm 钢筋混凝土楼板	2 500	1.740	
窗		3 mm 平板玻璃	2 500	0.760	1.849
		9 mm 空气	1	0.024	
		3 mm 平板玻璃	2 500	0.760	

当采暖期建筑室内设计温度为 18 ℃ 时，利用 EnergyPlus 软件模拟建筑达到该温度时所需要的热量。图 6.5 显示，测试模型 Ⅱ 和基础模型 Ⅲ 与基础模型 Ⅰ 相比，建筑总采暖能耗分别降低了 25.8 kW·h 和 244.3 kW·h，节能率分别为 1.2% 和 11.7%。由此可见，附加阳光间对降低建筑采暖能耗效果更明显。然而测试模型 Ⅳ 在主被动太阳能联合利用方式下，与基础模型 Ⅰ 相比建筑能耗减少了 862.3 kW·h，节能率远大于单独利用太阳能的建筑，达 41.3%。因此，对大庆地区主被动太阳能联合利用的农宅适用性研究具有积极意义。

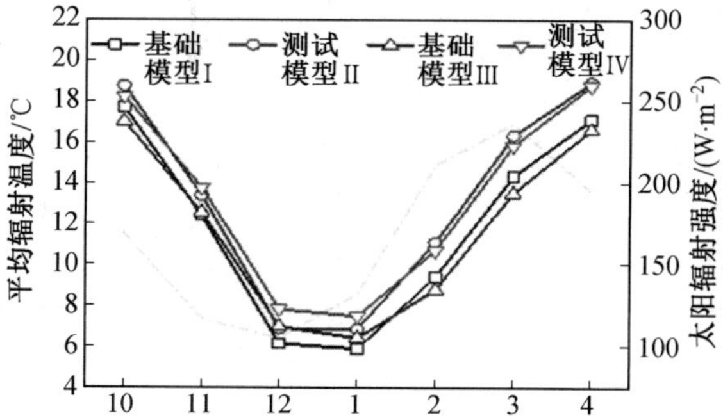

图 6.4　各月份建筑室内平均辐射温度

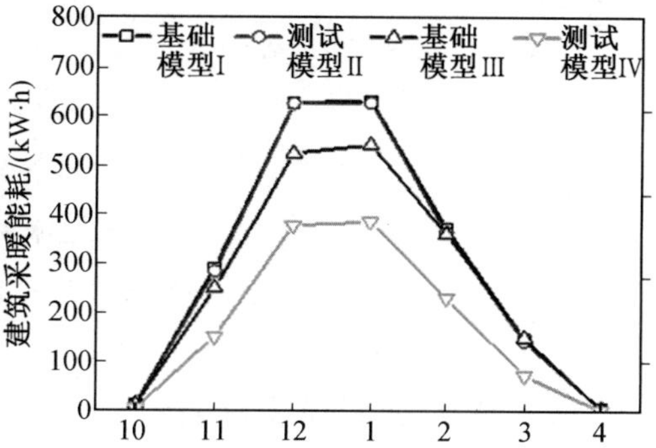

图 6.5　各月份建筑采暖能耗

6.2 集热器模型验证

验证 EnergyPlus 模拟集热器性能的准确性是十分关键的。参考文献①在北京市建立农宅示范工程，搭建集热器并对室内热环境进行分析。研究结果表明，在北京地区仅使用集热器向室内供暖可以得到较满意的室内热环境。本节采用 EnergyPlus 和 OpenStudio 软件对该文献试验台(实验组)使用的集热器进行建模，同实验结果对比并验证 EnergyPlus 软件建模的准确性。

6.2.1 建筑基本信息

该文献试验台位于北京市怀柔区六渡河村，测试的农宅房间面积为 14 m^2。首先，对该农宅围护结构进行优化，增强了建筑保温性能。其次，搭建集热器，将保温效果良好的风管贯穿屋顶，利用钢架固定。该集热器集热面积为 6 m^2，水平面倾角为 50°。建筑采暖运行情况见表 6.2。

表 6.2 建筑采暖运行情况

项目	采暖形式及参数设置
建筑采暖形式	仅集热器
集热器形式	普通空腔集热器，集热效率 15% ～ 20%
集热器运行时间	1 月 1 日 —31 日 08:45—18:00 风机开启，其余时间关闭
恒温器控制温度	当集热器出风口温度高于 30 ℃ 时，开启风机；运行后集热器出风口温度低于 25 ℃ 时，关闭风机

进行试验前，对测试农宅围护结构热工性能进行了改造，建筑构造及传热系数见表 6.3。

表 6.3 农宅的围护结构热工性能改造

围护结构	建筑构造	传热系数 /($W \cdot m^{-2} \cdot K^{-1}$)
墙体	370 mm 实心砖 + 20 mm 水泥砂浆 + 50 mm 保温苯板	0.470
屋面	20 mm 水泥砂浆	0.902
吊顶	10 mm 石膏板	3.978
窗	双层木窗	4.700
地板	50 mm 水泥砂浆 + 100 mm 黏土	—

6.2.2 农宅模型建立

集热器的传热过程较复杂，包括对流、传导和辐射，EnergyPlus 软件中自带的集热器

① 章永洁，叶建东，蒋建云，等. 屋顶式空气集热系统的优化设计分析[J]. 建筑节能，2015，43(1)：48-51.

模型主要用于渗透性空气集热器模型的建立，不能满足本节建模要求。但 EnergyPlus 软件是基于热区形式对建筑进行分区域建模的，每个区域代表一个构造节点，通过节点的连接实现空调系统正常运行。因此，本研究提出了一种等效系统代替集热器系统。对渗透性空气集热器模型进行单独区域设置，其材料与太阳能空气集热器相同，再将各区域节点与建筑模型连接起来，形成完整闭环模型。

建立文献中采暖的两种工况模型，如图 6.6 所示，一种为集热器采暖形式模型，另一种为集热器＋直接受益窗采暖形式模型。

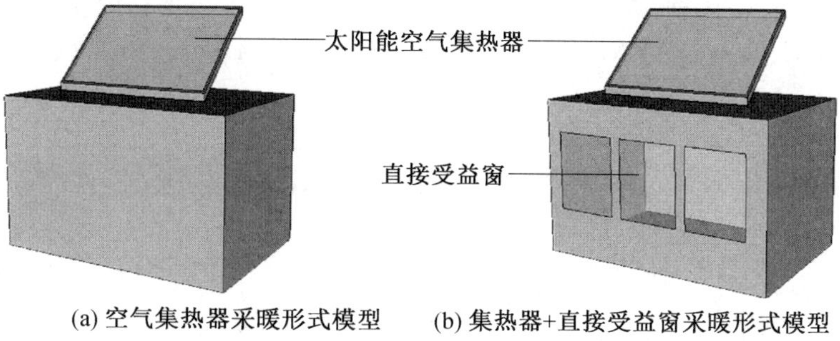

图 6.6　两种工况模型

6.2.3　能耗结果对比

集热器得热量与太阳辐射量呈正相关。图 6.7 和图 6.8 分别为 1 月 5 日和 1 月 11 日区域内得热量。集热器在 8:00 至 18:00 之间受太阳辐射，获得热量，使集热器内空气温度升高。由于热量传递过程产生热损失，集热器得热量并不能全部传递到室内。1 月 5 日和 1 月 11 日集热器表面辐照量平均值分别为 117.4 MJ 和 151 MJ，与实验组相比分别多 25.5 MJ 和 58.2 MJ。室内平均得热量分别为 29.2 MJ、40.2 MJ，相较于实验组高 4.1 MJ 和 18.5 MJ。由于 EnergyPlus 软件采用的天气数据为近 10 年的平均数值，不能完全模拟试验当日的天气情况，同时实验数据的取得也存在一定的误差因素，导致模拟计

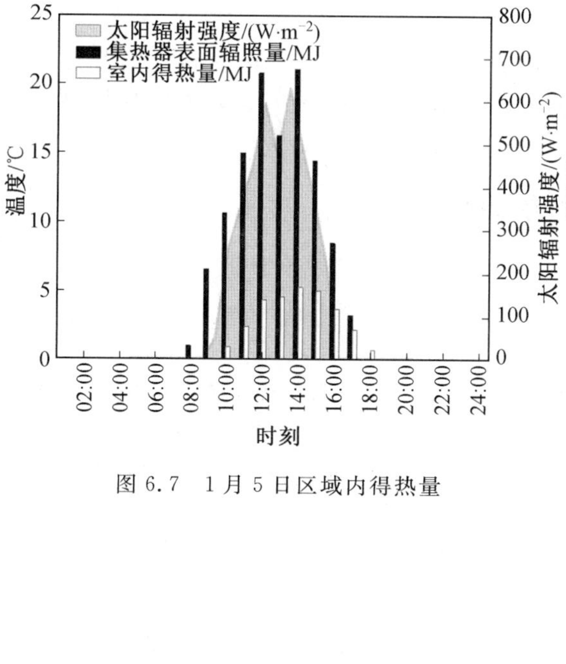

图 6.7　1 月 5 日区域内得热量

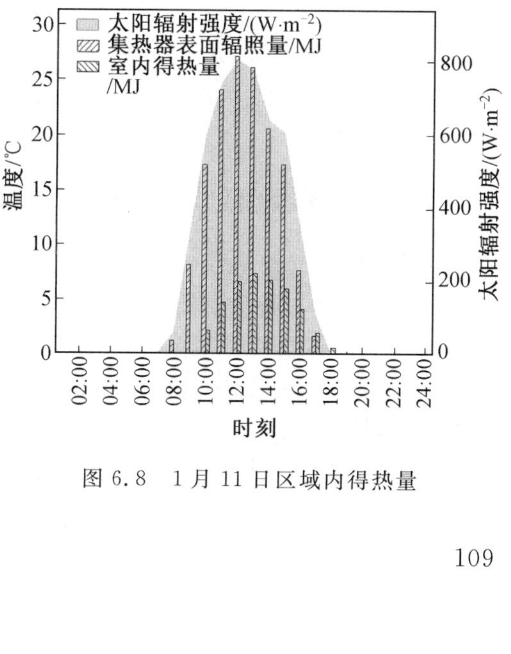

图 6.8　1 月 11 日区域内得热量

算热量与实验数据相差较大，根据模拟结果得出1月5日和1月11日集热器集热效率分别为25%和27%，而试验得出这两日集热器集热效率均为23%，误差在5%之内，因此该集热器模型可用。

文献中研究了集热器对室内热环境的影响。图6.9显示了1月5日建筑室外与室内温度变化，室内温度变化受到太阳辐射影响，模拟数据与试验数据在14:00时温度最高，且温度相差仅0.5 ℃。将模拟结果与实验数据进行对比可知，1月5日两者室外平均温度相差仅0.1 ℃。试验得到的室内平均温度为3.7 ℃，而模拟计算得到的室内平均温度为4.1 ℃，相差0.4 ℃。同样，在1月11日，模拟计算得到的室内平均温度为5.6 ℃，比试验得出的平均温度仅高0.2 ℃，如图6.10所示。因此得出，EnergyPlus软件中建立的模型可以用来模拟集热器。

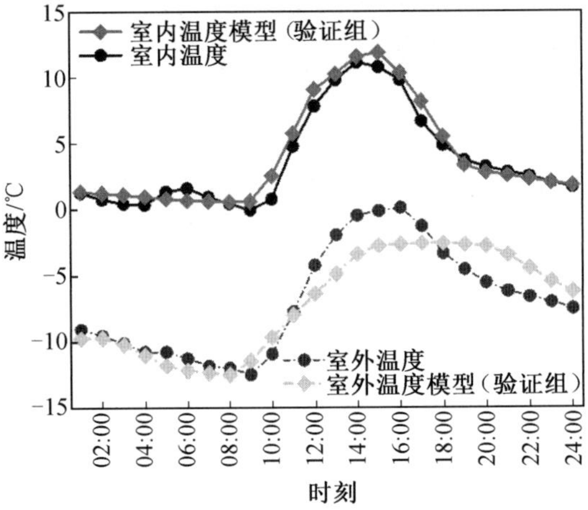

图6.9　1月5日建筑室外与室内温度变化

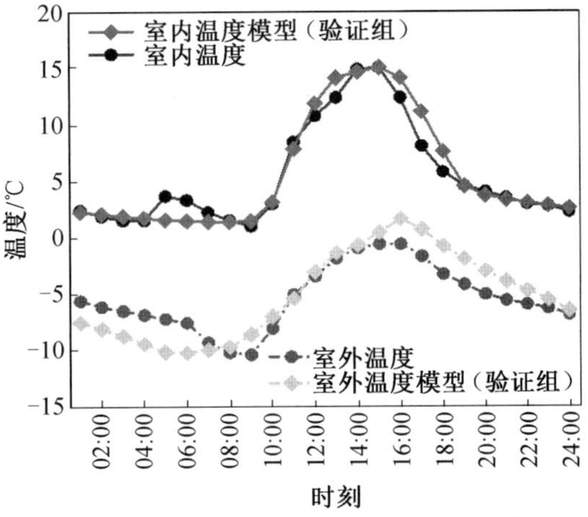

图6.10　1月11日建筑室外与室内温度变化

6.3　集热器性能对室内热环境影响研究

本节对集热器透明玻璃盖板、吸热板及保温层材料进行分析，以提高集热器集热效率，得到适用于大庆地区的高效集热器，使其在改善室内热环境的同时向室内提供更多热量，降低建筑能耗。

6.3.1　模型建立与传统集热器性能分析

本研究建立的集热器建筑模型图如图6.11所示。集热器位于附加阳光间农宅屋顶，集热面为单层透明玻璃盖板，底部设置吸热板以吸收更多太阳辐射热量，流动空气层厚度100 mm，与水平面夹角为45°。基础集热器设置参数如下。

(1) 集热器透明玻璃盖板尺寸为1.5 m×2 m，集热面积为3 m^2，透明玻璃盖板透光率为77%、反射率为15%。

(2) 吸热板由吸热涂层与金属板组成，吸热板太阳能吸收率与发射率相同，均为0.6。

(3) 吸热板下保温层为 50 mm 厚保温材料，导热系数为 0.46 W/(m·k)。

建筑及采暖系统运行情况如下。

(1) 建筑无人员、设备等热扰。

(2) 建筑供暖仅由集热器提供。

(3) 集热器工作时间为 08:00 至 18:00，集热器出风口温度与入风口温度无温度控制。

(4) 集热器内空气流量为 0.04 m^3/s。

图 6.12 所示为 1 月 20 日建筑室外、室内和集热器内空气温度变化曲线。该日室外平均温度为－22.8 ℃，受太阳辐射影响，在 08:00 至 18:00 集热器内空气温度呈先升高后下降的趋势，13:00 时温度达到最高，为 18.5 ℃，而此时建筑室内达到最高温度，为 6.6 ℃。由图可知，建筑室内温度在集热器运行期间明显升高，但该时间段内室内平均温度为 3.8 ℃，不能满足室内热环境要求。

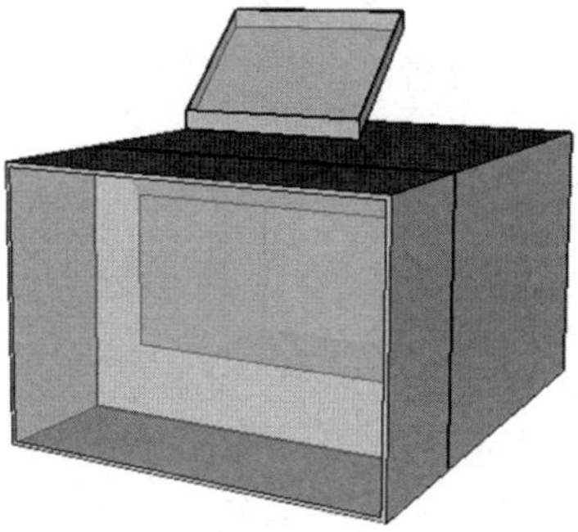

图 6.11　集热器建筑模型

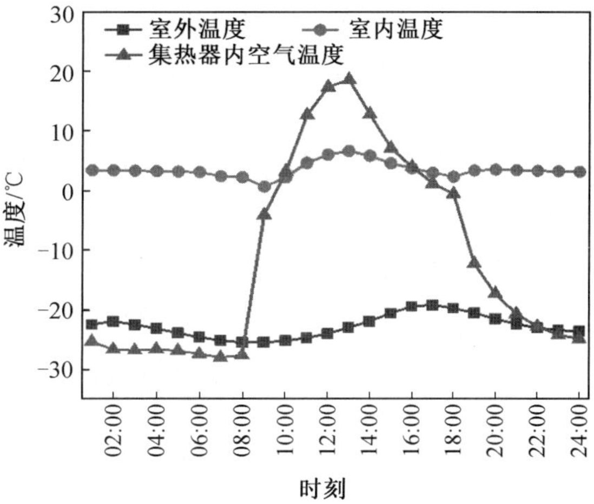

图 6.12　1 月 20 日建筑室外、室内和集热器内空气温度变化曲线

模拟计算结果显示，采暖期集热器吸收热量共 6 278.4 MJ，得热量为 1 895.2 MJ，采暖期集热器集热效率为 30.2%。由图 6.13 可知，集热器的透明玻璃盖板和吸热板获得了大部分太阳辐射能，分别为 1 070.9 MJ 和 3 380.8 MJ，而东、西向保温外壳得到的太阳辐射能共占比 2.5%，可以忽略不计，因此，吸热板和透明玻璃盖板是集热器内空气热量的主要来源。图 6.14 所示为集热器内各表面平均温度分布。由图可知，吸热板平均温度最高达 27.3 ℃。透明玻璃盖板的平均温度较吸热板平均温度低，最低平均温度为－4.7 ℃，集热器内空气平均温度为 2.2 ℃，与吸热板平均温度差值为 15.3 ℃，与集热器瞬时温度相比，温差可达 100 ℃ 以上。这一结果的产生是由于吸热板与流动层的空气之间换热热阻较大，吸热板上的热损失较大。透明玻璃盖板平均温度与集热器内空气平均温度相比更低，这是由于透明玻璃盖板的反射率较大，在进行热量传递时产生了较大的热损失。由此可见，吸热板与空气间的换热热阻和透明玻璃盖板热损失是集热效率的主要影响因素。

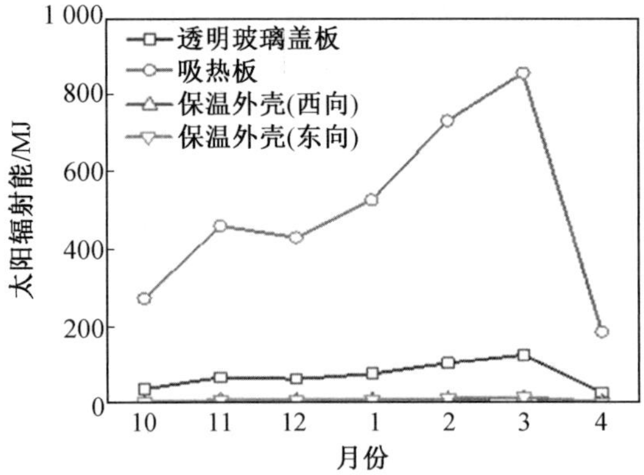

图 6.13　集热器各表面太阳辐射能

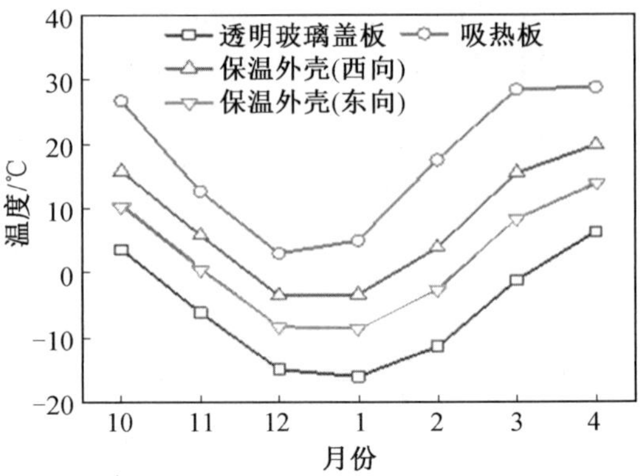

图 6.14　集热器各表面平均温度分布

综上所述，若要提高集热器集热效率，必须加强吸热板与空气间的热量传递和改善透明玻璃盖板的光学性能。加强吸热板与空气间的热量传递，可以通过增加吸热板太阳吸收率和增加保温层厚度实现。改善透明玻璃盖板的光学性能，提高集热效率，可以通过降低透明玻璃盖板的反射率和增加透明玻璃盖板的保温性能实现。因此，下面将对玻璃盖板的光学性能和保温性能、吸热板太阳能吸收率和保温层厚度等影响集热器集热效率的因素进行分析。

6.3.2　集热器性能优化分析

1. 光学性能

提高透明玻璃盖板透光率，使吸热板吸收更多太阳能，通过辐射、对流的方式将热量传递到空气中；降低透明玻璃盖板反射率，减少太阳辐射的热损失。低铁玻璃，也被称为高透明玻璃，其透光率为 91.5% 以上，反射率在 1% 以下。因此采用低铁玻璃（透光率为 91%，反射率 8%）代替普通玻璃盖板，研究其对集热器集热效率与室内热环境的影响。

如图 6.15 所示，白天有太阳辐射时，低铁玻璃盖板集热器内空气温度明显高于普通透明玻璃盖板。低铁玻璃盖板集热器在工作期间平均空气温度为 5.2 ℃，比普通透明玻璃盖板集热器高 1.2 ℃，最高温度达 21.1 ℃。透明玻璃盖板采用低铁玻璃提高了建筑全天室内空气温度，低铁玻璃盖板集热器的建筑室内温度比普通透明玻璃盖板集热器的高 0.2 ℃。然而，在集热器工作期间，太阳辐射强度越高，两种工况的建筑室内温度相差越大，在 13:00 相差最多，为 0.6 ℃，此时采用低铁玻璃盖板集热器的建筑室内温度达7.2 ℃。

集热器透明玻璃盖板为低铁玻璃时，集热器集热效率从 30.2% 提高到 32%。从图 6.16 可以看出，集热器透明玻璃盖板使用低铁玻璃时，吸收太阳辐射能减少 958 MJ，但吸热板吸收的热量明显增多，太阳辐射能增加 632 MJ。由图可知，当集热器透明玻璃盖板采用低铁玻璃时，玻璃盖板表面温度会下降，可以通过增加盖板层数提高玻璃盖板的保温性能，减少热损失。

2. 保温性能

本小节研究了玻璃层数对集热效率的影响，将双层玻璃（Air3）与单层透明玻璃盖板

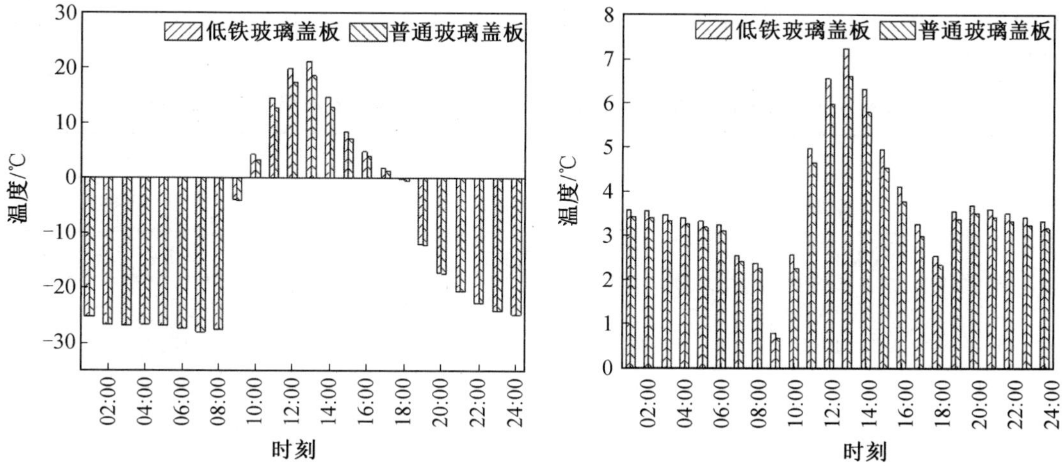

(a) 集热器温度变化　　(b) 建筑室内温度变化

图 6.15　集热器内空气与建筑室内温度变化对比

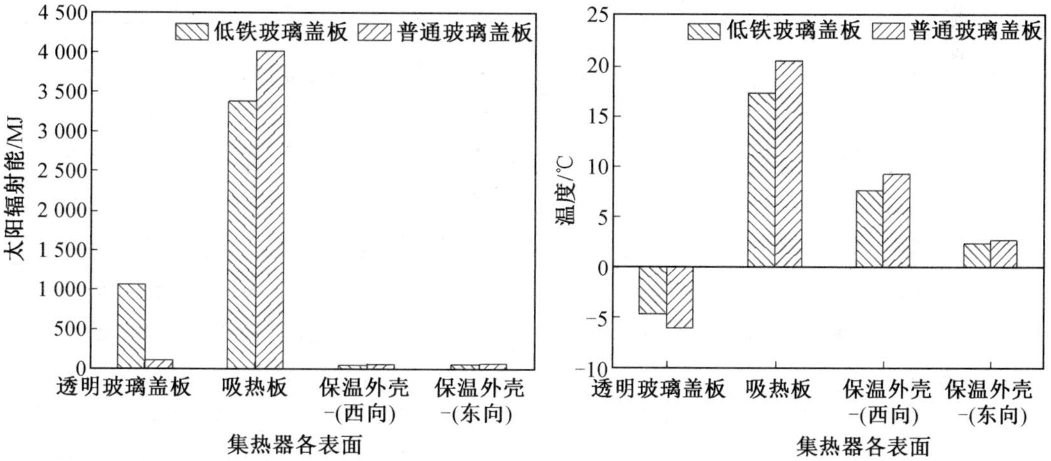

(a) 集热器表面太阳辐射能　　(b) 集热器表面温度

图 6.16　集热器表面太阳辐射能与温度

(Cle3) 进行对比。选用低铁玻璃作为集热器透明玻璃盖板材料，当集热器透明玻璃盖板为双层低铁玻璃时，空气层厚度为 3 mm。进一步分析双层低铁玻璃的空气层厚度对集热效率的影响，分别计算了不同空气层厚度双层玻璃[Air3(3 mm)、Air6(6 mm)、Air9(9 mm)、Air12(12 mm) 和 Air15(15 mm)] 的集热器集热效率。

表 6.4 显示了不同玻璃盖板形式对集热器表面太阳辐射能和表面温度变化的影响。由于其对集热器东、西面影响较小，因此可忽略不计。由表 6.4 可知，增加透明玻璃盖板层数对集热器表面温度及太阳辐射能有较大影响。Air3 较 Cle3 透明玻璃盖板表面太阳辐射能及温度升高明显。Air3 采暖期内透明玻璃盖板表面吸收太阳辐射能达 223.6 MJ，与 Cle3 相比吸收热量增加了近一倍。从温度上看，透明玻璃盖板表面温度采暖期内平均升高了 3 ℃。这是由于层数增加提高了盖板的保温性能，双层透明玻璃盖板内空气层具有一定的蓄热性。改变玻璃盖板层数对吸热板太阳辐射能和温度也产生了影响，但这种

影响相对较小。整个采暖期内，吸热板吸收太阳辐射能减少了 401.2 MJ，而平均温度仅下降 1 ℃。

表 6.4　不同玻璃盖板形式对集热器表面太阳辐射能和表面温度变化的影响

月份	集热器表面太阳辐射能 /MJ				集热器表面温度 /℃			
	玻璃盖板		吸热板		玻璃盖板		吸热板	
	Cle3	Air3	Cle3	Air3	Cle3	Air3	Cle3	Air3
10 月	8.7	17.1	317.3	286.8	3.3	6.1	30	28.8
11 月	15.4	30.4	533.1	479	－6.5	－3.9	15.1	14.2
12 月	14.2	28.1	498.4	448.7	－15.3	－12.7	5.2	4.6
1 月	17.2	34	610.5	550.3	－16.5	－13.5	7.6	6.8
2 月	23.2	45.9	847.9	766.1	－11.9	－8.4	21.5	20.0
3 月	28.14	55.6	989.9	888.2	－1.6	1.8	32.6	30.7
4 月	6.3	12.5	216	192.8	6	8.6	31.9	30.3

根据上述模拟发现，增加玻璃盖板层数可以增强集热器保温性能，减少透明玻璃盖板的热损失。下面对双层透明玻璃盖板的空气层厚度情况进行研究。双层透明玻璃盖板空气层厚度变化后，集热器表面吸收太阳辐射能不随空气层厚度发生变化，但集热器得热量随着保温性能增强而增加。图 6.17 显示了采暖期不同空气层厚度下集热器表面太阳辐射能与温度变化情况。根据变化曲线可以看出，玻璃盖板表面温度与空气层厚度呈正相关，然而这种变化仅发生在一定范围内，由于空气层厚度增加，双层透明玻璃盖板内空气产生对流，加快了双层玻璃间的热量传递，但当双层透明玻璃盖板的空气层厚度超过 12 mm 后，玻璃盖板表面温度变化趋于平缓。同样，当双层透明玻璃盖板空气层厚度为 12 mm 时，集热器得热量达 2 320 MJ(图 6.18)，集热效率为 34%，此后建筑室内温度变化逐渐减小。因此，采用空气层厚度为 12 mm 的双层低铁玻璃盖板时集热器集热效率最

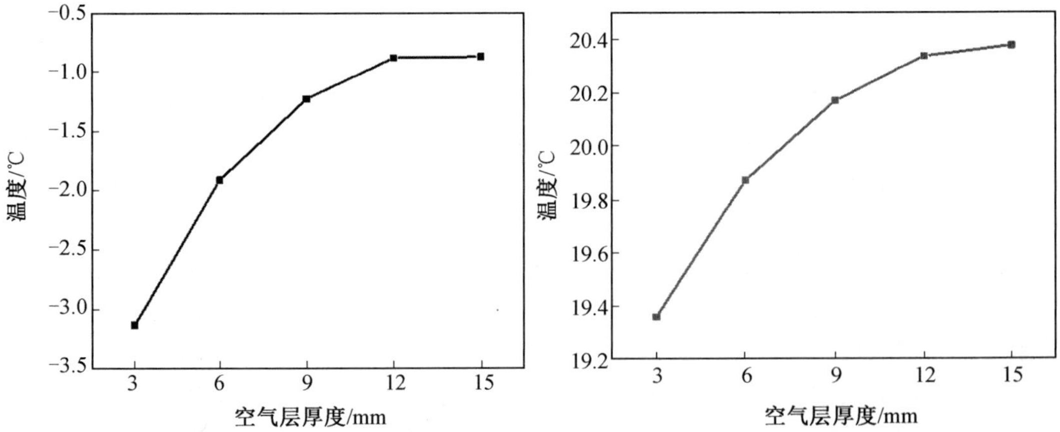

(a) 透明盖板太阳辐射能　　(b) 吸热板太阳辐射能

图 6.17　采暖期不同空气层厚度下集热器表面太阳辐射能与温度变化

高，与传统集热器相比集热效率提高了约 4%。

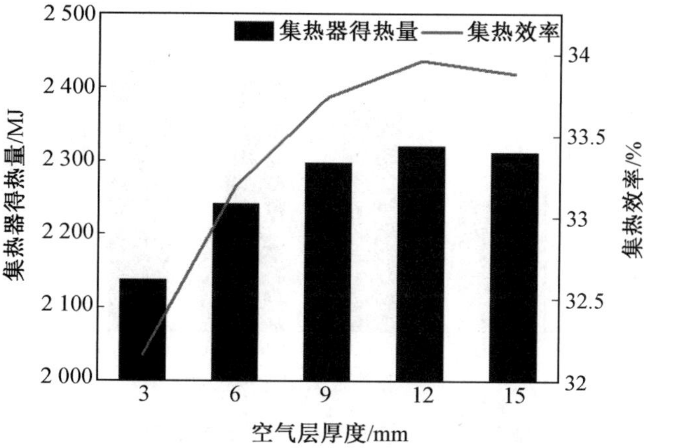

图 6.18　采用双层玻璃盖板的集热器得热量与集热效率

3. **吸热板太阳能吸收率**

增强吸热板太阳能吸收率是提高集热器集热效率的常见方法。本小节将太阳能吸收率分别为 0.7、0.8 和 0.9 的选择性吸收涂层集热器与传统集热器(太阳能吸收率为 0.6)进行对比。从图 6.19 可以看出，集热器表面温度与吸热板太阳能吸收率呈正相关，吸热板太阳能吸收率增大，吸热板吸收太阳辐射能增加，表面温度升高。同时，通过辐射传热方式，将热量传递给玻璃盖板，使玻璃盖板温度升高。当太阳能吸收率为 0.9 时，集热器表面全年平均温度最高。

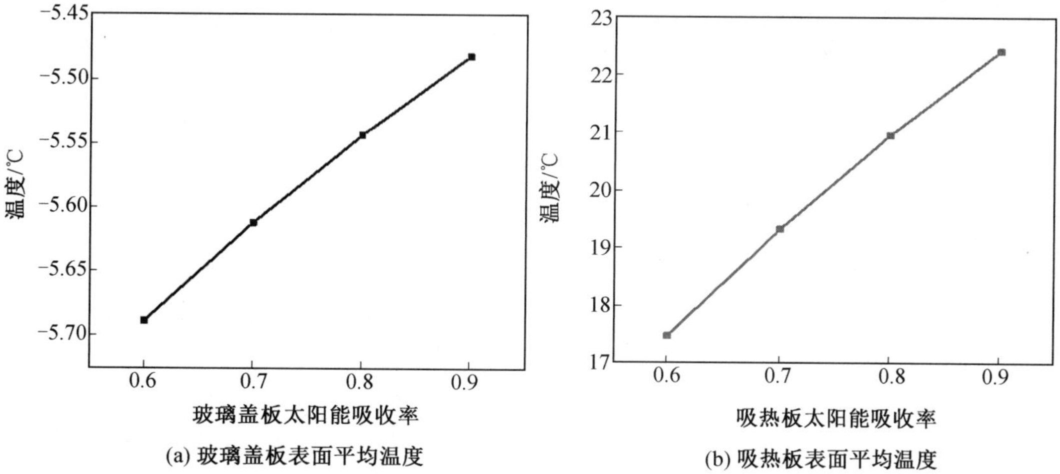

图 6.19　增加保温层厚度后的集热器各表面温度

图 6.20 所示为集热器得热量与集热效率变化。当吸热板太阳能吸收率大于 0.7 时，集热效率与太阳能吸收率成正比。当吸热板太阳能吸收率为 0.9 时，集热器得热最多，为 7 000 MJ，集热效率从原来的 30.2% 升高到 32.5%。因此，采用较高太阳吸收率的集热器使集热效率增大。

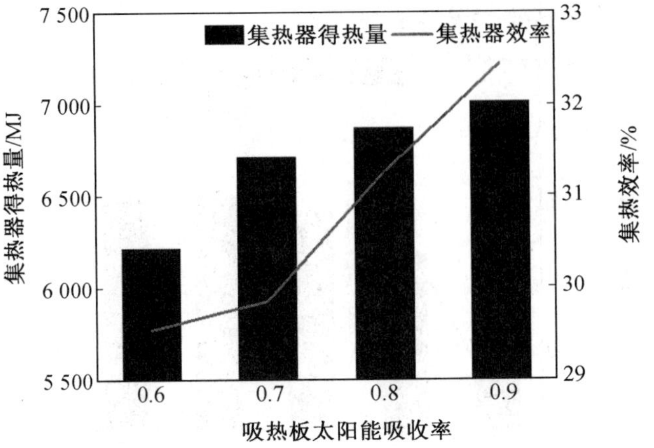

图 6.20 集热器得热量与集热效率变化

4. 保温层厚度

集热器保温层厚度增加使集热器整体保温性能增强，集热器表面温度升高。图 6.21 显示，采暖期内，当保温层厚度为 300 mm 时，吸热板表面平均温度达 20.4 ℃，比传统集热器高 1.2 ℃。然而，保温层厚度的增加对玻璃盖板表面平均温度影响较小，相较于传统集热器表面平均温度升高仅 0.2 ℃。由图 6.22 可知，当保温层厚度小于 200 mm 时，集热器得热量随保温层厚度增加有明显升高趋势。当保温层厚度大于 200 mm 时，集热器得热量的变化随着保温层厚度的增加逐渐减缓，集热效率仅相差 0.2%。因此，增加保温层厚度不会明显提高集热器集热效率。综上可知，该集热器最佳保温层厚度为 200 mm，此时集热器集热效率为 31%。

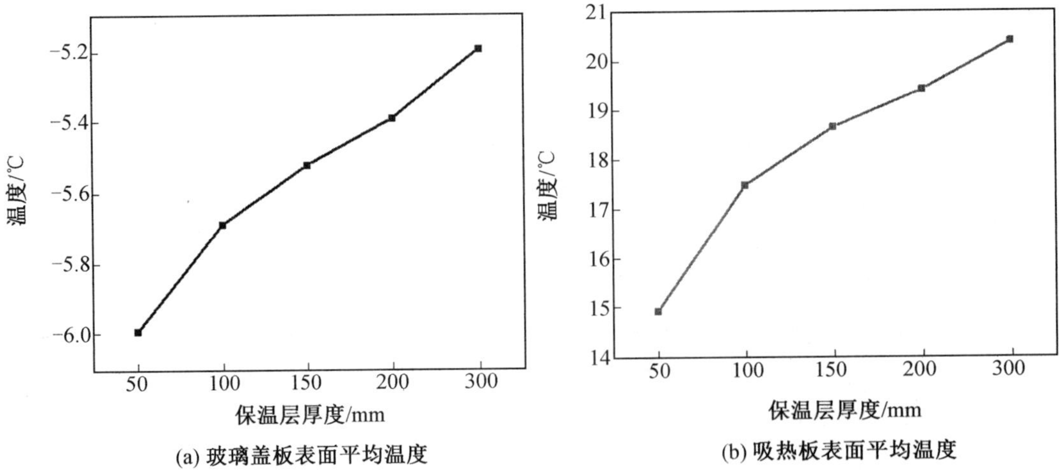

图 6.21 集热器各表面温度

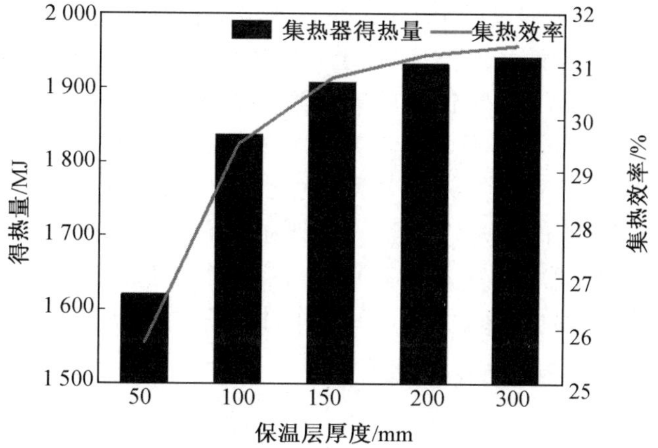

图 6.22　不同保温层厚度对集热器得热量与集热效率的影响

6.3.3　优化后集热器性能分析

根据上述研究结果，对集热器模型进行优化，参数设置如下。

(1) 集热面积为 3 m^2，玻璃盖板采用双层低铁玻璃(透光率 91%，反射率 0.8%)，空气层厚度为 12 mm。

(2) 吸热板由吸热涂层与金属板组成，吸热板太阳能吸收率与发射率相同，为 0.9。

(3) 吸热板下保温层为 200 mm 厚保温材料，导热系数为 0.46 W/(m・k)。

对优化后的集热器进行建模，建筑模型结构参数与传统集热器建筑模型相同，且建筑室内热量仅由集热器提供。如图 6.23 所示，集热器优化前后各表面温度变化趋势基本相同，玻璃盖板表面平均温度与室外平均温度变化趋势基本相同。1 月室外平均温度最低，为 −17.5 ℃，此时优化后的集热器玻璃盖板月平均温度最低，为 −10.4 ℃，较传统集热器温度高 5.2 ℃。而吸热板表面平均温度变化与太阳辐射强度变化相似，12 月吸热板表面平均温度达到最低，集热器优化前后吸热板表面温度分别为 5.4 ℃ 和 9.7 ℃。

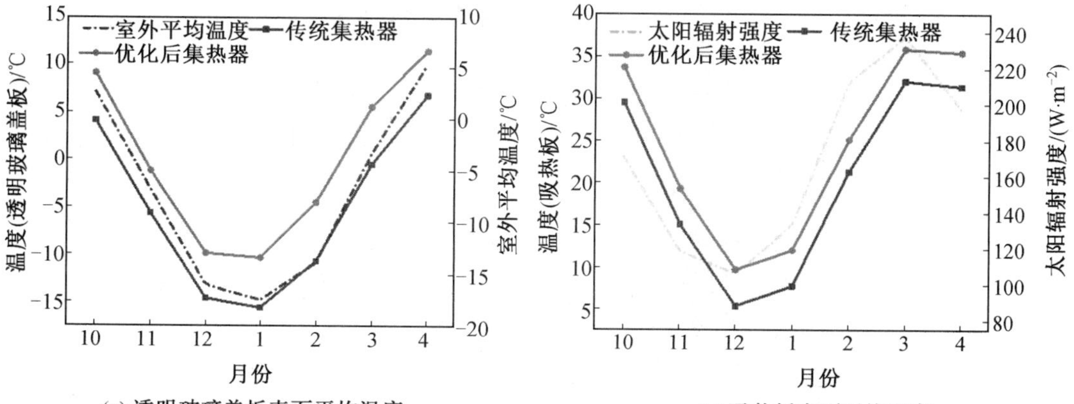

(a) 透明玻璃盖板表面平均温度　(b) 吸热板表面平均温度

图 6.23　优化后集热器各表面温度

优化后集热器吸收太阳辐射能增加，使集热器内空气温度升高。从图 6.24 中可以看到，优化后集热器内的空气温度明显升高，在室外温度相对较高的月份（10 月、4 月），优化后集热器内空气月平均温度达到 15 ℃ 以上，10 月份优化后集热器内空气月平均温度最高，达 17.6 ℃。在最冷月（1 月），优化后集热器内的空气温度也明显升高，与传统集热器相比，优化后集热器内的空气月平均温度升高 3.3 ℃。除了温度变化外，集热器得热量和集热效率也明显发生改变。如图 6.25 所示，优化后集热器得热量在 2 月和 3 月得热量相对较高，分别为 666.9 MJ 和 798.67 MJ。采暖期内 3 月份的太阳辐照量最大，此时优化前后的集热器得热量差值最高，为 277.4 MJ。优化后的集热器在采暖期内总得热量达 3 103.3 MJ，而传统集热器总得热量为 1 895.2 MJ，优化后的集热器集热效率达 38.9%。

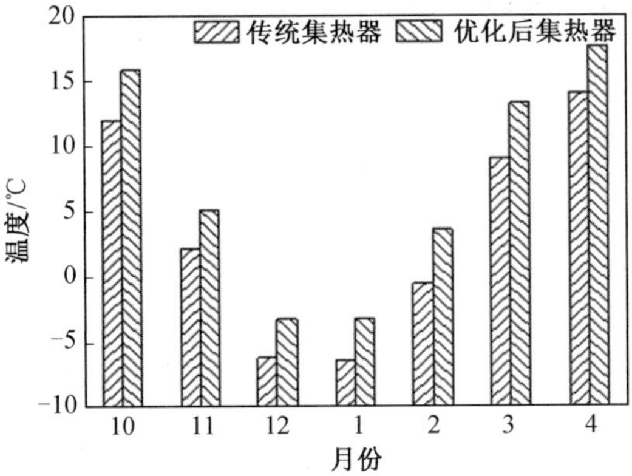

图 6.24　集热器内空气温度

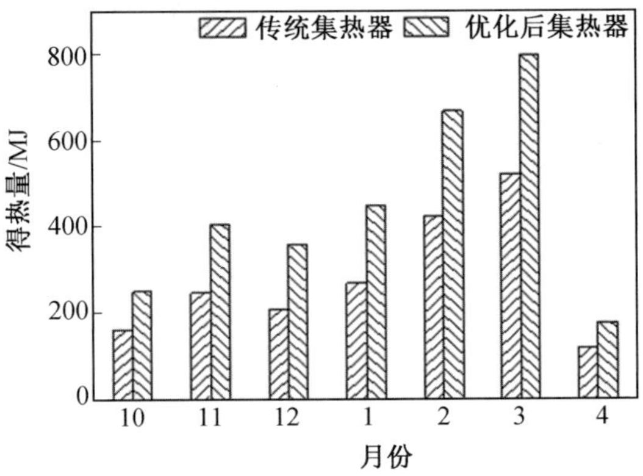

图 6.25　集热器得热量

集热器集热效率影响农宅室内热环境。采暖期内集热器优化后的农宅室内平均温度升高 1.3 ℃。由图 6.26 可知，集热器优化后的农宅室内平均温度在 4 月最高，为 18 ℃，比传统集热器农宅高1.4 ℃，然而，均未达到室内设计标准温度（18 ℃）。在室外温度较低的 12 月和 1 月，农宅室内平均温度波动仅在 1 ℃ 左右。因此，仅有集热器供暖无法得到理想的室内热环境。

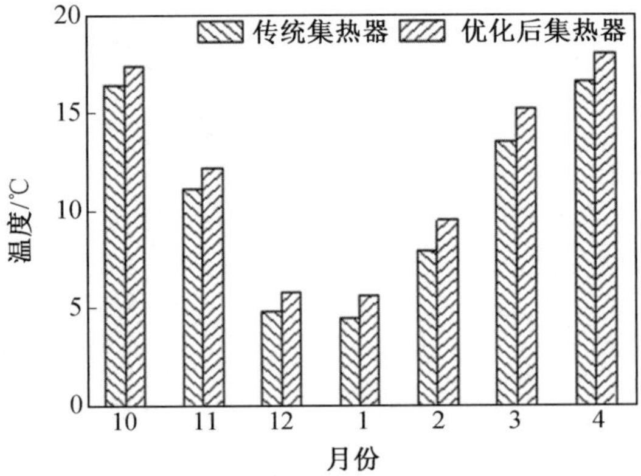

图 6.26　农宅室内平均温度

图 6.27 显示了 1 月 20 日农宅室内平均温度变化。集热器优化前后室内温度变化趋势相似。11:00 时太阳辐射强度最高，为 778.3 W/m^2。集热器优化后的农宅室内平均温

度在 13:00 时最高，达 9.8 ℃，比传统集热器农宅室内平均温度高 3 ℃，优化效果明显。EnergyPlus 软件设置中，集热器工作时间为 8:00—18:00。从模拟结果中可以发现，集热器不工作时的农宅室内平均温度变化趋势相同，且优化后农宅室内平均温度仅升高 0.8 ℃，而集热器工作时间内的农宅室内平均温度升高了 1.8 ℃，可见优化后集热器可以明显改善室内热环境。

从图 6.28 中可以看到，集热器在 9:00 和 18:00 时已经开始工作，但室内平均温度依然较低。这一温度变化是由于此时该地区太阳辐射强度几乎为 0，集热器内温度无法迅速升高且室外空气温度远低于室内温度，集热器中温度较低的空气被送到室内，导致室内温度快速下降。9:00 之后，集热器内温度受太阳辐射影响迅速上升且远高于室内温度，可向室内输送热空气，因此，9:00 之后室内温度逐渐升高。可见，使用集热器时应对集热器的工作时间和集热器出风口的空气温度进行控制。

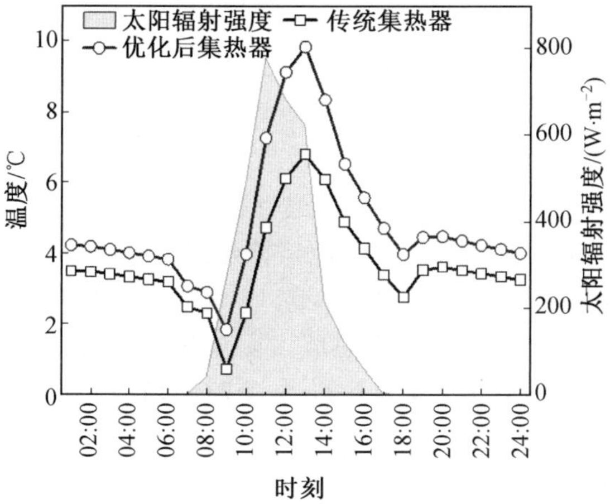

图 6.27　1 月 20 日农宅室内平均温度变化

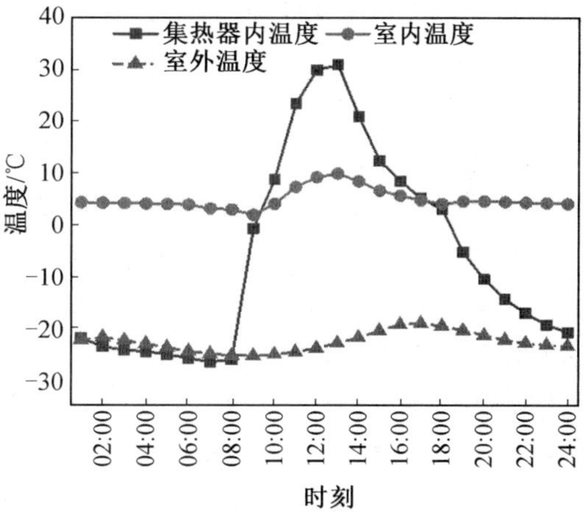

图 6.28　Zone 内温度

6.4　PCM 烟囱农宅模型

6.4.1　建模算法

本研究在 EnergyPlus 软件现有的模块中单独开发了烟囱模块，其内部区域空气热平衡自动考虑所有对流内部负荷、渗透产生的热传递，相邻区域之间空气混合产生的热传递以及暖通空调系统提供的能耗。

由于烟囱在运行过程中内部热量变化复杂，因此对 EnergyPlus 软件中上述计算进行了简化处理，即设定烟囱的玻璃盖板和吸热墙表面温度没有变化，只考虑热量通过这些构件为一维传热的情况。

(1) 烟囱中空气通道的入口温度等于室内空气温度。

(2) 表面摩擦对气流的阻力忽略不计。

(3) 由烟囱引入的空气被与外部相等条件下的空气所替代。

EnergyPlus 软件中的表面热平衡管理器会自动计算每个时间步长的表面温度和对流传热系数，方法是考虑通过建筑结构的热传导(q_{LWX})、与空气的对流传递(q_{SW})、窗户和吸热墙的太阳辐射吸收(q_{LES} 和 q_{SOL})以及内表面之间的长时间辐射交换(q_{CONV})，计算公式为

$$q_{LWX} + q_{SW} + q_{LES} + q_{SOL} + q_{CONV} = 0 \tag{6.3}$$

当一个模型应用到 EnergyPlus 软件中，该模型自动执行整个建筑内的所有详细的热量、空气、表面和能量平衡，适用公式(6.3)和公式(6.4)。除了热平衡外，相邻区域之间的热交换和空气交换、通过玻璃窗的每小时太阳能透射率、内部热扰以及通过建筑围护结构的瞬态热传导都由 EnergyPlus 软件同时计算，数据用于烟囱性能的模拟。因此，利用 EnergyPlus 软件中复杂的热平衡算法，可以准确预测烟囱性能。

因此，本节利用 EnergyPlus 软件对建筑进行建模，并与计算结果进行对比，验证采用 EnergyPlus 软件模拟烟囱模型的准确性。

6.4.2 模型建立

下面研究不同条件(烟囱高度、吸热墙太阳能吸收率、玻璃盖板太阳能透射率和气隙宽度)对烟囱性能的影响，并对烟囱性能的基本概念、假设和算法进行描述。

本研究建立烟囱模型，验证建筑模型的准确性，如图 6.29 所示，该建筑位于美国的明尼阿波利斯(该地区属于寒冷地区)，建筑面积为 200 m^2(长 20 m，宽 10 m)，建筑高 3 m。烟囱设置在建筑南向，高 6.5 m，空气层厚度为 0.3 m，烟囱吸热墙太阳能吸收率为 85%，透明玻璃盖板太阳能透射率为 85%。在本研究中，当改变其中一个参数的值时，其他变量保持不变。建筑运行参数见表 6.5。

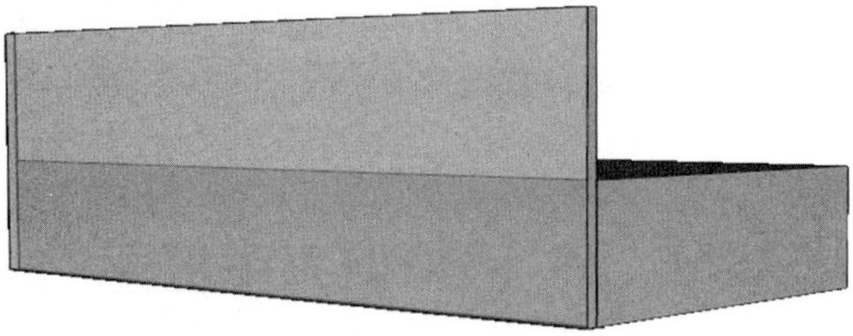

图 6.29 验证建筑模型

表 6.5 建筑运行参数

项目	运行参数
建筑热扰	灯和设备等的内部热扰为 5.4 W/m^2；建筑运行时间内人员设置为 2 人
建筑冷风渗透	ACH(换气率)为 0.25
运行时间	8 月 21 日
模拟变量	烟囱高度(3.5 m、5 m、6.5 m、8 m、9.5 m)

6.4.3　结果对比

本小节对建立的烟囱模型进行模拟，分析不同烟囱高度对通风率的影响，并与文献中结果进行对比。图 6.30 所示为不同烟囱高度下烟囱通风率的变化。从图中可以看出，利用 EnergyPlus 软件模拟不同高度的烟囱，建模模拟组与参照组的变化趋势相似，通风率变化与烟囱高度成正比。然而，模拟组的通风率比参照组略小，这是由于文献中并没有完整给出建筑参数，如烟囱形式和进、出风口面积等的具体数值，导致通风率与参照组有一定差异，但是这种差异较小，最大相差 0.003 m^3/s，在误差允许范围内。

图 6.31 所示为通风率随吸热板太阳能吸收率变化曲线。从图中可以看到，模拟组与参照组变化趋势相近，太阳能吸收率越大通风效果越好，同样，与参照组相比最大差值为 0.002 m^3/s，可以忽略不计。可见 EnergyPlus 软件对建筑烟囱性能的模拟较为准确。

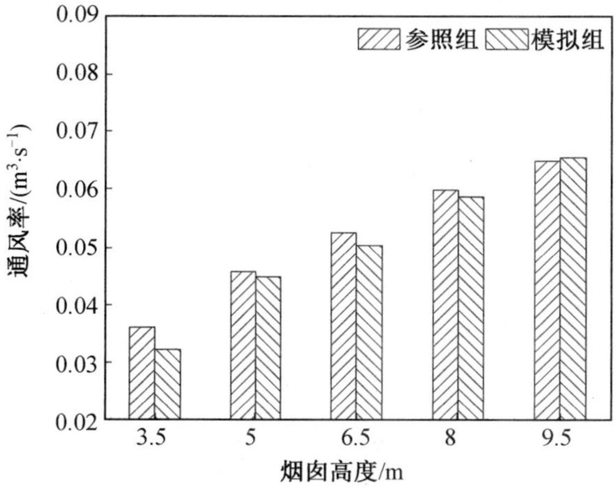

图 6.30　不同烟囱高度下烟囱通风率的变化

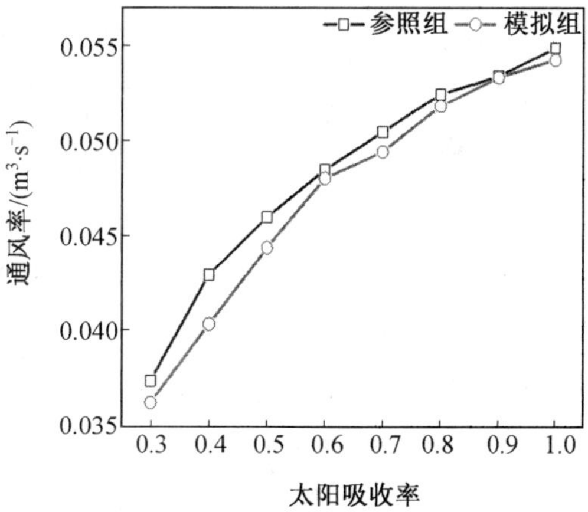

图 6.31　通风率随吸热板太阳能吸收率变化曲线

6.5　PCM 烟囱对阳光间室内热环境影响分析

6.4 节对 PCM 烟囱性能进行了模拟，研究发现 PCM 烟囱对改善室内热环境起到积极作用，并进一步对该烟囱结构进行了优化，得到适用于大庆地区的 PCM 烟囱。本节将该形式烟囱应用到农宅，分析其对阳光间室内热环境及建筑的影响。PCMC（PCM 烟囱）—阳光间农宅模型如图 6.32 所示。传统附加阳光间农宅建筑参数见表 6.6。建筑室内热扰见表 6.7。该阳光间农宅内包含 4 个相变烟囱，尺寸均为 0.3 m×0.6 m×3 m，围护结构由混凝土及单层普通玻璃组成，相变层厚度为 80 mm，图6.33 为阳光间内 PCMC 烟囱工作示意图。

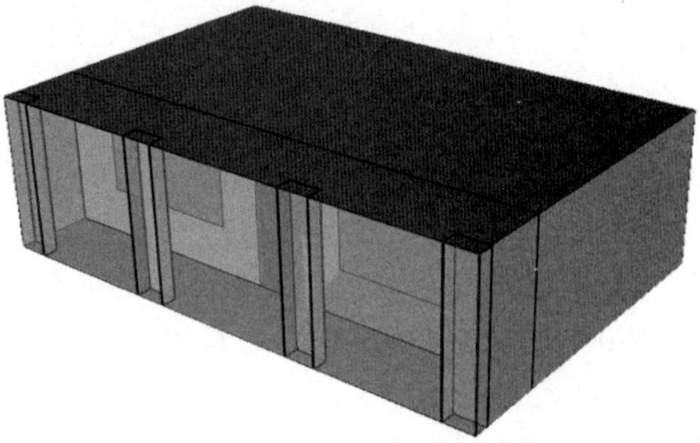

图 6.32　PCMC－阳光间农宅模型

表 6.6　传统附加阳光间农宅建筑参数

围护结构	建筑构造及组成	传热系数 /（W · m^{-2} · K^{-1}）
外墙	10 mm 水泥砂浆＋490 mm 黏土实心砖＋10 mm 水泥砂浆	1.28
内墙	10 mm 水泥砂浆＋120 mm 黏土实心砖＋10 mm 水泥砂浆	3.06
屋顶	1 mm 彩钢板＋木屋架＋100 mm 秸秆＋100 mm 钢筋混凝土楼板＋10 mm 水泥砂浆	0.426
窗	单层塑钢窗	1.0
铝合金框架	铝合金管＋L 型梁	107
阳光房的围护	塑料薄膜	0.17

表 6.7　建筑室内热扰

项目	单位	数值
人员热扰	人 /m^2	3
照明热扰	W/m^2	7
设备热扰	W/m^2	480

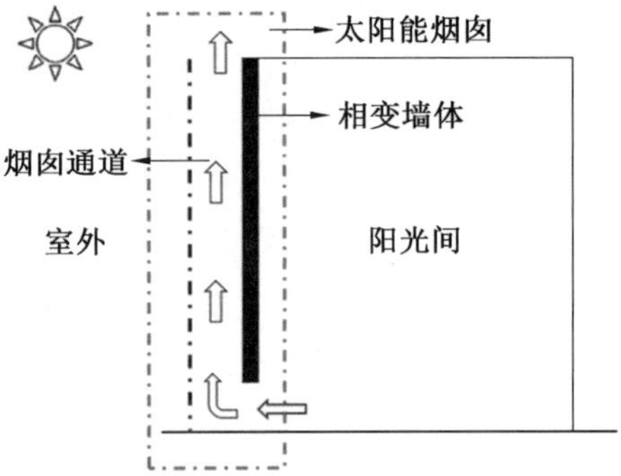

图 6.33　阳光间内 PCMC 烟囱工作示意图

6.5.1　采暖期阳光间室内热环境影响分析

针对传统阳光间的诸多弊端，新型阳光间对气密性、围护结构保温性能、阳光间的储热性能都进行了优化改造。为了研究改造后的效果，本小节对传统阳光间与新型阳光间分别进行了模拟，模拟结果如下。

图 6.34 显示了传统阳光间与新型阳光间 1 月份阳光间平均温度对比情况。由图可知，随着室外干球温度的变化，新老两种阳光间的平均温度也随之变化，总体变化趋势相似，波动较大，说明室外干球温度对阳光间的平均温度有较大影响。据图可知，新型阳光间整体温度高于传统阳光间，传统阳光间与新型阳光间最低平均室温均出现在 1 月 1 日，温度分别为 －8.79 ℃ 与－5.85 ℃，传统阳光间与新型阳光间最高平均室温均出现在 1 月 11 日，温度分别为3.28 ℃ 和 6.01 ℃。传统阳光间与新型阳光间月平均室温分别为 －1.33 ℃ 与 1.52 ℃。可以看出，新型阳光间比传统阳光间月平均室温高出 2.85 ℃，可以说提升了近 3 ℃，这对于感官来说，是一个不小的提升；对于热环境来说，在寒冷的 1 月能达到平均室温在 1.5 ℃ 左右，表明温度改善效果很不错；对于能耗来说，近 3 ℃ 的温度提升可以减少相当大的能源消耗。

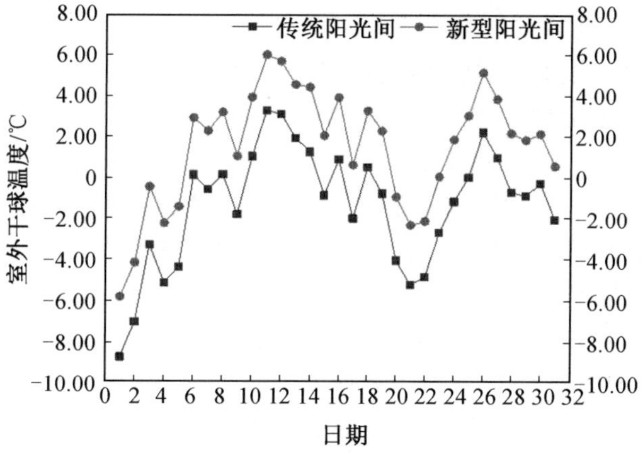

图 6.34　传统阳光间与新型阳光间
1 月份阳光间平均温度对比

图 6.35 所示为 1 月份室外干球温度。由图中数据可知，月平均温度为－17.50 ℃，最冷日为 1 月 20 日，温度为 －22.71 ℃，最高温度出现在 1 月 12 日，为 －9.21 ℃。由图可知，1 月份室外干球温度整体偏低，温度都在 －9.21 ℃ 以下；从室外干球温度与新型阳光间平均温度对比情况来看，相同时间点室内与室外最大温差为 22.04 ℃，最小温差为 13.61 ℃，月平均温差为 19.03 ℃。可以看出，没有采暖措施的新型阳光间与室外温差较大，月平均温差在19.00 ℃ 左右，虽然说阳光间温度远没有达到室内的舒适温度水平，但是作为一个不供暖的室内与室外的缓冲空间，其月平均室温为 1.52 ℃，且可将大量的冷空气阻挡在外，间接提高了室温。其对室内温度的提高与热舒适度的改善有着非常重要的作用，也减少了能源的消耗。

图 6.36 显示了传统阳光间与新型阳光间 3 月份阳光间平均温度对比情况。由图可

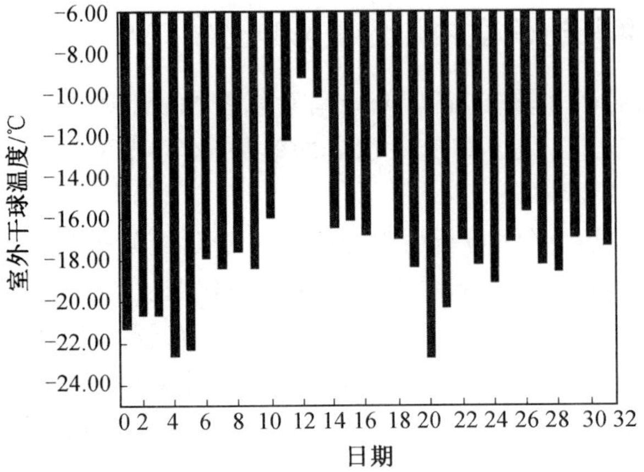

图 6.35　1 月份室外干球温度

知，随着室外干球温度的变化，新老两种阳光间的平均温度也随之变化，总体变化趋势保持一致。3 月份作为冬季供暖的末期，随着室外干球温度的逐步提高，室内供暖的温度也随之下降，属于低温供暖时期。所以，在低温供暖到供暖结束这段时间，保持室内环境的热舒适度尤为重要。一方面室外干球温度在逐步升高，但另一方面室外干球温度远没有达到一个舒适的温度，这就导致该时段成为一年中环境舒适度最差就是供暖过渡期。提高供暖过渡期的居住舒适度是改善室内热环境的重点。从图中可看出，传统阳光间与新型阳光间月平均最低温度出现在 3 月 6 日，分别为 5.88 ℃ 和 7.24 ℃，月最高平均温度出现在 3 月 30 日，分别为 17.37 ℃ 与18.61 ℃。传统阳光间与新型阳光间的月平均温度分别为 12.31 ℃ 与 13.52 ℃。据图可知，在 3 月份无供暖阳光间的平均温度均在5.88 ℃ 以上，而新型阳光间的最低平均温度与最高平均温度均高于传统阳光间，月平均温度也高出后者 1.21 ℃。新型阳光间与传统阳光间的最大温差出现在 3 月 20 日，为1.60 ℃，最小温差出现在 3 月 23 日，为 0.78 ℃。可以看出，新型阳光间虽然与传统阳光间每日温度差距不是很大，但是其每一日都比传统阳光间平均温度高，并且温度总量方面新型阳光间远大于传统阳光间，因此新型阳光间升温与节能的效果都要优于传统阳光间。

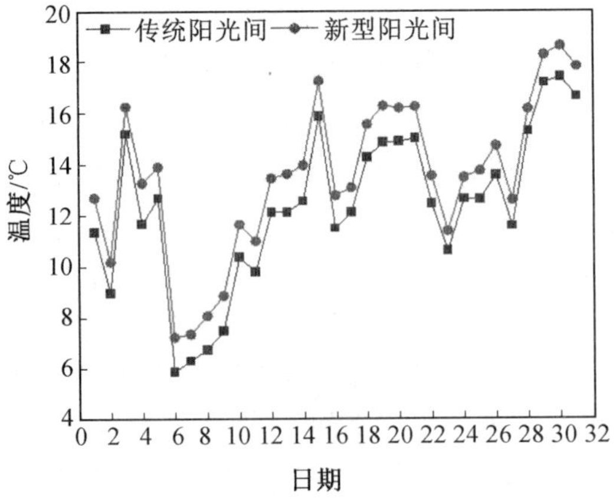

图 6.36　传统阳光间与新型阳光间 3 月份阳光间平均温度对比

图 6.37 所示为 3 月份室外干球温度。由图可知，月最低温度出现在 3 月 8 日，为 －13.94 ℃，最高温度出现在 3 月 30 日，为 4.43 ℃；月平均温度为 －3.27 ℃。3 月份有 23 d 室外干球温度在 0 ℃ 以下，仅有 8 d 在 0 ℃ 以上。可以看出，3 月份的室外干球温度还是很低的，基本都在 0 ℃ 以下，在低温供暖的情况下，急需要通过附加阳光间对室内热环境进行改善。对比新型阳光间平均温度与室外干球温度，室内外最高温差在 3 月 8 日出现，为 22.01 ℃，最小温差在 3 月 22 日达到，为 11.34 ℃。新型阳光间月平均温度为 13.52 ℃，室外干球月平均温度为－3.27 ℃，其温度差值达到了16.79 ℃。因此，在室外环境普遍寒冷的 3 月份，阳光间平均温度与室外干球温度形成了巨大反差，作为室内环境与室外环境的缓冲地带，无供暖阳光间的月平均温度比室外干球温度高出 16.79 ℃。阳光间的存在可以改善室内温度并减少能耗，在供暖过渡期为室内热环境提供一个十分节能高效的储热空气腔，为供暖过渡期的室内环境热舒适度的提高做出了巨大贡献。

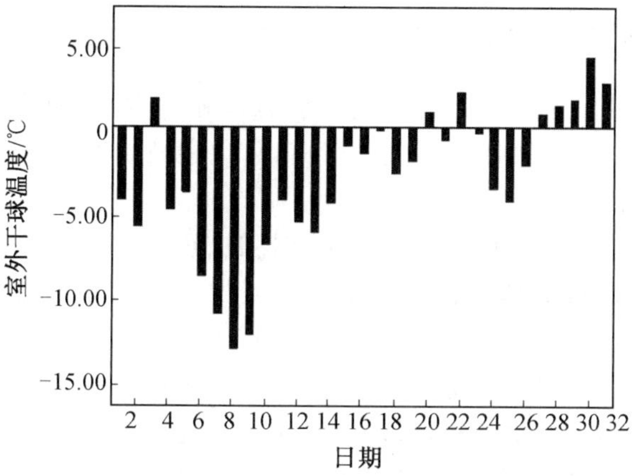

图 6.37　3 月份室外干球温度

图 6.38 所示为传统阳光间与新型阳光间 7 月份阳光间平均温度对比。如图所示，随着室外干球温度的变化，阳光间内温度随之变化。传统阳光间与新型阳光间月最低温度分别为 25.65 ℃、23.08 ℃，月最高温度分别为 35.43 ℃、33.24 ℃；月平均温度分别为 30.34 ℃、28.03 ℃。两种阳光间最大温差为 3.18 ℃，最小温差为 1.08 ℃，平均温差为 2.30 ℃。从整体上来看，两种阳光间温度变化趋势相同，说明阳光间温度受室外干球温度影响效果相同；新型阳光间月平均温度比传统阳光间月平均温度低了 2.31 ℃，说明新型阳光间在 7 月温度更低，热舒适度更好。从局部来看，整个 7 月份每一天新型阳光间平均温度都比传统阳光间低，新型阳光间平均温度最低达到了 23.08 ℃，而传统阳光间平均温度最高达到了 35.43 ℃，这说明在温度更低的条件下新型阳光间保持室内环境热舒适度需要更少的室内冷负荷，能耗更低，室内也更容易达到居住环境热舒适度要求。

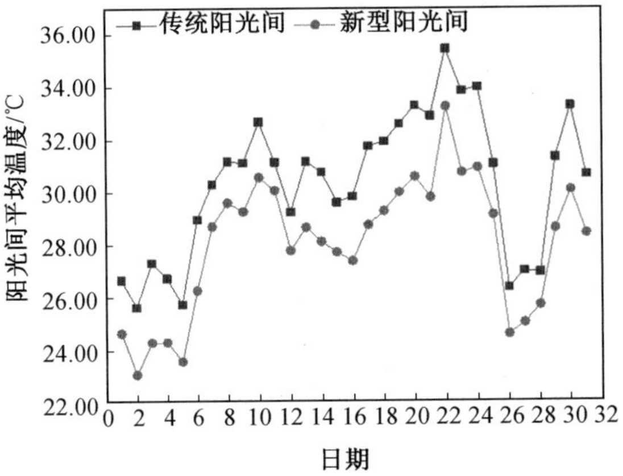

图 6.38　传统阳光间与新型阳光间 7 月份阳光间平均温度对比

6.5.2　采暖期农宅建筑能耗影响分析

为了研究新旧两种阳光间对建筑能耗大小的影响，现对附加传统阳光间建筑与附加新型阳光间建筑能耗以建筑热负荷形式进行模拟，以逐日、逐月为单位进行对比分析，模拟结果如图 6.39 所示。

由模拟结果可以看出供暖月的建筑热负荷逐日、逐月情况。由图 6.39(a) 可知，1 月份两种附加阳光间建筑热负荷能耗出现差异。附加传统阳光间建筑整月热负荷能耗为 2 167 013.051 KJ，平均每日能耗为 69 903.647 KJ。附加新型阳光间建筑整月热负荷能耗为 1 908 951.075 KJ，平均每日能耗为 61 579.067 KJ。两种附加阳光间建筑整月能耗差值为 258 061.976 KJ。由图可知，附加新型阳光间建筑每日能耗均小于附加传统阳光间建筑能耗。2 月份附加传统阳光间建筑整月热负荷能耗为 1 363 551.092 KJ，平均每日能耗为 48 698.253 KJ；附加新型阳光间建筑整月热负荷能耗为 1 119 250.964 KJ，平均每日能耗为 39 973.249 KJ。两种附加阳光间建筑整月能耗差值为 244 300.128 KJ。由图 6.39(b) 可知，2 月份建筑整体能耗比 1 月份要低，并且附加新型阳光间建筑每日能耗均小于附加传统阳光间建筑每日能耗。3 月份附加传统阳光间建筑整月热负荷能耗为 673 479.714 KJ，平均每日能耗为 21 725.152 KJ；附加新型阳光间建筑整月热负荷能耗为433 679.997 KJ，平均每日能耗为 13 989.677 KJ。两种附加阳光间建筑整月能耗差值为 239 799.717 KJ。由图 6.39(c) 可知，由于天气逐渐变暖，建筑能耗逐渐减少，3 月份建筑能耗比 1、2 月份都要低，附加新型阳光间建筑每日能耗均小于附加传统阳光间建筑每日能耗。11 月份附加传统阳光间建筑整月热负荷能耗为 930 482.702 KJ，平均每日能耗为 31 016.09 KJ；附加新型阳光间建筑整月热负荷能耗为 689 617.809 KJ，平均每日能耗为 22 987.26 KJ。两种附加阳光间建筑整月能耗差值为 240 864.893 KJ。11 月份两种建筑整月热负荷能耗变化与 3 月份相似，原因为：3 月份为由冷转暖的供暖过渡期，11 月份为由暖转冷的供暖过渡期，且温度相似。附加新型阳光间建筑每日能耗均小于附加传统阳光间建筑能耗。12 月份附加传统阳光间建筑整月热负荷能耗为 2 092 624.945 KJ，平均每日能耗为 67 504.03 KJ；附加新型阳光间建筑整月热负荷能耗为 1 828 450.874 KJ，平均每日能耗为 58 982.286 KJ。两种附加阳光间建筑整月能耗差值为264 174.071 KJ。由数据可知，12 月份的建筑整月热负荷能耗与 1 月份相似，其原因为 12 月份与 1 月份室外干球温度相差不大，热负荷能耗相差不大。

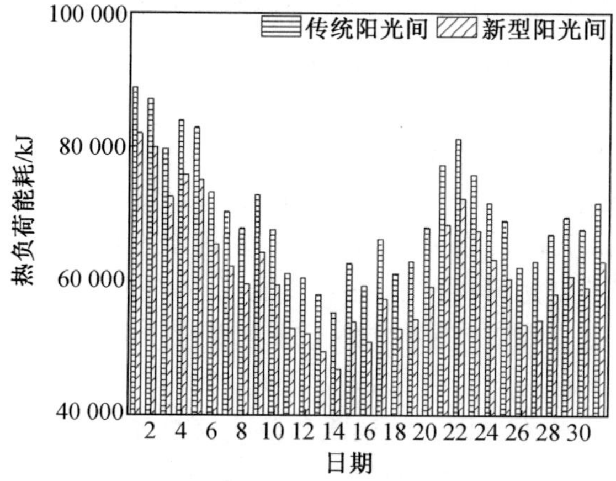

(a) 1 月份建筑热负荷能耗

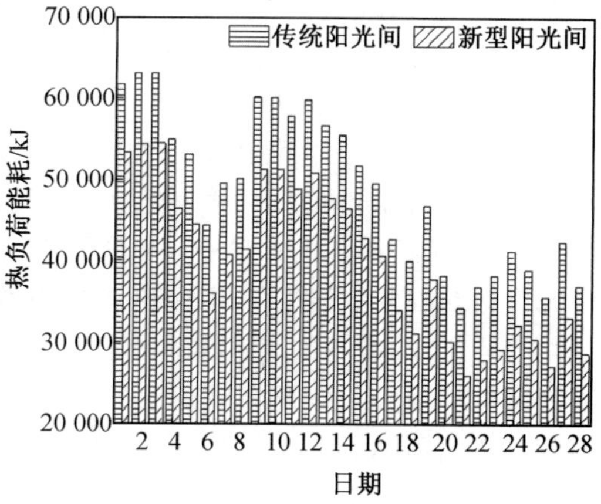

(b) 2 月份建筑热负荷能耗

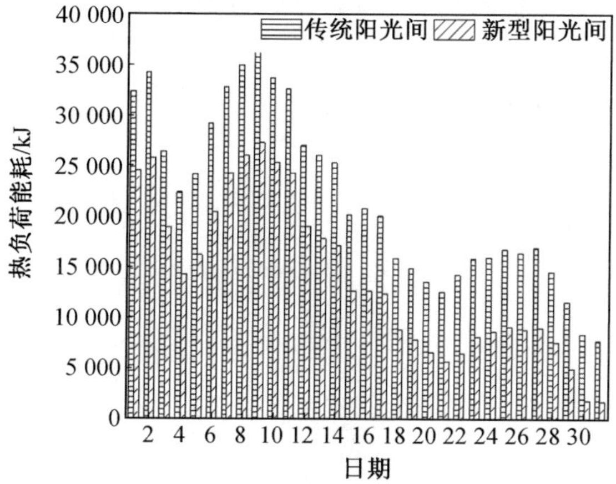

(c) 3 月份建筑热负荷能耗

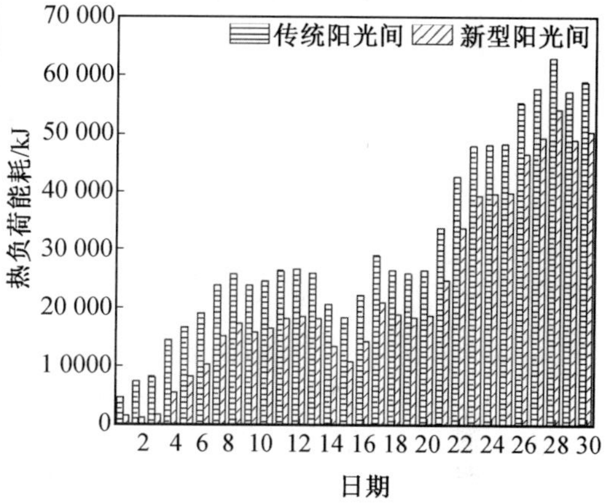

(d) 11 月份建筑热负荷能耗

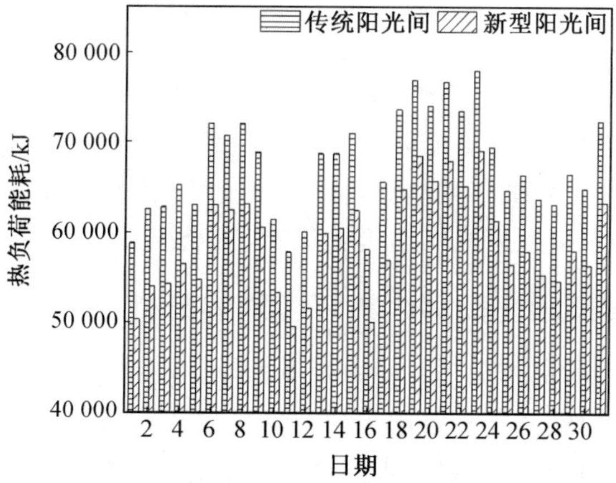

(e) 12 月份建筑能耗

图 6.39　采暖期各月逐日建筑能耗

由结果分析可知,附加新型阳光间建筑的月热负荷能耗、平均每日能耗均小于附加传统阳光间建筑,并且在3月份,附加两种阳光间的建筑每日能耗差值占比最大,其原因是新型阳光间内有含PCM烟囱,可以根据相态变化来吸热、放热。这说明有着更好热环境的新型阳光间能够减少建筑室内的能耗损失,新型阳光间在供暖期对减少能源消耗和提升室温有着显著的作用。

图6.40所示为两种附加阳光间建筑年热负荷总能耗。由图可知,附加传统阳光间建筑每月热负荷能耗均大于附加新型阳光间建筑。可以看出,1月份总能耗最高,12月份次之;在有热负荷能耗的月份中,10月份能耗最低;5月份到9月份由于室内温度可以达到能源消耗的临界点温度,并且室内环境热舒适度达标,故没有热负荷能耗。根据柱状图的变化趋势可知,能耗的高低与室外干球温度息息相关,随着室外干球温度的升高,能耗也随之降低。附加传统阳光间建筑年热负荷总能耗为7 280 286.871 KJ,附加新型阳光间建筑年热负荷总能耗为5 982 068.719 KJ,两种附加阳光间建筑年热负荷总能耗差值为1 298 218.152 KJ。可以看出,两种建筑的能耗差距巨大。造成这种差距的原因有很多,如阳光间形式的改进、建筑材料的升级应用、对热桥的处理与减少热桥面积、相变材料相结合的烟囱的利用等。

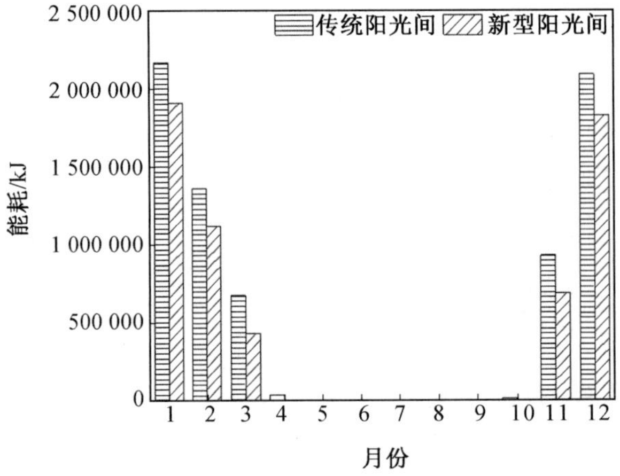

图6.40　两种附加阳光间建筑年热负荷总能耗

由以上模拟结果可知,附加新型阳光间对建筑的节能效果有着显著的提升。在要求有更高的阳光间温度与更好的环境热舒适度的情况下,附加新型阳光间年热负荷总能耗相对来说更低,因此附加新型阳光间建筑更节能,更经济实用。

6.5.3　非采暖期阳光间室内热环境影响分析

夏季阳光间闷热问题已经成为目前大部分阳光间的一个通病。由于要保证阳光间冬季的密闭性以及减少热桥,绝大部分阳光间都是封闭的,因此在炎热的夏季改善阳光间闷热情况是提高环境热舒适度的重点。本小节对夏季阳光间闷热情况进行了优化研究,对传统阳光间与新型阳光间进行模拟对比,结果如下。

图6.41与图6.42所示分别为两种阳光间7月份和8月份日平均温度。由图6.41可

知，7 月份传统阳光间日平均最高温度为 35.55 ℃，日平均最低温度为 25.75 ℃，月平均温度为 30.45 ℃，极差为 9.80 ℃。7 月份新型阳光间日平均最高温度为 33.39 ℃，日平均最低温度为 23.19 ℃，月平均温度为 28.17 ℃，极差为 10.20 ℃。两种阳光间日平均温差最大值出现在 7 月 30 日，为 3.15 ℃；最小温差值出现在 7 月 11 日，为 1.06 ℃；月平均温差为 2.28 ℃。由图可知，7 月份新型阳光间整体温度低于传统阳光间，日平均温度也低于传统阳光间。新型阳光间日平均温度比传统阳光间低 2 ℃ 左右，在没有主动制冷的情况下，对阳光间闷热情况有一定的改善。由图 6.42 可知，8 月份传统阳光间平均最高温度为 35.36 ℃，平均最低温度为 25.49 ℃，月平均温度为 30.61 ℃，极差为 9.87 ℃。8 月份新型阳光间平均最高温度为 31.53 ℃，平均最低温度为 23.75 ℃，月平均温度为 27.82 ℃，极差为 7.78 ℃。两种阳光间日平均温差最大值出现在 8 月 26 日，为 4.35 ℃；最小温差值出现在 8 月 6 日，为 1.09 ℃；月平均温差为 2.79 ℃。可以看出，8 月份新型阳光间整体温度依旧低于传统阳光间，日平均温度也低于传统阳光间。新型阳光间日平均温度比传统阳光间低 3 ℃ 左右，降温效果明显。从 7 月份与 8 月份整体来看，两种阳光间温度变化趋势一致，阳光间温度受室外环境温度影响较大。新型阳光间与传统阳光间存在一定的温差，新型阳光间日平均温度均小于传统阳光间。在日照充足的夏季，新型阳光间温度更低，环境热舒适度更好。

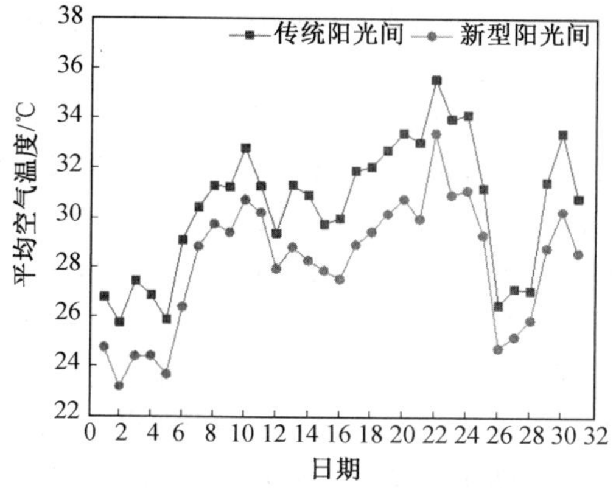

图 6.41　两种阳光间 7 月份日平均温度图

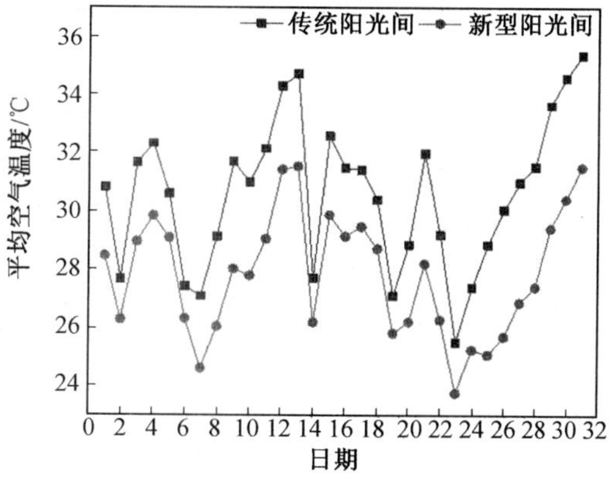

图 6.42　两种阳光间 8 月份日平均温度图

6.5.4　非采暖期农宅建筑能耗影响分析

图 6.43 与图 6.44 所示分别为 7 月份和 8 月份两种附加阳光间建筑冷负荷能耗。由图 6.43 可知，7 月份附加传统阳光间建筑冷负荷总能耗为 1 000 424.955 KJ，日平均能耗为 32 271.773 KJ；7 月份附加新型阳光间建筑冷负荷总能耗为 457 905.546 KJ，日平均能耗为 14 771.147 KJ。两种附加阳光间建筑冷负荷总能耗差值为 542 519.409 KJ，平均每日能耗差值为17 500.626 KJ。可以看出，7 月份两种附加阳光间建筑冷负荷能耗差距巨大，附加传统阳光间建筑冷负荷总能耗是附加新型阳光间建筑冷负荷总能耗的 2.18 倍。由图 6.44 可知，8 月份附加传统阳光间建筑冷负荷总能耗为 971 999.184 KJ，日平均能耗为 31 354.812 KJ；8 月份附加新型阳光间建筑冷负荷总能耗为 397 370.973 KJ，日平均能

耗为 12 818.418 KJ。两种附加阳光间建筑冷负荷总能耗差值为 574 628.211 KJ,平均每日能耗差值为 18 536.394 KJ。8 月份两种附加阳光间建筑冷负荷能耗差距依旧巨大,附加传统阳光间建筑冷负荷总能耗是附加新型阳光间建筑冷负荷总能耗的 2.45 倍。因此,在较热月 7 月份与 8 月份,传统阳光间在日平均温度高于新型阳光间 2 ℃ 多的情况下,附加传统阳光间建筑冷负荷能耗是附加新型阳光间建筑的 2 倍多。也就是说,新型阳光间在带来更好环境热舒适度的同时减少了大量的能源消耗,保护了环境,更减轻了经济负担。

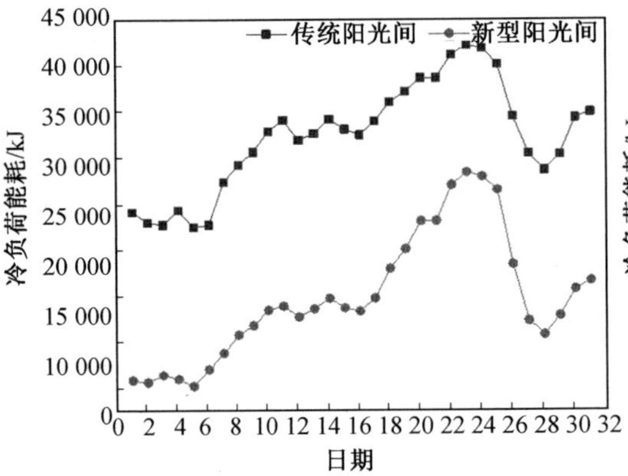

图 6.43　7 月份两种附加阳光间建筑冷负荷能耗

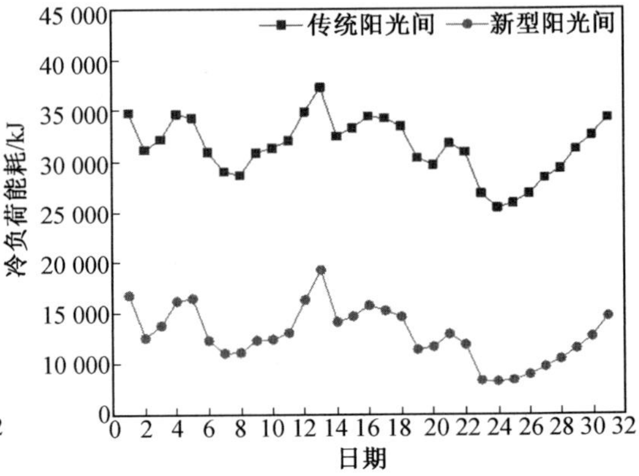

图 6.44　8 月份两种附加阳光间建筑冷负荷能耗

图 6.45 所示为 5 月份到 9 月份阳光间烟囱空气质量流速。由图可知,5 月份阳光间烟囱空气质量总流速为 1.535 kg/s,平均每日空气质量流速为 0.050 kg/s;6 月份阳光间烟囱空气质量总流速为 1.344 kg/s,平均每日空气质量流速为 0.045 kg/s;7 月份阳光间烟囱空气质量总流速为 1.345 kg/s,平均每日空气质量流速为 0.043 kg/s;8 月份阳光间烟囱空气质量总流速为 1.379 kg/s,平均每日空气质量流速为 0.044 kg/s;9 月份阳光间烟囱空气质量总流速为 1.424 kg/s,平均每日空气质量流速为 0.047 kg/s。可以看出,这 5 个月阳光间烟囱空气质量总流速差距不大,5 月份和 9 月份阳光间烟囱空气质量总流速略高一些,其中 5 月份最高,为 1.535 kg/s。造成这个结果的原因主要是环境因素的影响。由于含 PCM 烟囱的阳光间受环境因素影响,且烟囱的工作形式也是依靠空气浮力与压强的变化来完成的,因此烟囱空气质量总流速受外界环境影响较大,流速大小也不是很稳定。由于 5 月份的大庆市还处于春夏交替的时节,室外风速大就会导致烟囱空气质量流速也随之增大。6 月份到 8 月份由于大庆地区早晚温差不是很大,并且夏季室外风速远小于春季,因此这 3 个月的烟囱空气质量流速相似。由于大庆地区春秋极短,而 9 月份为夏季向冬季过渡的季节,早晚温差大,因此烟囱空气质量流速也较 6、7、8 这 3 个月大一些。虽然含 PCM 烟囱空气质量流速受室外环境影响较大,但由于有相变材料的存在,烟囱空气质量流速最小也不会为 0。这 5 个月中烟囱空气质量流速在 7 月 28 日达到最小值,为 0.030 kg/s,最大值则出现在 9 月 13 日,为 0.058 kg/s。可以看出,虽然烟囱空气质量流速受室外环境影响较大,但是由于具有结构与材料的优势,烟囱空气质量流速最小也不会低于 0.030 kg/s,也就是说,含 PCM 烟囱会持续地为阳光间循环室内外空气,以降低室内温度与给室内提供新鲜的空气。

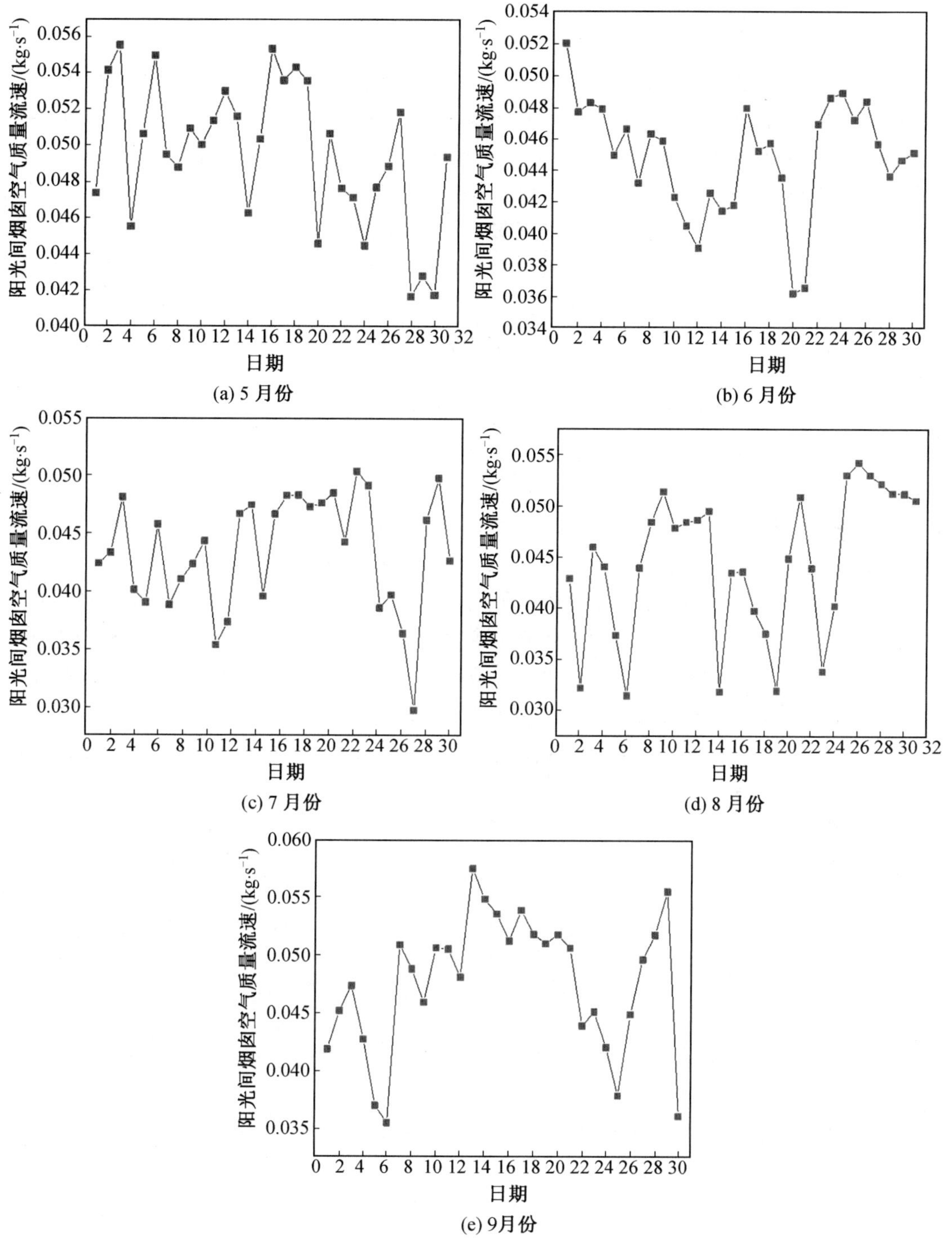

图 6.45　5 月份到 9 月份阳光间烟囱空气质量流速

6.5.5 PCM 烟囱结构优化

由以上模拟结果可知，新型阳光间在夏季有相对较低的温度与较好的热环境，现将新型阳光间进一步优化，以得到更低的阳光间温度与更好的热环境。优化方式主要为适当改变烟囱入口面积与在建筑南向墙中适量添加相变材料，模拟结果如下。

图 6.46 与图 6.47 所示分别为 7 月份与 8 月份新型阳光间和新型优化阳光间日平均温度。由图 6.46 可知，7 月份新型阳光间最高日平均温度为 33.39 ℃，最低日平均温度为 23.19 ℃，月平均温度为 28.17 ℃；7 月份新型优化阳光间最高日平均温度为 32.28 ℃，最低日平均温度为 22.41 ℃，月平均温度为 27.25 ℃。可以看出，新型优化阳光间在 7 月份每天的平均温度均小于新型阳光间，温差最小为 0.47 ℃、最大为 1.40 ℃，日平均温差为 0.92 ℃。由图 6.47 可知，8 月份新型阳光间最高日平均温度为 31.53 ℃，最低日平均温度为 23.75 ℃，月平均温度为 27.82 ℃，8 月份新型优化阳光间最高温度为 30.10 ℃，最低温度为 23.37 ℃，月平均温度为 26.72 ℃。新型优化阳光间在 8 月份每天的平均温度均小于新型阳光间，温差最小为 0.38 ℃、最大为 1.76 ℃，日平均温差为 1.10 ℃。对比 7 月份与 8 月份数据可知，新型阳光间在优化之后室内温度有明显的下降，相对来说提供了更好的热环境；新型优化阳光间在 7 月份到 8 月份日平均温度在 26 ~ 27 ℃ 之间，对比新型阳光间的 27 ~ 28 ℃ 之间有更好的居住舒适度。结果表明，虽然新型阳光间已在传统阳光间基础上进行了大量的改进，但其依然有较大的优化空间。通过对结构、材料与烟囱入口面积这样的小元素进行改进，就能使整个阳光间温度有一个显著的降低。通过技术手段对阳光间进行优化，不仅使环境温度有所改善，更展现了阳光间节能环保的巨大潜力。

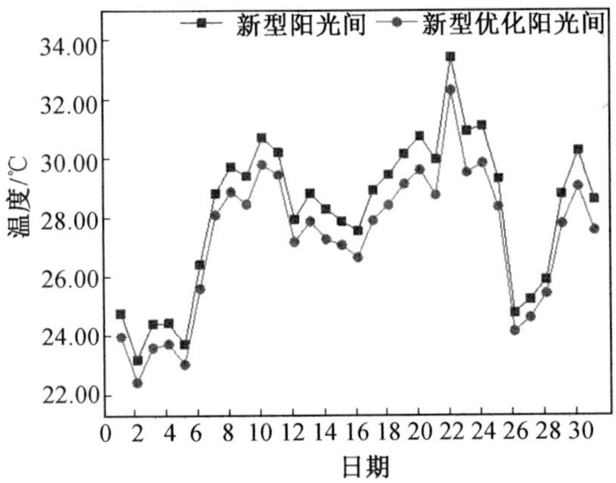

图 6.46 7 月份新型阳光间和新型优化阳光间日平均温度

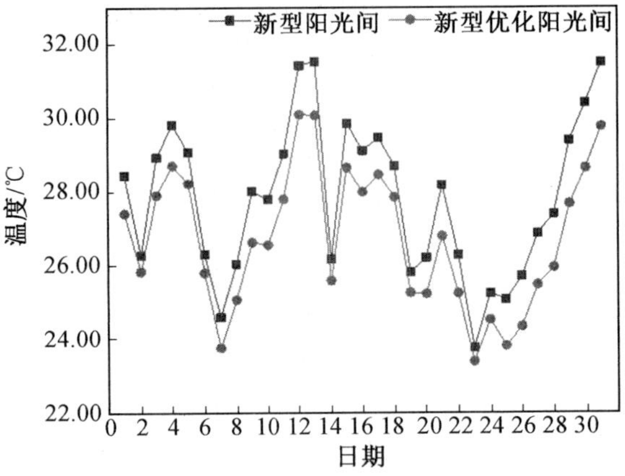

图 6.47 8 月份新型阳光间和新型优化阳光间日平均温度

6.6　PCM 烟囱对阳光间热惰性影响研究

6.6.1　冬季阳光间热惰性影响研究

热惰性是体现物体升温快慢的一个指标，用于描述环境温度变化情况。物体热惰性与比热正相关。空间环境的热惰性大，其比热也大，吸热放热的速度就变慢，环境温度更会趋于稳定。新型阳光间加设含 PCM 烟囱，由于相变材料特殊的物理性质，其对阳光间的热惰性有调节作用。本小节以阳光间的热惰性大小为研究对象，对传统阳光间与新型阳光间分别进行模拟，模拟季节为冬季，时间为 1 月 15 日、2 月 15 日、3 月 15 日、11 月 15 日和 12 月 15 日。模拟结果如下。

图 6.48 为采暖期两种阳光间温度变化图。由图可知，1 月 15 日传统阳光间最高温度为 9.64 ℃，最低温度为 －7.51 ℃，日平均温度为 －0.78 ℃，全天 24 小时温度方差为 29.63；1 月 15 日新型阳光间最高温度为 9.09 ℃，最低温度为 －5.27 ℃，日平均温度为 0.26 ℃，全天 24 小时温度方差为 20.16。可以看出，1 月 15 日新型阳光间平均温度高于传统阳光间，两者最高温度相差无几，最低温度新型阳光间比传统阳光间高了 2 ℃ 左右。从方差来看，新型阳光间的方差更小，温度变化趋势更平缓，温度波动较小，环境温度更稳定。2 月 15 日传统阳光间最高温度为 25.30 ℃，最低温度为 －7.68 ℃，日平均温度为 5.51 ℃，全天 24 小时温度方差为 120.43；2 月 15 日新型阳光间最高温度为 25.18 ℃，最低温度为 －5.25 ℃，日平均温度为 7.01 ℃，全天 24 小时温度方差为 101.41。可以看出，2 月 15 日新型阳光间平均温度高于传统阳光间，两种阳光间最高温度均为 25 ℃ 左右，最低温度分别为 －7.68 ℃ 与 －5.25 ℃。从方差来看，传统阳光间与新型阳光间均突破了 100，说明早晚温度波动较大；而新型阳光间方差较传统阳光间约小 20，说明新型阳光间温度变化幅度更小、更稳定。3 月 15 日传统阳光间最高温度为 35.11 ℃，最低温度为 2.17 ℃，日平均温度为 15.93 ℃，全天 24 小时温度方差为 118.35；3 月 15 日新型阳光间最高温度为 35.03 ℃，最低温度为 3.94 ℃，日平均温度为 17.24 ℃，全天 24 小时温度方差为 106.09。可以看出，3 月 15 日新型阳光间平均温度高于传统阳光间，日平均温度分别达到了 15.93 ℃ 与 17.24 ℃。从方差来看，新型阳光间方差依旧小于传统阳光间，也就说明新型阳光间有一个更平稳的温度环境。11 月 15 日传统阳光间最高温度为 21.85 ℃，最低温度为 4.26 ℃，日平均温度为 10.71 ℃，全天 24 小时温度方差为 26.77；11 月 15 日新型阳光间最高温度为 21.87 ℃，最低温度为 5.31 ℃，日平均温度为 11.60 ℃，全天 24 小时温度方差为 22.93。可以看出，11 月 15 日新型阳光间平均温度高于传统阳光间。日最高温度两种阳光间持平，均在 21.8 ℃ 左右；最低温度新型阳光间比传统阳光间高 1 ℃ 左右。从方差来看，新型阳光间方差较传统阳光间小，环境温度更为稳定。12 月 15 日传统阳光间最高温度为 8.70 ℃，最低温度为 －7.98 ℃，日平均温度为 －0.79 ℃，全天 24 小时温度方差为 34.73；12 月 15 日新型阳光间最高温度为 7.95 ℃，最低温度为 －6.30 ℃，日平均温度为 －0.22 ℃，全天 24 小时温度方差为 25.00。由数据可知，12 月 15 日新型阳光间平均温度高于传统阳光间。12 月 15 日两种阳光间的最高温度、最低温度、日平均温度

均与 1 月 15 日相似，新型阳光间的方差也小于传统阳光间，说明新型阳光间有更好的稳定性。

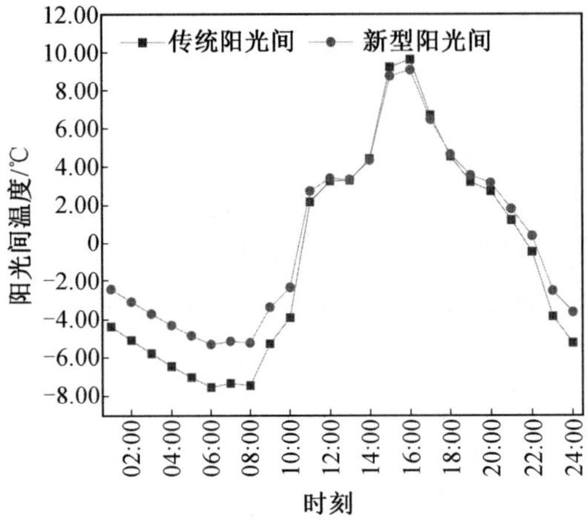

(a) 1月15日

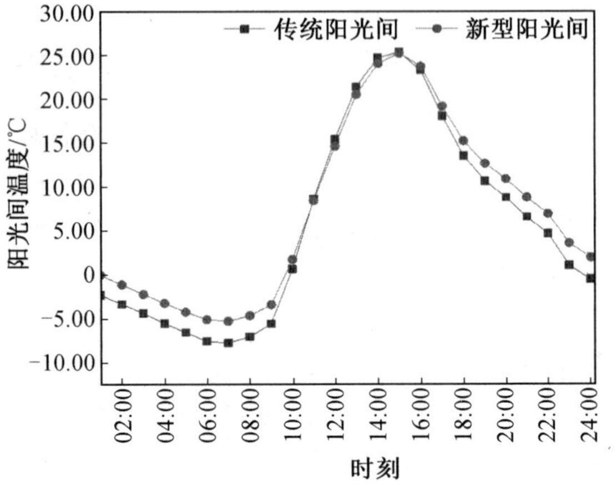

(b) 2月15日

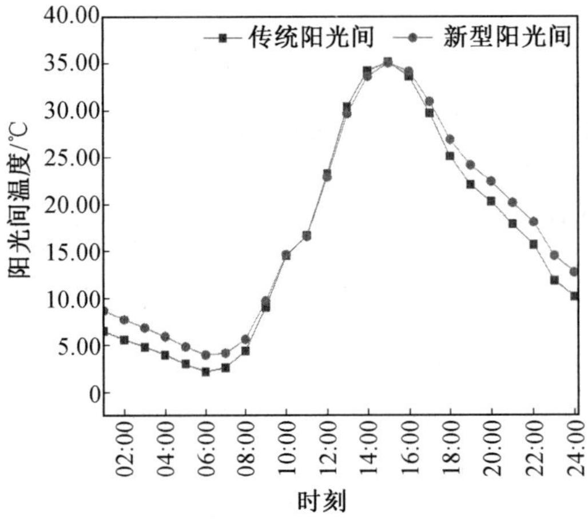

(c) 3月15日

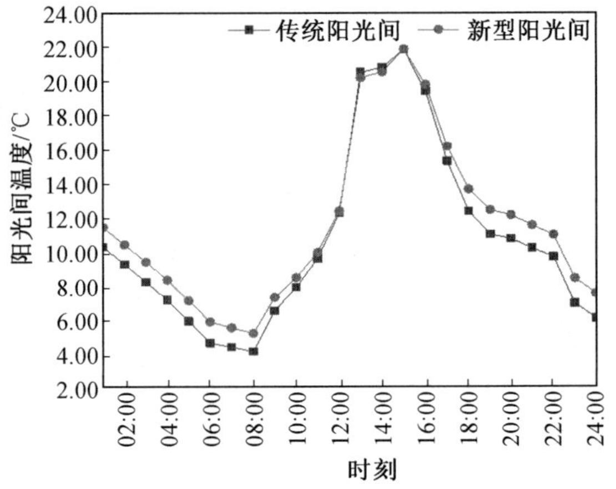

(d) 11月15日

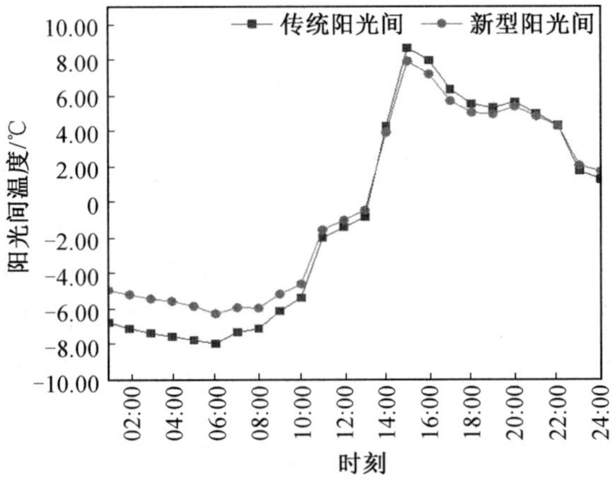

(e) 12月15日

图 6.48　采暖期两种阳光间温度变化图

由图可知，新型阳光间的折线更为平稳，上下波动较小；而传统阳光间的折线更为陡峭，起伏较大。每日的最高温度与最低温度大多数情况下也是传统阳光间更高或更低，而新型阳光间更为柔和，不会出现极值。就是由于相变材料的吸热放热特性减轻了阳光间骤冷骤热的情况。正是由于新型阳光间含有添加相变材料的烟囱，才使得阳光间的热惰性增加，从而在冬季有更好的环境温度表现。

6.6.2　夏季阳光间热惰性影响研究

在夏季，热惰性也是研究环境热舒适度的重要指标。在夏季虽然讨论的重点是降温，但是从凌晨到中午期间环境温度变化也非常大。环境的热舒适度不仅要求有适合的温度，而且要求温度变化的稳定性。现对5月15日、6月15日、7月15日、8月15日这4天进行模拟，模拟结果如下。

图 6.49 为非采暖期两种阳光间温度变化图。如图所示，5 月 15 日传统阳光间最高温度为 27.84 ℃，最低温度为 14.21 ℃，日平均温度为 21.05 ℃，全天 24 小时温度方差为 14.29；5 月 15 日新型阳光间最高温度为 23.60 ℃，最低温度为 11.33 ℃，日平均温度为 18.18 ℃，全天 24 小时温度方差为 10.26。可以看出，5 月 15 日由于处于春夏的交接时期，早晚温差较大，这就导致了剧烈的温度波动；根据方差计算结果来看，新型阳光间的方差较传统阳光间低，温度波动较小。6 月 15 日传统阳光间最高温度为 31.59 ℃，最低温度为 13.54 ℃，日平均温度为 24.82 ℃，全天 24 小时温度方差为 23.70；6 月 15 日新型阳光间最高温度为 25.46 ℃，最低温度为 12.39 ℃，日平均温度为 22.52 ℃，全天 24 小时温度方差为 14.60。可以看出，6 月份进入了夏季，室外干球温度开始提升，但是大庆地区的初夏温度依然不稳定，早晚温差较大。从图中折线来看，传统阳光间的折线比较陡峭，温度波动较大；新型阳光间的折线较平缓，温度波动较小。从方差来看，传统阳光间方差约是新型阳光间的 1.6 倍，说明新型阳光间的温度更稳定，热惰性更大。7 月 15 日传统阳光间最高温度为 36.90 ℃，最低温度为 23.39 ℃，日平均温度为 29.73 ℃，全天 24 小时温度方差为 18.90；7 月 15 日新型阳光间最高温度为 32.98 ℃，最低温度为 22.44 ℃，日平均温度为 27.71 ℃，全天 24 小时温度方差为 11.40。7 月份为夏季较热月之一，随着室外干球温度的升高和日照时间的增加，阳光间的温度也随之飙升。可以看出，传统阳光间在 7 月 15 日最高温度将近 37 .00℃，最低温度为 23.39 ℃，温差将近 14 ℃，因此在白天有阳光照射时阳光间内十分闷热，而到了夜晚没有阳光照射时阳光间温度下降较快，温度波动较大；而新型阳光间由于含 PCM 烟囱，其温度升高与下降的速度较为平缓，最主要的是新型阳光间由于其结构的优势，在最高温度时间点有明显的降温。两种阳光间最高温度的温差为 3.92 ℃，而最低温度相差不大。根据分析可知，新型阳光间有更好的热惰性，也有更好的热环境。8 月 15 日传统阳光间最高温度为 46.21 ℃，最低温度为 21.17 ℃，日平均温度为 32.57 ℃，全天 24 小时温度方差为 73.87；8 月 15 日新型阳光间最高温度为 39.27 ℃，最低温度为 20.39 ℃，日平均温度为 29.58 ℃，全天 24 小时温度方差为 41.67。8 月份为夏季较热月之一，室外干球温度处于全年最高点。由图中数据可以看出，传统阳光间日最高温度高达 46.21 ℃，日平均温度也达到了 32.57 ℃，可以说，在白天有阳光照射的情况下十分闷热；而新型阳光间日最高温度较传统阳光间日最高温度降低了 6.94 ℃，降温效

果明显。两种阳光间的日最低温度相差不大，均在 21 ℃ 左右。根据折线图来分析，传统阳光间折线变化幅度大，升降温明显；新型阳光间折线较为平缓，升降温较为缓和。从方差来看，传统阳光间方差约是新型阳光间的 1.8 倍，这说明新型阳光间温度变化较为稳定，热惰性更大。

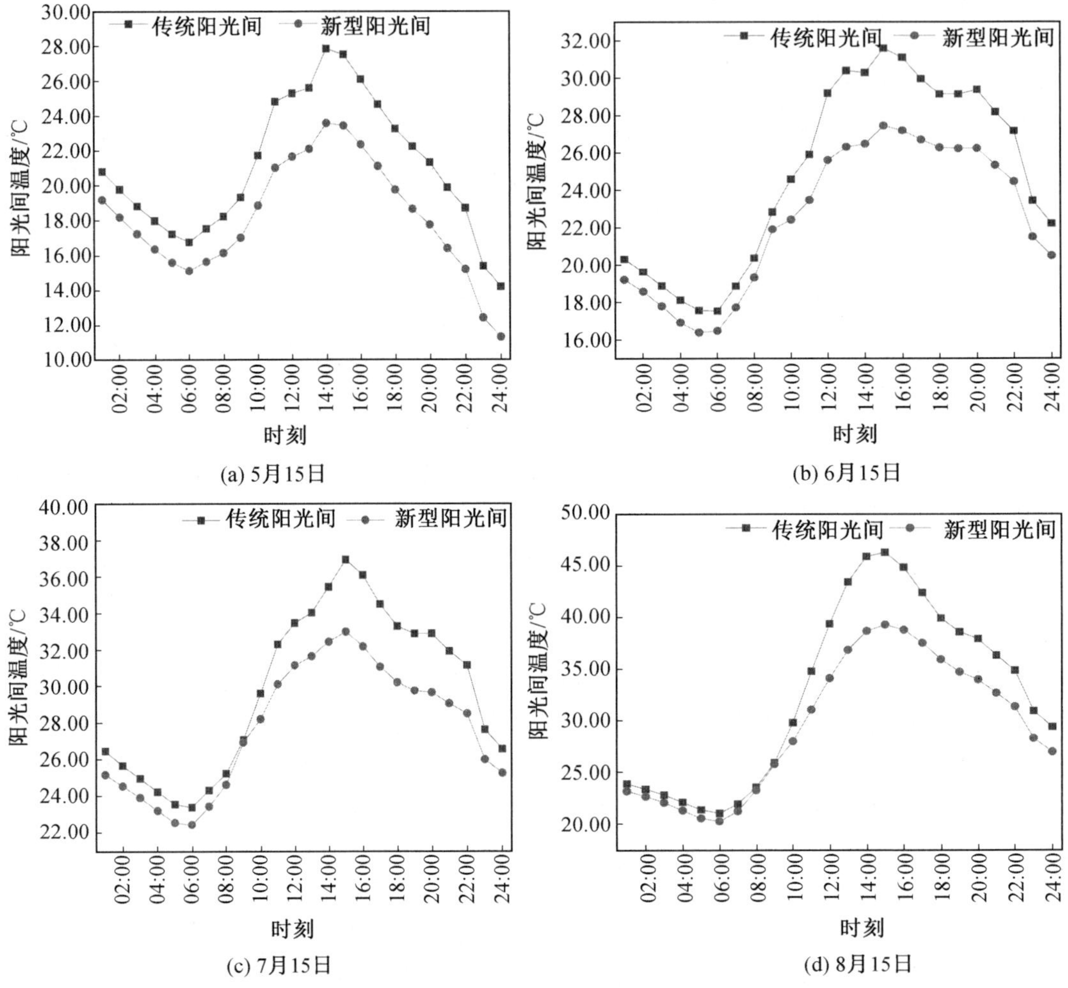

(a) 5月15日　(b) 6月15日

(c) 7月15日　(d) 8月15日

图 6.49　非采暖期两种阳光间温度变化图

6.7　PCM 烟囱农宅工程设计

6.7.1　阳光间设计及具体使用方式

阳光间作为南向房间与室外环境的缓冲空间，可以阻隔室内外环境，对冬季室温的提高与房间的热舒适度改善起到了重要的作用。传统阳光间的优点在于施工简单、造价低廉，并且易于推广；缺点也十分明显，如保温性能不佳、阳光间骤冷骤热、易产生结露等。建筑热量散失是由于存在热桥的，而窗框缝隙部位的热量散失又很多，因此阳光间大部分都是封闭的。对于夏季的闷热情况，传统阳光间没有应对办法，导致夏季阳光间变成了一个给房间加温的“热空气层”。新型阳光间针对传统阳光间的弊端进行了改造，主要提升的是阳光间的热惰性与夏季通风换气效率。新型阳光间进深设置为 1 500 mm，沿全部南向房间包围设置。新型阳光间南侧做玻璃幕墙，采用双层中空玻璃，既保证了采光，又有很好的保温效果；新型阳光间屋顶为平屋顶，加保温结构；新型阳光间东西两侧为混凝土保温墙体，既有保温的效果又可以遮挡东西向阳光的照射；新型阳光间加设含相变材料的太阳能烟囱，既有利于建筑夏季通风，又可以增加阳光间的热惰性，还可以作为屋顶的支撑立柱，因此是提升阳光间热舒适度的重要尝试与有效手段。

新型阳光间在不同季节有不同的使用方式。根据设计思路，新型阳光间在冬季主要功能为保温与阻挡冷空气，所以在 1 月、2 月、3 月、4 月、10 月、11 月、12 月这 7 个月阳光间为密闭状态。将用于通风降温的太阳能烟囱封闭，将太阳能烟囱的入口与出口关闭，使含 PCM 太阳能烟囱只作为一个空心蓄热体，通过吸收太阳辐射来进行能量的吸收与释放，从而提高阳光间内温度，调节热环境。

在夏季新型阳光间的降温与通风功能成为研究的重点。在 5 月、6 月、7 月、8 月和 9 月，将含 PCM 太阳能烟囱的出、入风口打开，让室内空气源源不断地向室外排出，再将新鲜空气源源不断地吸入室内，形成一个空气循环，既降低了室内温度，又提供了新鲜的空气，可谓一举两得。冬季与夏季新型阳光间工作示意图如图 6.50 所示。

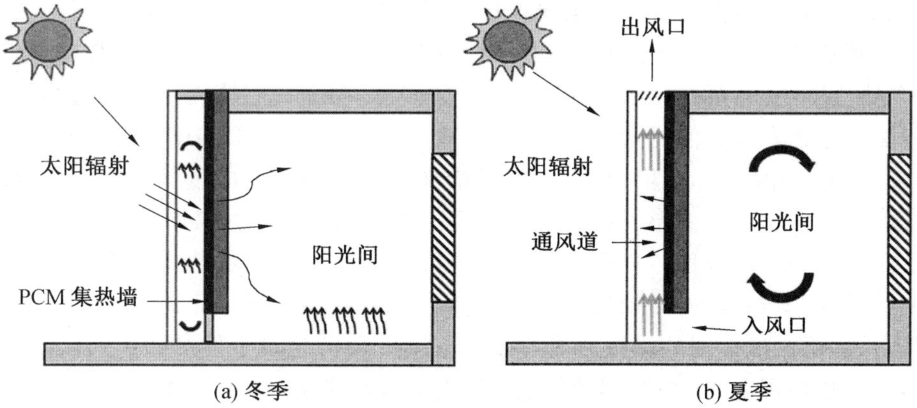

图 6.50　冬季与夏季新型阳光间工作示意图

6.7.2　工程设计方案

根据以上所得到的数据，可以有方向性地对新型阳光间进行设计改善，首先是被动式阳光间的主体结构改善，其次是建筑设计的改善。建筑平面和立面的设计，应首先考虑住宅所处的地理位置与使用类型，本节所研究的建筑位于黑龙江省大庆市，建筑类型为农宅。依据这两点限定确定建筑设计的方向 —— 以保温、节能、经济、实用为标准。因为东北属于严寒地区，冬季时间较长，农宅就需要有足够的采光与较强的保温性能。建筑类型为农宅，这就奠定了建筑设计“简洁实用，重功能而轻造型”的基调。主要的设计要素如下。

1. **建筑朝向**

根据住宅的使用性质，本节所设计的单体农宅为单层住宅，因为有采光的需要，故建筑朝向的选择成为重中之重。建筑朝向对建筑的采光、集热、节能有着很大的影响，应选择最优朝向。根据大庆地区太阳方位角的变化特点可知，在冬季 7:00 到 17:00 该地区均有阳光照射，并且阳光照射方向顺序为:东南→南→西南。其中，10:00 到 14:00 为南向直射阳光，故南向为第一选择朝向。大庆地区冬季常年主导风向为西北风，为了避免冷风侵袭带来的影响，朝向选择南偏东 30° 与南偏西 10° 为好。因为南偏西 10° 的迎风面为西侧山墙，南偏东 30° 的迎风面为北侧屋面，考虑窗框缝隙对室内温度的影响，故南偏西 10° 朝向更佳。

2. **采光设计**

建筑外窗承载着采光与通风的重要功能。一个合适的窗墙比会让建筑既得到了充足的光照，又不会因为热桥面积过大而在冬季散失大量的热量。根据文献记载，严寒地区南向窗墙比要控制在 0.45 以内，北向窗墙比要控制在 0.25 以内。本研究中因为建筑南向有附加阳光间，所以南向窗尽可能达到最大窗墙比，以得到充足的光照；北向窗由于没有采光的要求，在达到基本通风要求的前提下，应尽量减小窗墙比，以达到减少热桥面积从而减少热量流失的目的。东、西侧不开窗，以减少不必要的热量损失。

3. **围护结构设计**

外墙是最重要的建筑围护结构，也是构成建筑的重要边界。建筑外墙起到了一个隔冷、隔热、隔音、阻隔室内外环境的重要作用。建筑外墙由于其面积是所有围护结构中最大的，因此其热量损失也大，占所有围护结构热量损失的 25% ~ 28%。所以，增加外墙墙体的热阻值为减小能耗的重要举措之一。目前，大庆地区农宅外墙多以普通黏土砖砌筑而成，新建住宅会有外保温的做法，但也是少数；墙厚一般为 240 mm、370 mm、490 mm，但绝大多数都是 490 mm。增设保温层，是增加墙体隔热性能的重要手段。保温层主要有 3 种形式，分别是夹心保温、内保温、外保温。夹心保温由于施工烦琐，而且不利于旧住宅的改造，因此一般不选用。内保温由于具有可以迅速升降温的特点而多用于公共场所建筑，如影剧院、博物馆等；如果用于农宅则会出现减少室内使用面积的情况，故农宅中很少使用。外保温为最常用的保温形式，有如下优点：保护建筑主体结构、延长建筑使用寿命、基本消除热桥现象、减少结露的情况、保持室温的稳定、施工方便、易于更换、造价低廉、易于普及。由于外保温具有上述优异特性，故最为适合农宅使用。

屋顶为外围护结构中重要的组成部分，分为平屋顶与坡屋顶两种。平屋顶有施工简单，造价低廉的特点；平屋顶的坡度小于5°，不利于排雨雪。农村地区由于施工水平有限，屋顶防水层往往达不到较好的防水效果，易漏水。坡屋顶坡度一般在 10° ~ 60° 之间，由于结构的优势，其排雨雪效果好，不易积水。坡屋顶在屋面保温方面也有很大优势。由于其结构的特点，坡屋顶在屋面与室内天花板之间形成了一个空腔，这个空腔对建筑室内与室外环境起到一个阻隔的作用，使保温效果更好，也增加了建筑的热稳定性。

建筑外窗具有采光、通风、阻隔室内外环境的作用。窗作为建筑热桥，其散失的热量是所有围护结构之最。所以提高窗的保温性能是解决建筑热量散失问题的重中之重。目前市面上最常使用的外窗为铝合金窗和塑钢窗两种。铝合金窗的窗框导热系数大，热量损失较大；断桥式铝合金窗造价高昂，在 600 ~ 2 000 元 /m^2 之间。塑钢窗有较好的保温性能，并且其隔声效果也很优秀，造价在 150 ～ 400 元 /m^2 之间，有更高的性价比，更适合在农村地区推广。窗的造价表见表 6.8。

表 6.8　窗的造价表

塑钢窗类型	玻璃之间空气层厚度 /mm	传热系数 K/(W・m^{-2}・K^{-1})
单层玻璃平开窗	—	4.7
中空玻璃平开窗	6 ～ 12	3.0 ～ 2.5
双层中空玻璃平开窗	24 ～ 30	≤ 2.5

6.8　装配式农宅围护结构节能模拟优化

装配式农宅的初步节能建立在对围护结构节能模式的优化上。本章前文首先对 EnergyPlus 软件进行模拟验证以确保其使用准确性，其次用 OpenStudio 软件建立杏树岗村某农宅的三维物理模型。首先模拟砖混结构和轻钢装配式农宅的能耗与温度，结合经济性与回收期初步分析装配式农宅的推广可行性；然后对装配式农宅围护结构进行节能优化，包括墙、窗和屋顶的构造优化及屋顶的形式选取，最后对围护结构的整体优化效果及回收期进行评定，验证节能策略的可实施性。

6.8.1　围护结构节能模拟优化

为减少变量、快速获取模拟结果并增加数据的真实性与准确性，对能耗和温度的讨论建立在该村某 3 开间矩形农宅的基础上。原砖混农宅实景图如图 6.51 所示。将卧室和客厅设为控温房间(温度为 18 ～ 24 ℃)，其余辅助房间设为不控温房间，当探究能耗时采暖房间室内温度由理想空调调节，而探讨室内温度时关闭理想空调。以原砖混农宅能耗和温度作为对比基础，其材料参数见表 6.9、构造见表 6.10。为探究以装配式轻钢体系代替传统砖混结构农宅的可行性，拟选取的轻钢装配式农宅材料参数见表 6.11、构造见表 6.12。对比两者构造可知装配式建筑以玻璃棉代替原有实心黏土砖，在墙外侧拟设 50 mm XPS(挤塑板) 增强保温性能；屋顶摒弃了原建筑的复杂构造，采用预制复合彩钢板做坡屋顶并在吊顶龙骨上仅加设 50 mm XPS；由于墙体厚度缩小，中空窗改为单框双玻窗；门和地面构造未改变。

(a) 山墙

(b) 炉子与锅灶

图 6.51　原砖混农宅实景图

表 6.9　原砖混农宅材料参数

材料	厚度 /mm	密度 /(kg・m⁻³)	导热系数 /(W・m⁻¹・K⁻¹)	比热 /(J・kg⁻¹・K⁻¹)	蓄热系数 /(W・m⁻²・K⁻¹)
瓷砖	5/8	1 920	1.59	1 260	1
水泥砂浆	20	1 800	0.93	1 050	11.37
实心黏土砖	240/370	1 800	0.81	840	34.77
XPS	70	30	0.03	2 032	0.37
轻集料混凝土	30	500	0.19	1 050	2.81
钢筋混凝土屋面板	120	2 500	1.74	920	17.2
混凝土	60	2 000	1.28	920	13.09
普通玻璃	3	2 500	0.76	837	—
灰土	300	2 000	1.16	1010	12.99
彩钢板	0.6	7 850	58.15	0.5	126

表 6.10　原砖混农宅构造

外墙	内墙	屋顶	外窗	内窗	门	地面
5 mm装饰瓷砖 20 mm水泥砂浆 370 mm实心黏土砖 20 mm水泥砂浆 白色涂料	20 mm水泥砂浆 240 mm实心黏土砖 20 mm水泥砂浆	0.6 mm彩钢板(木梁支撑) 30 mm水泥砂浆 4 mm防水卷材 20 mm水泥砂浆 两层70 mmXPS 30 mm轻集料混凝土 1.2 mm聚氨酯防水涂料 20 mm水泥砂浆 120 mm钢筋混凝土屋面板 白色涂料	3 mm普通玻璃 240 mm空气间层 3 mm普通玻璃	3 mm普通玻璃	均为预制化构件,厂家自理(外门:金属保温防盗门;内门:普通木门)	8 mm地面砖 30 mm水泥砂浆 3 mm素水泥浆 60 mm混凝土垫层 300 mm灰土夯实 素土夯实

表 6.11　轻钢装配式农宅材料参数

材料	厚度 /mm	密度 /(kg·m^{-3})	导热系数 /(W·m^{-1}·K^{-1})	比热 /(J·kg^{-1}·K^{-1})	蓄热系数 /(W·m^{-2}·K^{-1})
水泥砂浆	20	1 800	0.93	1 050	11.37
XPS	50	30	0.03	2 032	0.37
石膏板	12	1 250	0.47	840	5.93
彩钢板	0.6	7 850	58.15	0.5	126
玻璃棉	60/100	140	0.045	1 220	0.75
木地板	8	500	0.14	2 510	3.85
普通玻璃	3	2 500	0.76	837	—
混凝土	60	2 000	1.28	920	13.09
灰土	300	2 000	1.16	1 010	12.99

表 6.12　轻钢装配式农宅构造

外墙	内墙	屋顶	外窗	内窗	门	地面
面层涂料	12 mm 石膏板	0.6 mm 复合彩钢板 100 mm 玻璃棉	3 mm 普通玻璃			8 mm 木地板 30 mm 水泥砂浆
20 mm 水泥砂浆 50 mm XPS 12 mm 石膏板	60 mm 玻璃棉（内含轻钢龙骨）	0.6 mm 彩钢板 20 mm 水泥砂浆 50 mm XPS 20 mm 水泥砂浆	12 mm 空气间层	3 mm 普通玻璃	均为预制化构件，厂家自理（外门：金属保温防盗门；内门：普通木门）	3 mm 素水泥浆 60 mm 混凝土垫层 300 mm 灰土夯实
100 mm 玻璃棉（内含轻钢龙骨） 12 mm 石膏板	12 mm 石膏板	大板（下部为水平龙骨） 12 mm 石膏板吊顶	3 mm 普通玻璃			素土夯实

对原砖混农宅和轻钢装配式农宅的能耗与温度进行模拟，得出原砖混农宅年总能耗为8 083.33 kW·h，而轻钢装配式农宅年总能耗为3 238.89 kW·h，节能量为4 844.44 kW·h，节能率为59.9%，可知此轻钢装配式农宅相比原砖混农宅节能效果有大幅提升。对能耗和温度的变化情况展开进一步探究，原砖混农宅和轻钢装配式农宅的全年逐月、最冷月逐日和最冷日逐时能耗与温度如图6.52～6.54所示。大庆地区全年无冷负荷，由图6.52可知，轻钢装配式农宅全年逐月能耗低于原砖混农宅，采暖期节能率稳定在52.29%～63.01%。根据全年逐月温度曲线可知，原砖混农宅闷顶内温度与室外温度曲线差别不大，在冬季温度提升很小而在夏季提升较大，这表明坡屋顶对环境热舒适度起到反效果，原因是坡屋顶仅覆盖一层彩钢板，彩钢板的导热系数很大，保温隔热效果差，因此冬季通过辐射和导热换热很难使闷顶内温度升高，而在夏季闷顶内空气不流通，热量不断通过彩钢板传递到闷顶内部形成蓄热空间而使夏季起到反作用。农宅建造坡屋顶的目的是为了美观与便于排水，但从节能角度来说还需进一步调整。采用轻钢装配式的屋顶构造后农宅闷顶内部温度提升较大，曲线更趋平缓与稳定，冬季室内温度提升明显，夏季温度略有增加但在舒适温度区间，因此此种屋顶构造方式更为合理。原砖混农宅采暖房间温度较原不采暖房间高0.41～1.14 ℃，轻钢装配式农宅采暖房间温度较不采暖房间高0.12～0.87 ℃。分析原因是采暖房间均在南向，因太阳辐射照度高而获取大量能量；不采暖房间位于北向，背阴面失热严重且对采暖房间起到一定的抗风作用。轻钢装配式农宅较原砖混农宅室内温度有显著改善，在最冷月室内温度最大提升约4.81 ℃，但随着气候变暖差距逐渐缩小，相较原砖混农宅其夏季室内温度虽然略有降低但基本稳定在舒适温度区间内。从最冷月逐日温度曲线可以看出，轻钢装配式农宅较原砖混农宅室内温度显著提高且温度曲线更趋平缓，但采暖房间较不采暖房间室内温度波动剧烈，分析原因是太阳辐射对南向采暖房间有影响，而由于各日气候不同逐日能耗与温度呈无规律变化。从最冷日逐时能耗与温度曲线可知，轻钢装配式农宅8:00到20:00室内温度曲线出现小幅波动，从8:00到14:00采暖房间温度不断上升，在14:00达到最大值并在其后时间段逐渐降低，20:00后温度曲线基本为一条平缓直线，而能耗变化与温度变化呈负相关。太阳直射辐射时间为8:00到17:00，由于存在约3 h的热迟滞时间，因此南向房间辐

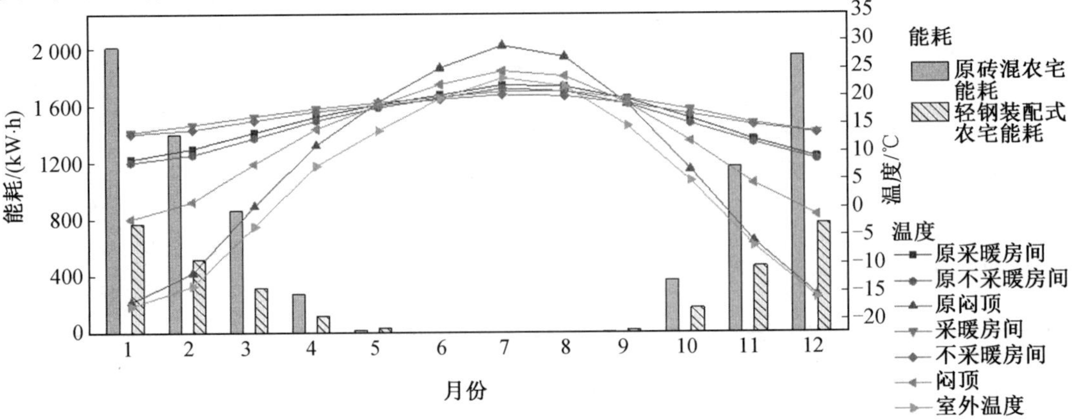

图6.52　全年逐月能耗与温度(一)

射得热的正向收益显著。

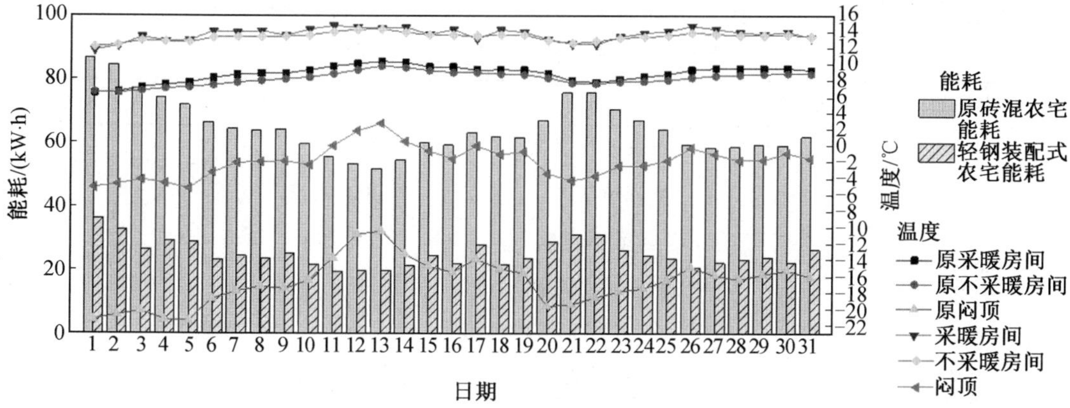

图 6.53　最冷月逐日能耗与温度(一)

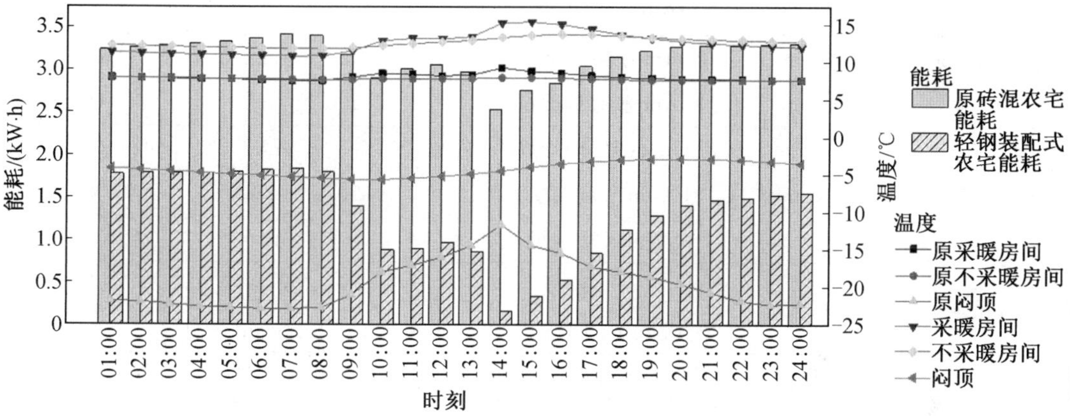

图 6.54　最冷日逐时能耗与温度(一)

综上所述,以轻钢装配式农宅代替原砖混农宅从改善热环境角度来说是可行的。下面进一步对其经济性展开探究。调研发现该地区砖混结构房屋包工包料的价格基本为 800 ～ 1 200 元 /m²,本研究取价格为 800 元 /m²,该农宅面积共 72.42 m²,总造价约为 57 936 元。轻钢装配式农宅由于所用材料不同造价各异,致使其并不能以建筑面积进行估算,因此以所用材料的具体价格及施工所需人力物力等进行估算(为使结果更为准确估算时去除装饰性材料成本)。材料因质量、热物性参数及地域不同等原因价格并不统一,而本研究所选取的材料价格均选自造价通网站(https://www.zjtcn.com/)并遵循就近原则,材料价格多为大庆及其周边地区市场常见价格。轻钢装配式农宅费用估算见表 6.13,其中人工费参考标准规范《装配式建筑工程消耗量定额》中装配式钢结构高层住宅的估算参考指标。而拟建的轻钢装配式农宅技术与施工水平要求不高,仅需几人就可完成建造,因此未考虑机械费。通过对各部位费用求和得出将原砖混农宅平面以装配式建造的总费用为 63 266 元,相比原砖混农宅轻钢装配式农宅总造价仅高出 5 330 元,增益回收期为 1.83 年,从成本基数来看两者相差不大,以此得出轻钢装配式农宅不仅大大提高了室内热环境品质并节能降耗，而且对建筑的绿色化、预制化、工业化及质量均有正向发展，因此以轻钢装配式农宅代替原砖混农宅的构想是具备可行性的。

表 6.13　轻钢装配式农宅费用估算

成本项目	尺寸或面积	构造	材料单价	成本
外墙	91.76 m^2	20 mm 水泥砂浆	256.86 元 /m^3	7 965.7 元
		50 mm XPS	500.66 元 /m^3	
		12 mm 石膏板	12.79 元 /m^2	
		100 mm 玻璃棉（内含轻钢龙骨）	310.5 元 /m^3	
		12 mm 石膏板	12.79 元 /m^2	
内墙	52.92 m^2	12 mm 石膏板	12.79 元 /m^2	2 996.9 元
		60 mm 玻璃棉（内含轻钢龙骨）	310.5 元 /m^3	
		12 mm 石膏板	12.79 元 /m^2	
外窗	14.88 m^2	3 mm 中空玻璃窗	220 元 /m^2	3 273.6 元
内窗	6.61 m^2	3 mm 普通单玻窗	180 元 /m^2	1 189.8 元
坡屋顶	80.38 m^2	0.6 mm 复合彩钢板	7 元 /m^2	3 621.2 元
		100 mm 玻璃棉	310.5 元 /m^3	
		0.6 mm 彩钢板	7 元 /m^2	
吊顶	72.42 m^2	50 mm XPS	500.66 元 /m^3	2 739.9 元
		12 mm 石膏板	12.79 元 /m^2	
外门	1 扇	金属保温防盗门	1 500 元 / 扇	1 500 元
内门	4 扇	普通木门	400 元 / 扇	1 600 元
轻钢结构骨架	400 m	轻钢龙骨(CH 型)	20 元 /m	8 000 元
地面	72.42 m^2	30 mm 水泥砂浆	256.86 元 /m^3	16 432.3 元
		3 mm 素水泥浆		
		60 mm 混凝土垫层	319.93 元 /m^3	
		地基(300 mm 灰土夯实、素土夯实)	200 元 /m^2	
人工费	72.42 m^2	—	192.58 元 /m^2	13 946.6 元
总费用	—	—	—	63 266 元

1. **外墙**

为进一步对外墙进行结构优化，首先对墙内填充材料展开探究。由于选取的轻钢装配式墙体两侧以 12 mm 石膏板夹固且内含轻钢龙骨，其对材料的填充灵活度、隔音、轻质、保温、耐久和经济等方面均具有较高要求，因此内部填充材料多为纤维类、发泡类、颗粒类及水泥类材料，其中纤维类材料包括矿棉、岩棉及玻璃棉等。由于热物性参数相差不大，因此本研究以玻璃棉为例进行模拟。发泡类材料选取发泡湿气固化反应型聚氨酯热熔胶（PUR），颗粒类材料选取膨胀珍珠岩。水泥类材料自重较大更适宜于墙承重的装配式结构体系，而本研究为了建筑未来的拆卸扩建及材料重复利用采用轻钢装配式结构体系，水泥类材料价格与其他墙内填充材料相差不大且自身导热系数大，若在农村地区采用现浇外墙做法可能由于施工水平参差不齐影响建筑质量，且机械吊装等施工手段在农村地区可能施展较为困难，从而大幅增加人力成本与机械成本，因此不对水泥类材料进行模拟。选定墙内填充材料参数与价格（表6.14），其中材料参数设定参考《建筑材料手册（第四版）》中给定数值，价格选自造价通网站并优先选取黑龙江地区平均价格。为简化运算并使结果更加直观且具有说服力，本小节继续以图6.51中农宅作为模拟基础，轻钢装配式农宅构造及具体参数参考表6.12。为去除干扰项及控制变量，在改变墙体材料、构造及厚度时不改变建筑其他部位参数设定。根据常见实际墙内填充材料厚度取值范围及材料的模数化制备，选取材料厚度模拟值为60 mm、80 mm、100 mm、120 mm、150 mm、180 mm、200 mm、240 mm和300 mm。

表6.14　墙内填充材料参数与价格

材料	密度 /(kg·m^{-3})	比热 /(J·kg^{-1}·K^{-1})	导热系数 /(W·m^{-1}·K^{-1})	蓄热系数 /(W·m^{-2}·K^{-1})	价格 /(元·m^{-3})
玻璃棉	140	1 220	0.045	0.75	310.5
发泡PUR	30	1 050	0.024	0.23	816
膨胀珍珠岩	400	1 550	0.12	2.28	382.77

对各厚度不同墙内填充材料模型进行模拟，得出建筑年总能耗与节能率增长量，如图6.55所示。从年总能耗数值可以看出，相同厚度下发泡PUR节能效果最好，玻璃棉其次，膨胀珍珠岩最差，推测原因是热物性参数中导热系数对能耗影响占主导地位。观察图中曲线可知，随着厚度的增加填充材料节能率增长量普遍递减，分析是由于外墙仅占围护结构的一部分，随着其保温性能逐渐增强，继续添加填充材料对能耗的改善作用越来越小。虽然填充材料节能率增长量不断减小，但在一定的增益回收期内，厚度增加仍然可以取得可观的经济效益，因此对厚度的确定应结合经济性详细讨论。各厚度不同墙内填充材料建筑的成本增量与增益回收期如图6.56所示。从图中可以看出，随着厚度增加，发泡PUR的增益回收期远高于其他两种填充材料，其次为玻璃棉，最后为膨胀珍珠岩。考虑业主对增益回收期及初期投资成本的限制和后期墙体外侧添加保温材料形成复合保温外墙等因素，拟定填充材料的增益回收期为3～5年，由此分析可得，150 mm玻璃棉较为符合要求，其增益回收期约为4.17年，建筑年总能耗约为3 450 kW·h。而300 mm的膨胀珍珠岩年总能耗为3 683.33 kW·h，增益回收期约为9.86年；80 mm的发泡PUR年总能耗为3 625 kW·h，增益回收期约为5.86年，因此外墙内填充材料最终选定为150 mm玻璃棉。

为进一步提升外墙的保温隔热能力并形成复合保温外墙系统，下面对外墙加设保温板的种类与厚度展开探讨。内保温做法使墙体内部容易生成冷凝水导致墙体潮湿发霉且不利于室内装修与设备安装，实际应用中相较于内保温而言，严寒地区农宅多采用外保温

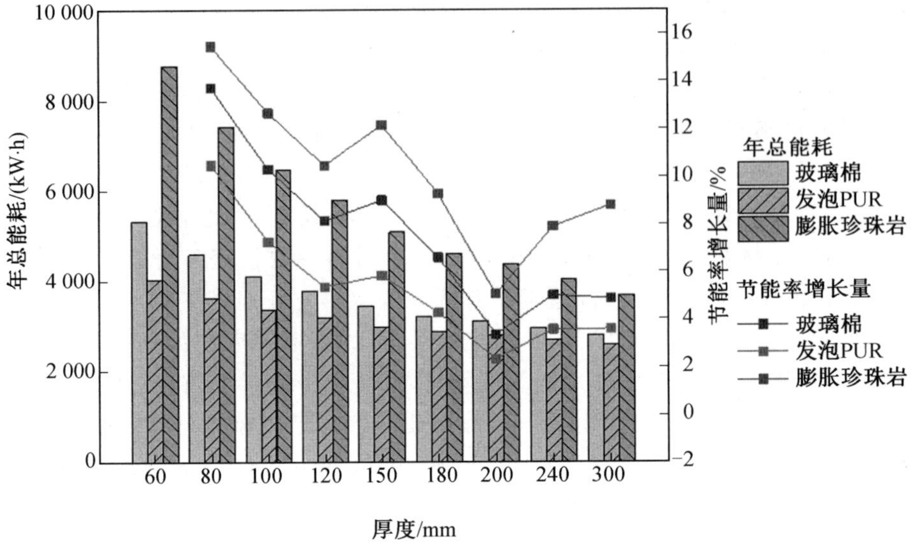

图 6.55　各厚度不同墙内填充材料建筑的年总能耗与节能率增长量

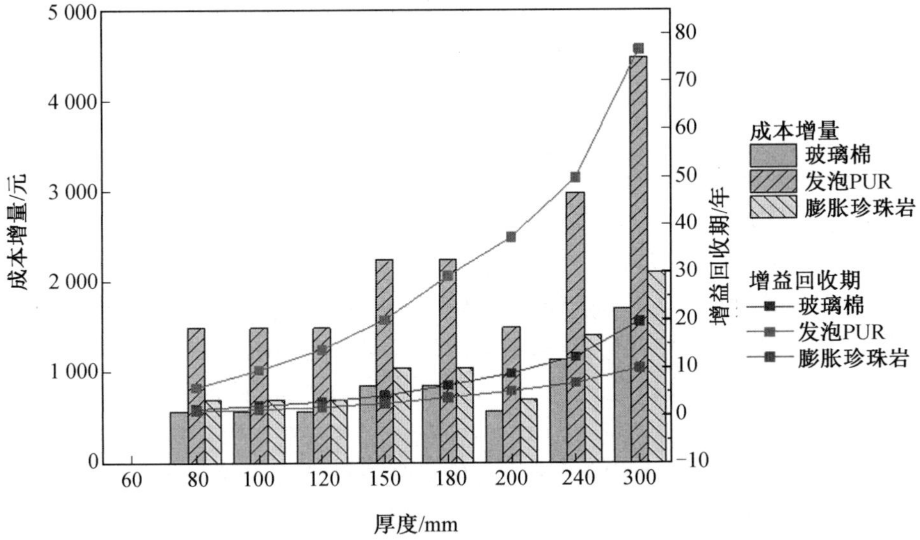

图 6.56　各厚度不同墙内填充材料建筑的成本增量与增益回收期

或夹心保温。本研究采用轻钢装配式外墙，内部有龙骨和填充材料，不宜采用夹心保温，因此采用外保温。常见保温板参数与价格见表 6.15。为方便预制化施工及模数化处理，选取厚度模拟值为 30 mm、60 mm、80 mm、100 mm、120 mm、150 mm、180 mm、200 mm、240 mm 和 300 mm。为观察能耗和温度的变化效果，以仅在两片12 mm 石膏板内填充 150 mm 玻璃棉的外墙作为对比项。

表 6.15　常见保温板参数与价格

材料	密度 /($kg \cdot m^{-3}$)	比热 /($J \cdot kg^{-1} \cdot K^{-1}$)	导热系数 /($W \cdot m^{-1} \cdot K^{-1}$)	蓄热系数 /($W \cdot m^{-2} \cdot K^{-1}$)	价格 /(元 · m^{-3})
玻璃棉	140	1 220	0.045	0.75	310.5
发泡 PUR	30	1 050	0.024	0.234	816
XPS	30	2 032	0.03	0.365	411
聚苯乙烯泡沫塑料板(EPS)	20	1 790	0.039	0.347	242.2
膨胀珍珠岩板	400	1 550	0.12	2.28	382.77

模拟后得出各厚度不同保温材料建筑的年总能耗与节能率增长量如图 6.57 所示。分析能耗数值可知,相同厚度下各保温材料的节能性能从高到低依次为发泡 PUR、XPS、EPS、玻璃棉及膨胀珍珠岩。随着厚度增加其节能率增长量曲线亦呈递减趋势,其中膨胀珍珠岩的节能率增长量与其他材料差距较大,但各保温材料间的差距随着厚度增加而逐渐缩小。各厚度不同保温材料建筑的成本增量与增益回收期如图 6.58 所示。可以看出,随着厚度增加增益回收期普遍增加且曲线斜率不断增大。其中,发泡 PUR 的成本增量较高,随着厚度增加其增益回收期也明显高于其他材料。而膨胀珍珠岩在 100 mm 厚度内的增益回收期与发泡 PUR 差距不大,在 180 mm 后其增益回收期才与 XPS、EPS 及玻璃棉近似。为确定保温材料的最佳厚度,研究团队对当地居民展开回收年限问卷调查,共发放 120 份问卷并回收有效问卷 100 份,其中 32% 的居民希望 5 年内回收增益成本,46% 的居民希望 10 年内回收增益成本,18% 的居民希望 15 年内回收增益成本,4% 的居民希望 20 年以上回收增益成本,因此选取 10 年左右作为保温材料的增益回收期并探讨其对应的选取厚度。得出带有 60 mm 厚玻璃棉板、60 mm 厚发泡 PUR 板、30 mm 厚膨胀珍珠岩板、60 mm 厚 XPS 板及 80 mm 厚 EPS 板的建筑年总能耗分别为 3 063.89 kW · h、2 900 kW · h、3 311.11 kW · h、2 916.11 kW · h 和 2 955.56 kW · h,增益回收期分别为 10.47 年、21.05 年、12.64 年、11.31 年及 9.88 年。分析上述保温材料的增益回收年限与年总能耗数值,得出加设 80 mm 厚 EPS 板作为严寒地区农宅的外保温更为适用,因此对其全年逐月、最冷月逐日和最冷日逐时能耗与温度状况展开探究。

仅在两片 12 mm 石膏板内填充 150 mm 玻璃棉(内含轻钢龙骨)外墙的农宅作为工况 1,加设80 mm 厚 EPS 板外保温的农宅作为工况 2。农宅全年逐月、最冷月逐日和最冷日逐时能耗与温度分别如图 6.59 ~ 图 6.61 所示。由图可知,加设 80 mm 厚 EPS 板外保温后农宅逐月能耗数值均有一定幅度减小且室外越冷节能量越多。工况 1 原采暖房间逐月温度分布在 13.4 ~ 20.92 ℃ 之间,原不采暖房间逐月温度分布在 13.16 ~ 20.33 ℃ 之间;工况 2 原采暖房间逐月温度分布在 13.91 ~ 20.82 ℃ 之间,原不暖房间逐月温度分布在 13.75 ~ 20.22 ℃ 之间。对比工况 1 与工况 2 发现,原采暖房间最低温度升高约 0.5 ℃,最高温度降低约 0.1 ℃;原不采暖房间最低温度升高约0.6 ℃,最高温度降低约 0.1 ℃。最高温度降低量较小且不影响室内热舒适性及能耗,最低温度提高降低了室内能耗需求且提高了居住舒适性。在最冷月,工况 1 原采暖房间温度分布在 11.51 ~ 14.58 ℃

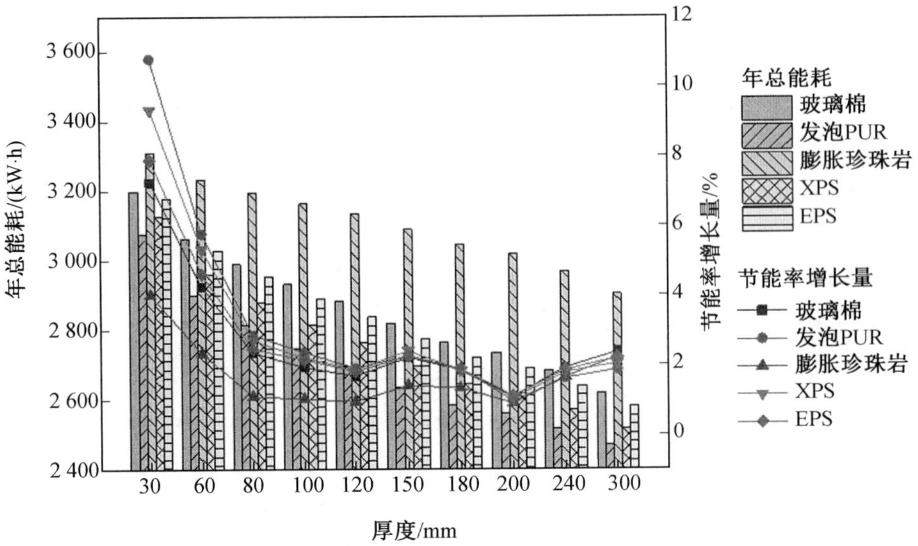

图 6.57　各厚度不同保温材料建筑的年总能耗与节能率增长量

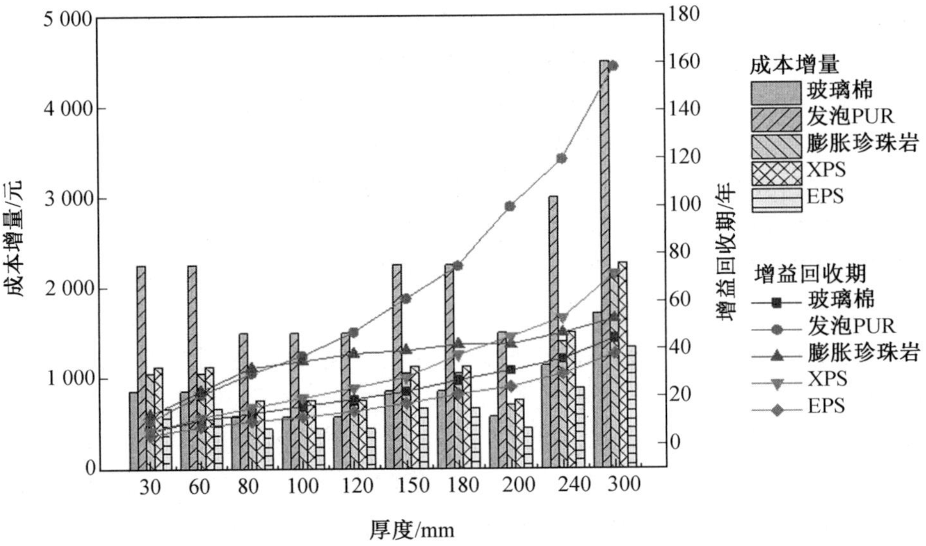

图 6.58　各厚度不同保温材料建筑的成本增量与增益回收期

之间，原不采暖房间温度分布在 11.92 ～ 14.15 ℃ 之间；工况 2 原采暖房间温度分布在 12.12 ～15.03 ℃，原不采暖房间温度分布在 12.57 ～ 14.6 ℃ 之间。可以看出，工况 2 房间温度均比工况 1 有所提升，能耗与温度数值呈负相关且随每日室外干球温度变化呈现不规律变化。从最冷日逐时能耗与温度曲线可以看出，在无太阳直射辐射时间段原不采暖房间较原采暖房间室内温度更高，分析是由于原采暖房间面积大且开窗尺寸大导致热损失更为严重，可适当采取拉窗帘、设置百叶等措施削弱窗在夜间的热损失状况。原采暖房间在太阳直射辐射时间段的室内温度提升幅度远高于原不采暖房间，证明了南向房间太阳辐射的热收益效果显著。综上所述，外墙主体宜采用两片 12 mm 石膏板填充 150 mm 玻璃棉(内含轻钢龙骨)、加设 80 mm EPS 板外保温的做法。

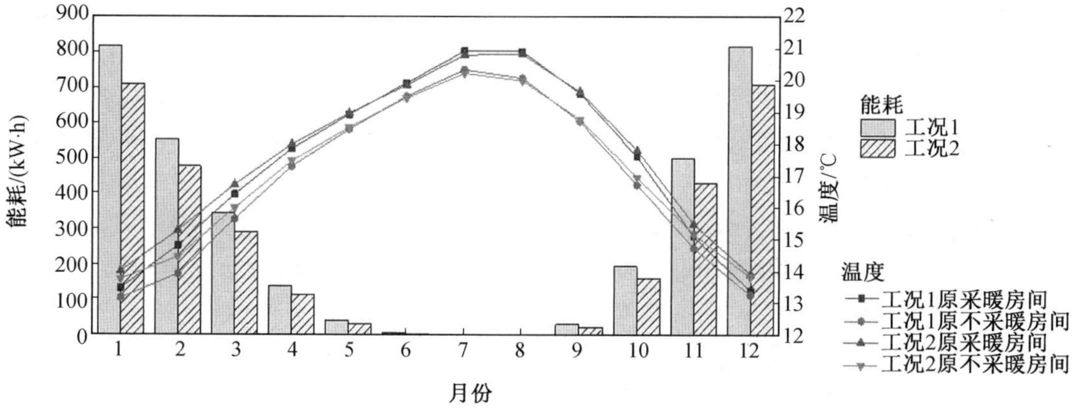

图 6.59　全年逐月能耗与温度(二)

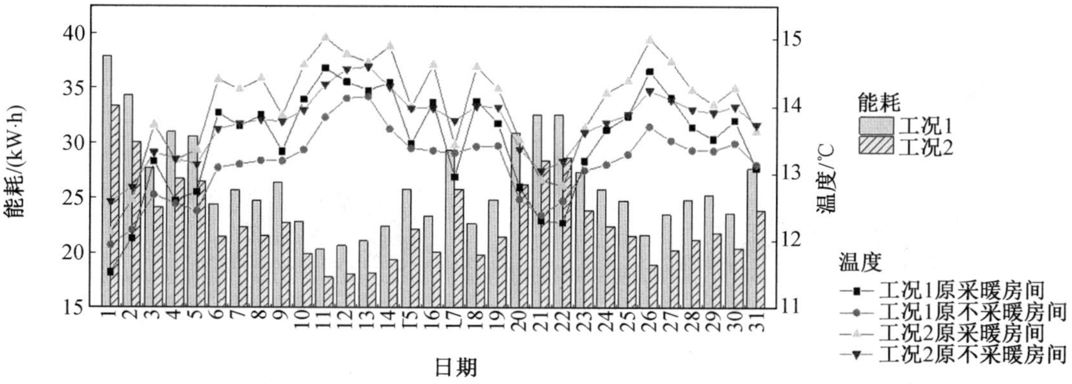

图 6.60　最冷月逐日能耗与温度(二)

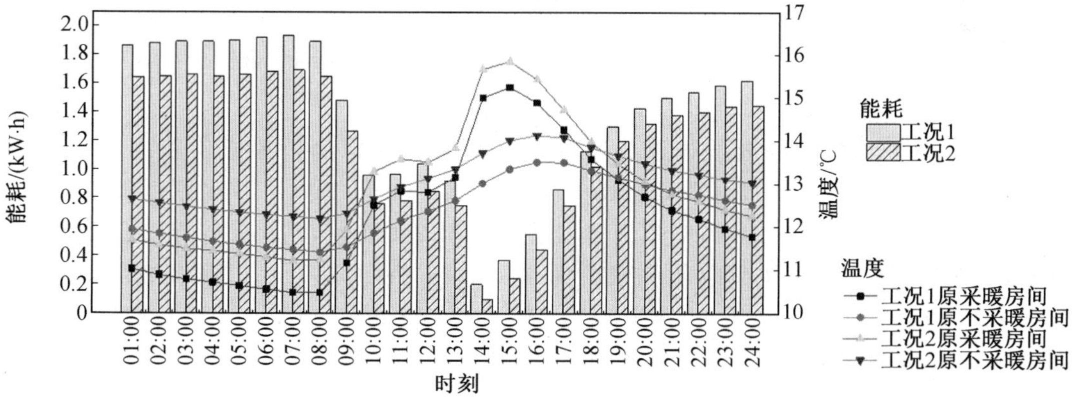

图 6.61　最冷日逐时能耗与温度(二)

2. **内墙**

为探究内墙对室内能耗与温度的影响，对其构造与填充厚度展开探究。由于内墙一般不设保温层，因此仅对其内填充的玻璃棉厚度展开探讨。目前实际装配式建筑内墙最薄厚度多为 60 mm，而最厚也不应大于前面研究的外墙内填充的玻璃棉厚度(150 mm)，因此本研究的填充玻璃棉厚度模拟取值为 60 mm、80 mm、100 mm、120 mm 及 150 mm。模拟后得出年总能耗依次为 3 238.89 kW·h、3 216.67 kW·h、3 202.78 kW·h、3 188.89 kW·h、3 175 kW·h，这说明内墙厚度增加能够起到一定的节能降耗作用，但节能幅度较小。填充不同厚度玻璃棉内墙建筑的全年逐月、最冷月逐日和最冷日逐时能耗与温度如图 6.62 ～ 图 6.64 所示。对比后可以看出，全年逐月和最冷月逐时能耗与温度无显著变化，而分析最冷日逐时能耗与温度可知，随着墙内填充玻璃棉厚度的增加采暖房间温度变化很小，而不采暖房间温度略有下降，分析是由于热阻增大，不采暖房间从采暖房间获取的热量减少导致温度下降。在增益回收期估算方面，相较 60 mm 玻璃棉 80 mm 玻璃棉的增益回收期更长，约为 14.79 年，80 mm 以上的玻璃棉的增益回收期则更长，因此得出内墙取最小厚度 60 mm 较为经济的结论。

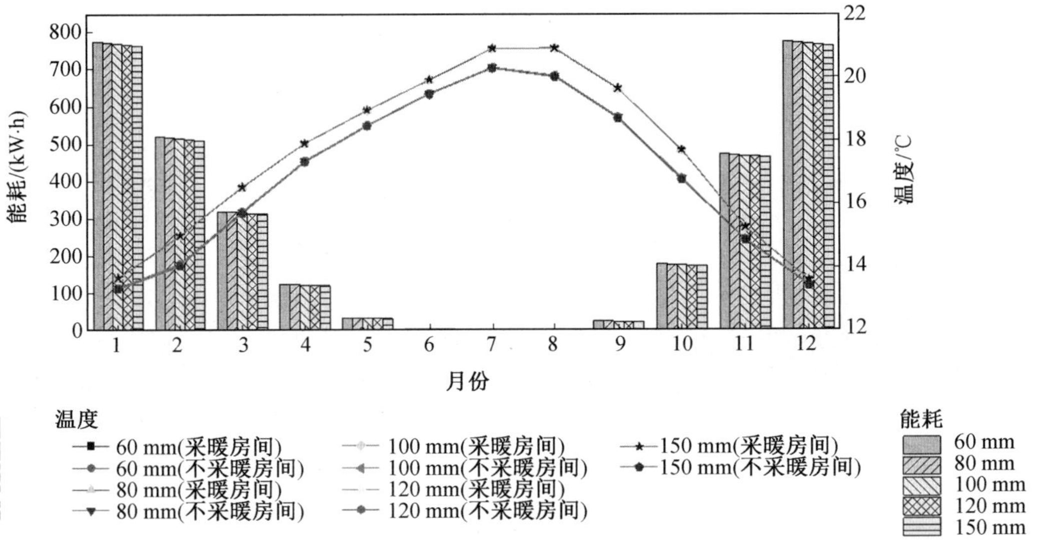

图 6.62　填充不同厚度玻璃棉内墙建筑全年逐月能耗与温度

3. **窗**

对轻钢装配式农宅外窗的构造与厚度展开探究。模拟分析普通单玻窗（3 mm 和 5 mm）、单框双玻窗（3＋3A＋3、3＋6A＋3、3＋9A＋3、3＋12A＋3）及双框玻璃窗（3＋30A＋3、3＋60A＋3、3＋140A＋3）对建筑能耗与温度的影响，其他参数与构造设定参见表6.12 采用上述窗的建筑年总能耗依次为 4 902.78 kW·h(3 mm)、4 852.78 kW·h(5 mm)、3 822.22 kW·h(3＋3A＋3)、3 430.56 kW·h(3＋6A＋3)、3 238.89 kW·h(3＋9A＋3)、3 127.78 kW·h(3 ＋ 12A ＋ 3)、3 102.78 kW·h(3 ＋ 30A ＋ 3)、3 108.33 kW·h(3＋60A＋3) 及 3 108.33 kW·h(3＋140A＋3)。5 mm 比 3 mm 的普通玻璃窗建筑能耗有所降低但节能量较小，可见仅改变玻璃厚度对建筑能耗影响不大。具有单框双玻窗的建筑能耗相比 3 mm 普通玻璃窗建筑能耗显著下降，双框玻璃窗与单框双玻窗的建筑能耗提升量基本相同但需付出更多材料成本。普通玻璃窗和中空玻璃窗的价格参见表 6.13。根据外窗面积算得普通玻璃窗成本为 2 678.4 元，中空玻璃窗成本为 3 273.6 元，成本增加595.2元。中空玻璃窗中3＋12A＋3窗效果最好，其节能量为

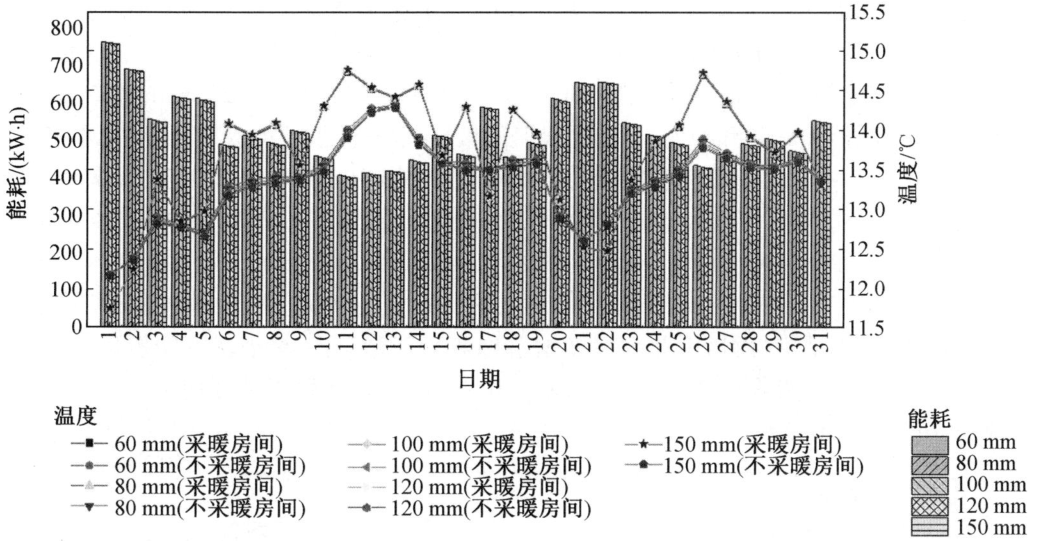

图 6.63　填充不同厚度玻璃棉内墙建筑最冷月逐日能耗与温度

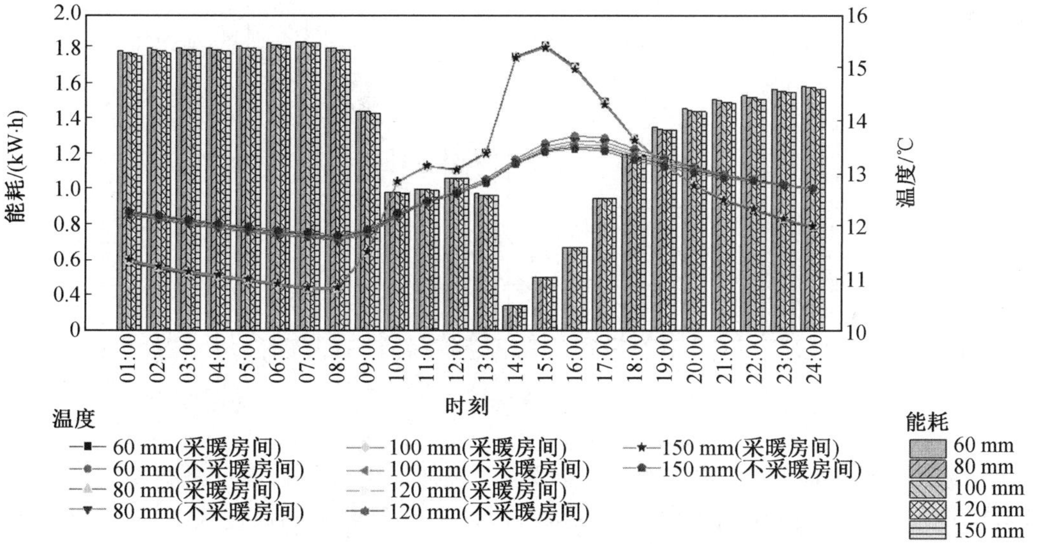

图 6.64　填充不同厚度玻璃棉内墙建筑最冷日逐时能耗与温度

1 775 kW·h，按电费 0.6 元/度计算，年节约费用 1 065 元，增益回收期约为 0.56 年，说明以 3+12A+3 的单框双玻窗代替普通单玻窗是可行的。3+12A+3(Low-E) 单框双玻窗建筑年总能耗为2 522.22 kW·h，相比 3+12A+3 单框双玻窗年节能 605.56 kW·h，年节约费用 363.34 元。Low-E 玻璃由普通玻璃镀膜而成，其价格比普通玻璃贵约 12 元，算得成本增加 357.12 元，增益回收期约为 0.98 年，因此外窗最终选定 3+12A+3(Low-E) 单框双玻窗。3 mm 普通玻璃内窗建筑年总能耗为 3 433.33 kW·h，而 3+3A+3 内窗建筑年总能耗为 3 450 kW·h，能耗数值相差不大，因此内窗仅需做 3 mm 普通单玻窗。

4. 屋顶

闷顶形式的屋顶具备蓄热和缓冲空间，相较平屋顶和坡屋顶对室内热环境的改善效果更好，因此严寒地区农宅常采用此种做法。为探究其优化策略首先对坡屋面构造与厚度展开探究。除屋顶构造外其他设定参见表6.12。将吊顶设为仅有12 mm的石膏板，对仅有彩钢板坡屋面及采用彩钢板内夹60 mm、80 mm、100 mm、120 mm、150 mm、180 mm、200 mm、240 mm和300 mm玻璃棉的坡屋面农宅进行模拟，得出年总能耗依次为14 019.44 kW·h(仅有彩钢板)、5 702.72 kW·h(60 mm)、5 077.78 kW·h(80 mm)、4 647.22 kW·h(100 mm)、4 336.11 kW·h(120 mm)、4 005.56 kW·h(150 mm)、3 788.89 kW·h(180 mm)、3 686.11 kW·h(200 mm)、3 538.89 kW·h(240 mm)和3 405.56 kW·h(300 mm)。考虑屋顶增益回收期宜与墙体主体一致且后期还可在吊顶层添加保温材料，因此坡屋面增益回收期可取3～5年。不同厚度玻璃棉坡屋面成本增量与增益回收期如图6.65所示。由图可知，宜选取彩钢板内夹150 mm玻璃棉的坡屋面，增益回收期为3.78年。

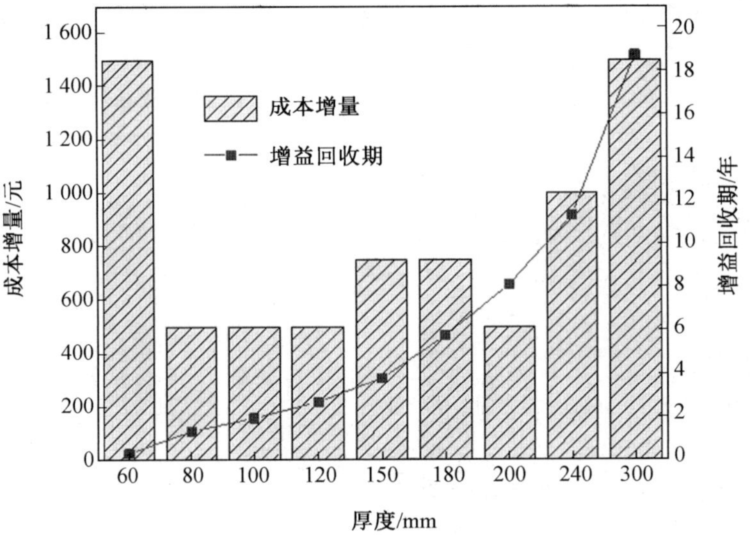

图6.65 不同厚度玻璃棉坡屋面成本增量与增益回收期

以上述最优坡屋面作为模拟基础，对在吊顶层添加保温材料的厚度进行探讨。由于根据本节中得出EPS板外保温的性价比最高，因此这里仅对不同厚度的EPS板进行模拟。不同厚度EPS吊顶年总能耗与节能率增长量如图6.66所示，成本增量与增益回收期如图6.67所示。由于要与墙体外保温一致，选取增益回收期约10年，因此应选定80 mm EPS板，增益回收期为8.65年。

5. **整体优化效果验证**

为探究将各优化策略综合运用到轻钢装配式农宅的实际效果，将上述所得结论综合运用到农宅中并与本节中的拟设装配式农宅构造对比，可得原拟设装配式农宅年总能耗为3 238.89 kW·h，构造优化农宅年总能耗为2 091.67 kW·h，节能量为1 147.22 kW·h，节能率为35.42%，年节约资金约688.33元。根据表6.13～6.15计算优化后农宅材料成本增加量，可得外墙成本增加1 316.85元，屋顶成本增加1 162.88元，窗成本增加357.12元，总成本共增加2 836.85元，增益回收期约为4.12年，说明轻钢装配式农宅构造优化后可在短期内迅速回收资金。

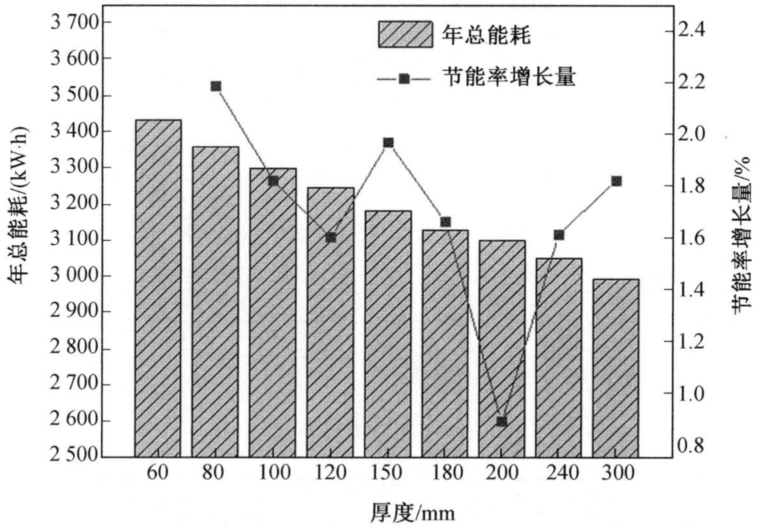

图 6.66　不同厚度 EPS 吊顶年总能耗与节能率增长量

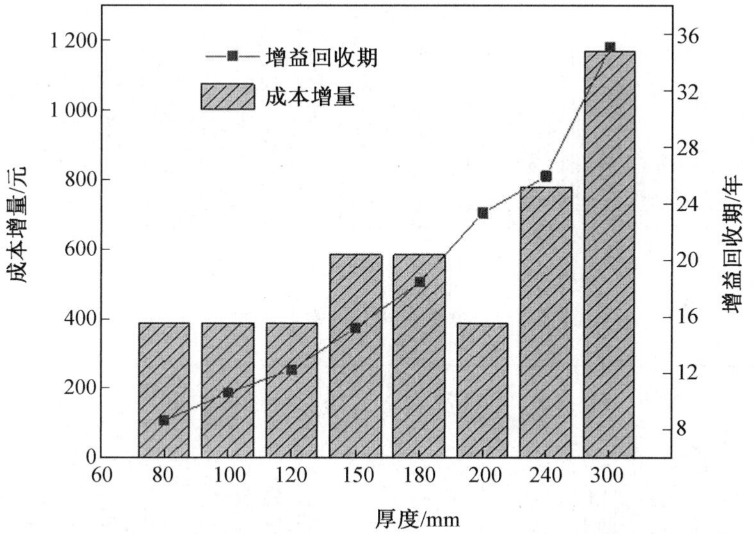

图 6.67　不同厚度 EPS 吊顶成本增量与增益回收期

进一步探究其全年逐月、最冷月逐日和最冷日逐时能耗与温度，如图 6.68 ～ 6.70 所示。由图 6.68 可知，气候越冷节能量越大，温度提升幅度越大，最冷月节能量可达 262.44 kW・h，节能率为 33.86%，温度可提升 1.3 ℃。根据最冷月逐日能耗与温度图可知，优化后最冷月逐日温度约提升 1.01 ～ 1.63 ℃，节能率提升 32.32% ～ 36.6%，热环境提升效果显著。根据最冷日逐时能耗与温度图可知，逐时能耗随太阳辐射强度增加而减小，原采暖房间由于多为南向因此在有太阳辐射时间段其温度变化较原不采暖房间剧烈。相比原砖混农宅其逐时温度提升 0.96 ～ 1.84 ℃，逐时能耗减少 0.11 ～ 0.59 kW・h。综上所述，对拟设的轻钢装配式农宅进行构造优化后节能幅度获得较大提升，热环境获得显著提高，且增益回收期较短，具备优化改造的合理性与可推广性。

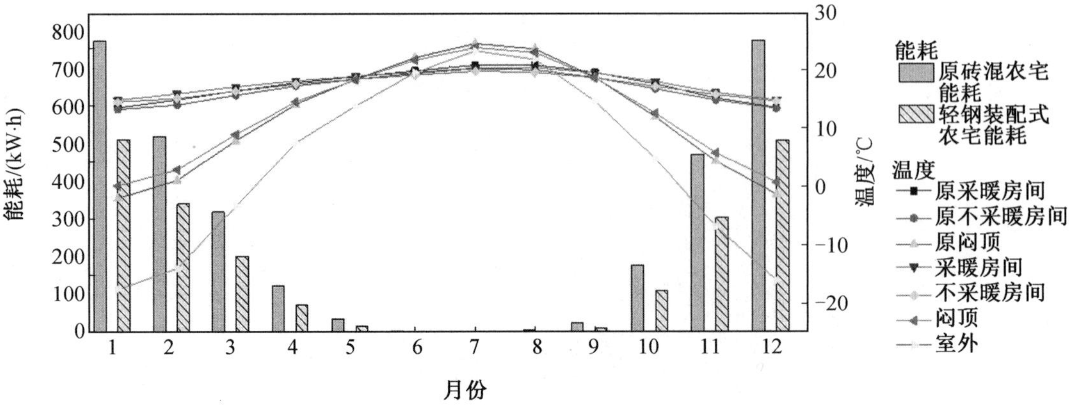

图 6.68　全年逐月能耗与温度(三)

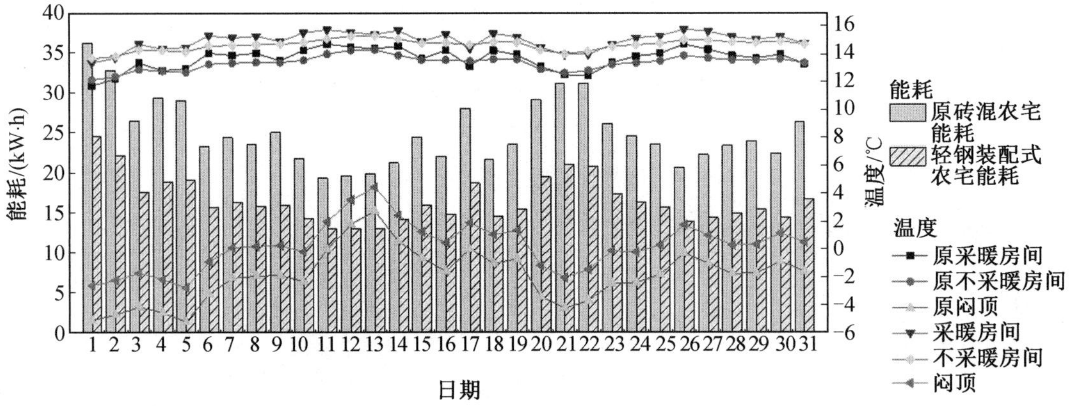

图 6.69　最冷月逐日能耗与温度(三)

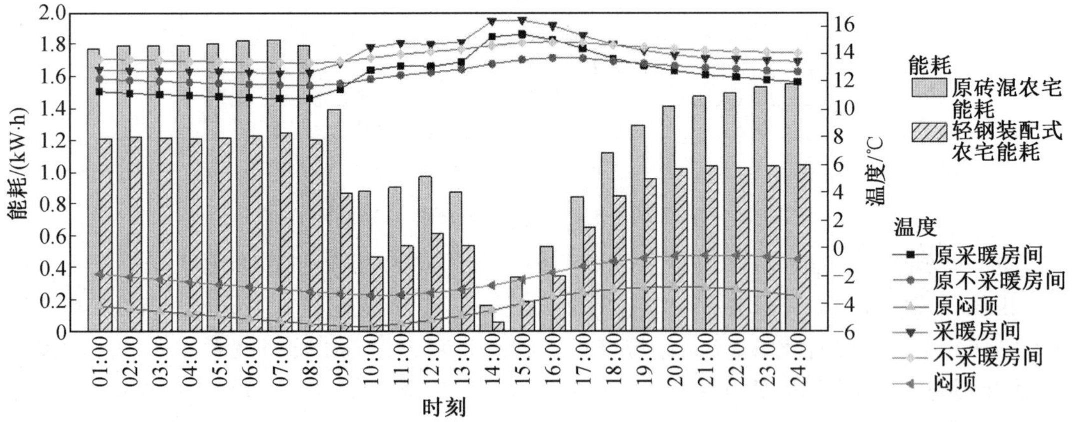

图 6.70　最冷日逐时能耗与温度(三)

6.8.2　被动式阳光间节能模拟优化

增设阳光间可在围护结构构造优化的基础上进一步节能。本小节对阳光间形式与构造进行优化：首先模拟分析阳光间与建筑结合方式与进深，然后对阳光间屋顶、墙体和窗等构造展开探讨，最后分析优化后的阳光间节能效果与回收期，验证在严寒地区装配式农宅应用的可行性。

1. 阳光间形式研究

(1) 阳光间与建筑结合方式。

在严寒地区许多农宅设有阳光间，其对技术与施工水平的要求不高且投资成本较小却往往可以获得可观的热收益。本小节对阳光间与建筑的结合方式进行探究，为简化模型与运算，以一个3开间的矩形模型作为模拟基础，建筑层高为3 m，平屋顶。屋顶和外墙为彩钢板填充 120 mm 厚玻璃棉，内墙为彩钢板填充 60 mm 厚玻璃棉，每个开间南向设有一个距离地面 0.9 m 高的 3 mm 厚普通单玻窗，模型外观图如图 6.71 所示。分别在中间房间加设 3 种形式阳光间，阳光间与建筑结合方式如图 6.72 所示。阳光间玻璃幕墙采用 3 mm 厚普通玻璃。由于加设阳光间后建筑面积发生改变，因此以单位面积能耗量为对比项。模拟得出原建筑单位面积年总能耗为 336.17 kW·h/m^2，带有阳光间的建筑各单位面积年总能耗为 310.66 kW·h/m^2（凸出式）、326.75 kW·h/m^2（凹入式）、317.35 kW·h/m^2（半凸半凹式）。由此可知，无论何种形式的阳光间均可起到节能作用，但从节能效果角度来说凸出式阳光间效果更好，分析原因：一是凸出式阳光间可接收到更多的太阳辐射能，蓄热量大；二是阳光间属于不采暖房间，凸出式阳光间的加入并不会增大原建筑的体型系数，从而保证了围护结构与外界环境的热传递。

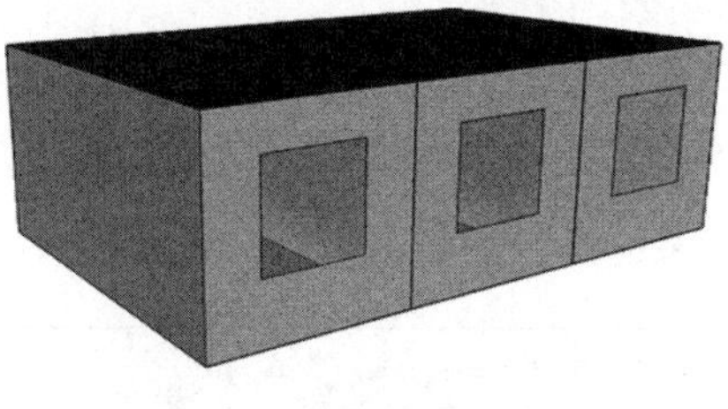

图 6.71　模型外观图

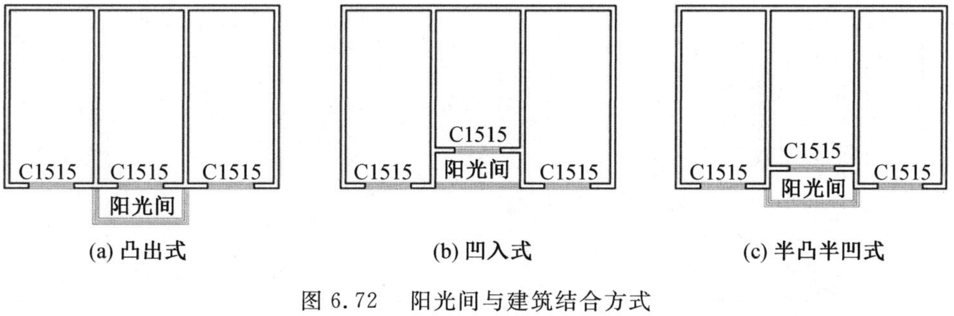

图 6.72　阳光间与建筑结合方式

带有凸出式阳光间的建筑年总能耗为 4 486.11 kW·h，而无阳光间建筑年总能耗为 5 041.47 kW·h，节能量为 555.56 kW·h，节能率为 11%，分析是由于模型仅在中间房间设有阳光间且其构造较为简易，造成其节能率较低。进一步分析带有凸出式阳光间建筑和无阳光间建筑的全年逐月、最冷月逐日和最冷日逐时能耗与温度，如图 6.73 ～ 6.75 所示。可以看出，带有凸出式阳光间建筑的逐月能耗有小幅下降，且室外温度越低其节能量越大，在最冷月（1月）节能量最多，达 87.15 kW·h，说明凸出式阳光间在极端气候条件下更能发挥蓄热保温能力，而室内温度的提升效果与节能量呈正比，在最冷月约可提升 0.4 ℃。根据最冷月逐日温度曲线可知，凸出式阳光间内温度与室外温度变化趋势略有不同，如在 1 月 15 日和 1 月 16 日室外干球温度仅差约 0.7 ℃，但凸出式阳光间内温度却变化了 2 ℃，推测是由于 1 月 16 日太阳辐射照度大，造成阳光间蓄热增多导致内部温度上升，而 1 月 16 日的能耗比 1 月 15 日少 2.2 kW·h 可再次验证此推论。根据最冷日逐时温度曲线可知，阳光间可提升室内温度但并不能改变其变化趋势，阳光间温度波动幅度较大，其在 14:00 达到温度最高峰，为15.23 ℃，而室外温度在 17:00 达到最高峰，为 −13.86 ℃，

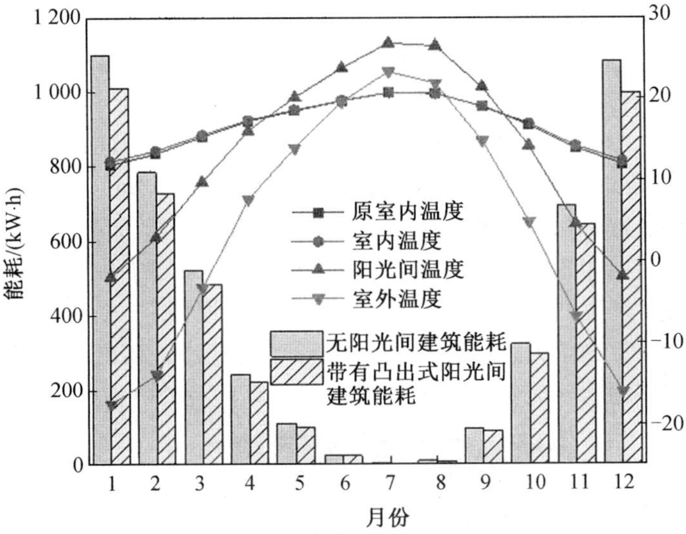

图 6.73　全年逐月能耗与温度（四）

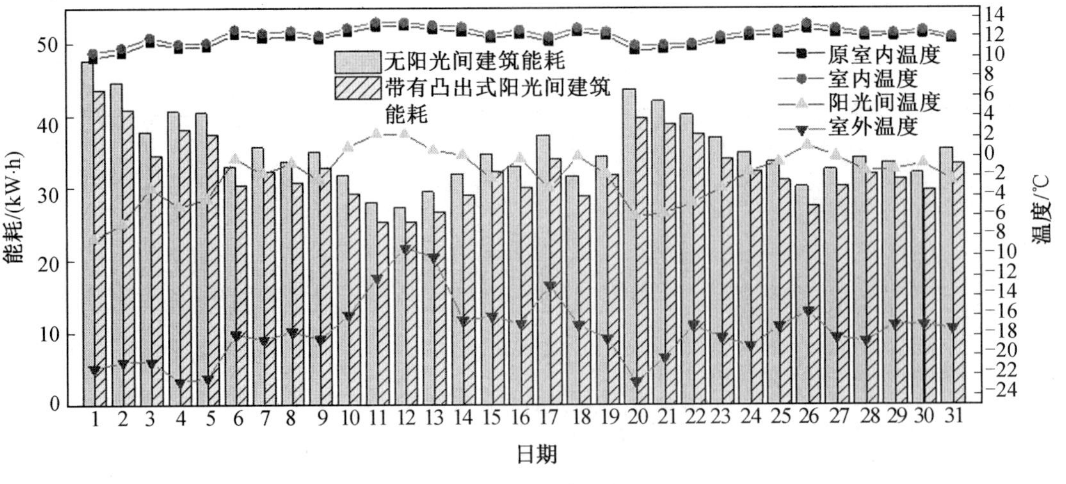

图 6.74　最冷月逐日能耗与温度（四）

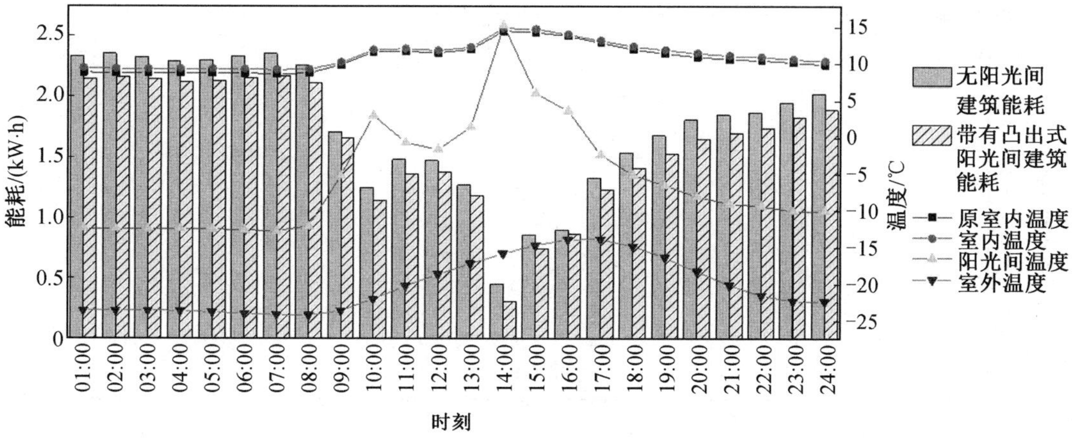

图 6.75　最冷日逐时能耗与温度

说明室内外温度传递存在迟滞效应，因此阳光间发挥了集热蓄热效果。

综上所述，阳光间在节能降耗和改善热舒适度方面在采暖季节具有较大正向收益，而在非采暖季节收益较小，适合应用于严寒地区。

(2) 进深。

为探究阳光间进深对建筑能耗的影响，采用凸出式阳光间模型，以 0.3 m 为增量对 0.6 m、0.9 m、1.2 m、1.5 m、1.8 m 和 2.1 m 进深凸出式阳光间的节能效果进行模拟，得出各建筑年总能耗分别为 4 608.33 kW·h (0.6 m)、4 630.56 kW·h (0.9 m)、4 661.11 kW·h (1.2 m)、4 688.89 kW·h(1.5 m)、4 711.11 kW·h(1.8 m)、4 730.56 kW·h(2.1 m)，相比无阳光间建筑能耗均有所降低。在模拟的进深范围内凸出式阳光间进深与节能量呈反比，得出进深越小节能效果越好的结论。

带有不同进深凸出式阳光间建筑的全年逐月、最冷月逐日及最冷日逐时能耗与温度如图 6.76～6.81 所示。可以看出，带有 0.6 m 和 2.1 m 进深凸出式阳光间建筑的最冷月能耗差为 32.52 kW·h。观察凸出式阳光间逐月温度曲线可知，进深与温度呈反比且室

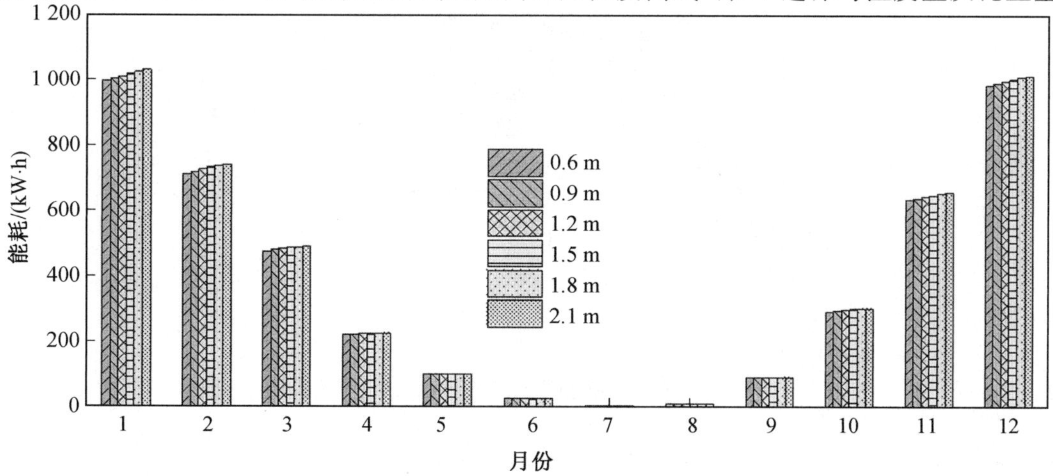

图 6.76　带有不同进深凸出式阳光间建筑全年逐月能耗

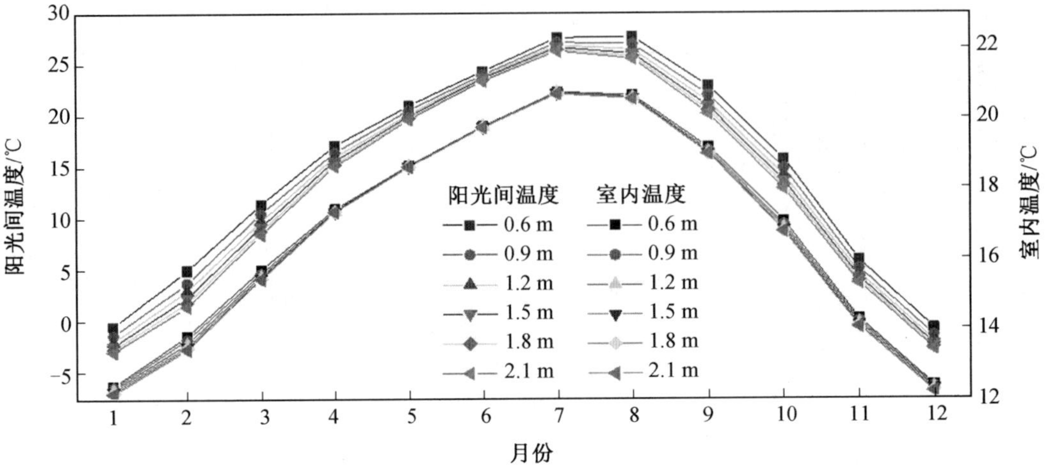

图 6.77　带有不同进深凸出式阳光间建筑全年逐月温度

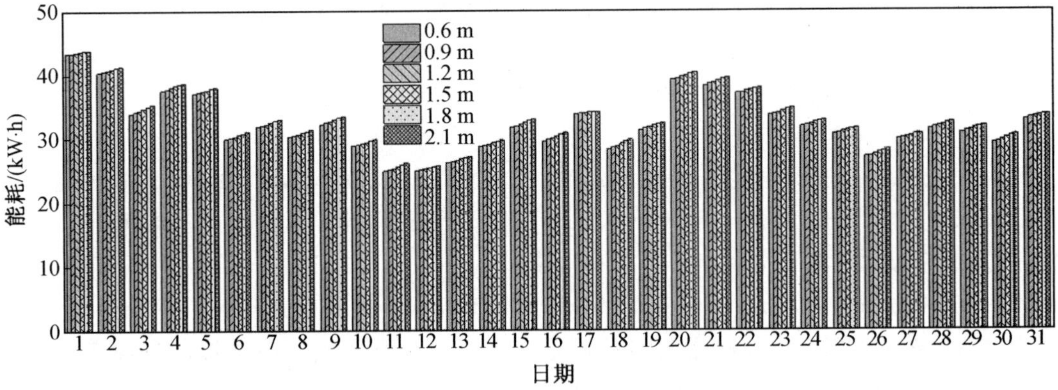

图 6.78　带有不同进深凸出式阳光间建筑最冷月逐日能耗

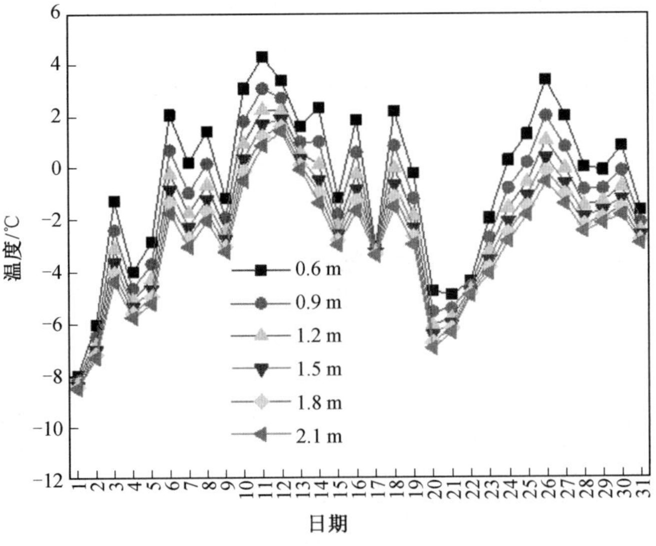

(a) 阳光间温度

图 6.79　带有不同进深凸出式阳光间建筑最冷月逐日温度

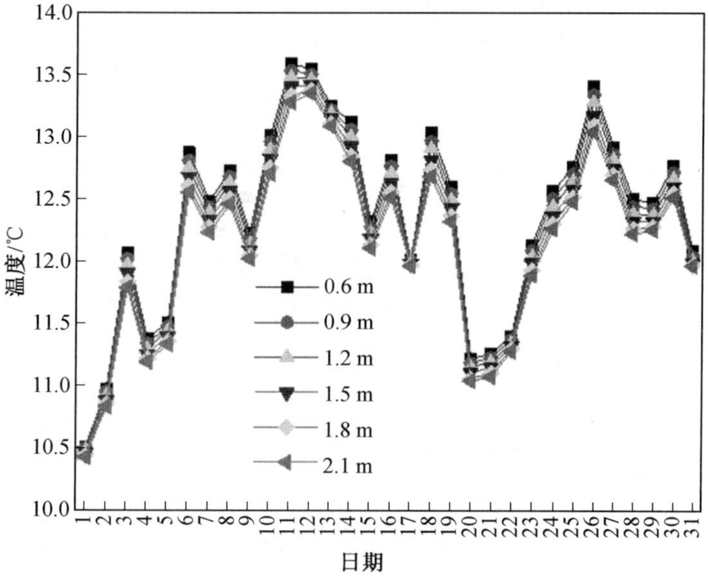

(b) 室内温度

图 6.79(续)

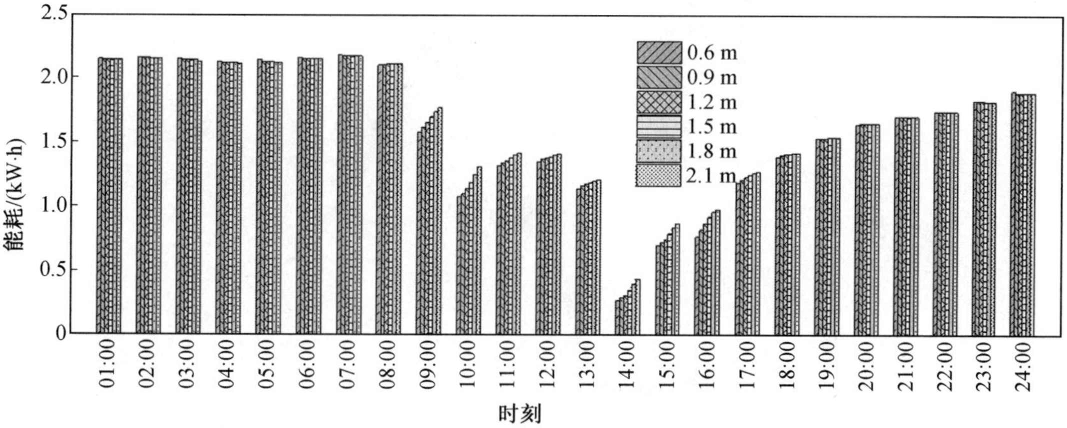

图 6.80　带有不同进深凸出式阳光间建筑最冷日逐时能耗

外温度越低其差值越大，但室内逐月温度变化相对较小，0.6 m 和 2.1 m 进深凸出式阳光间建筑的最冷月温度差为 0.23 ℃，而在夏季基本无差值。最冷月逐日能耗范围在 28.3 ～43.97 kW·h之间，可以看出带有不同进深凸出式阳光间建筑能耗差异较大，说明严寒地区每日温度变化幅度较大，造成温度波动不规律及曲线振幅较大。分析最冷日逐时能耗可知，9:00 到 17:00 带有不同进深凸出式阳光间建筑的能耗差距较大，这段时间阳光间内温度出现 2 个峰值，从 8:00 到 10:00 呈线性增长并在 10:00 达到第一个峰值，10:00 到 12:00 温度出现一定回落，从 12:00 到 14:00 再呈线性增长并在 14:00 达到第二个峰值，分析是由于该地区 8:00 开始有太阳辐射，并在 10:00 左右达到较强辐射，之后辐射下降，在 13:00 左右辐射又开始增强并在 14:00 后持续下降。由于进深小的阳光间空间体积小，吸收相同热量的情况下其室内温度较进深大的阳光间更高，因此对室内温度影

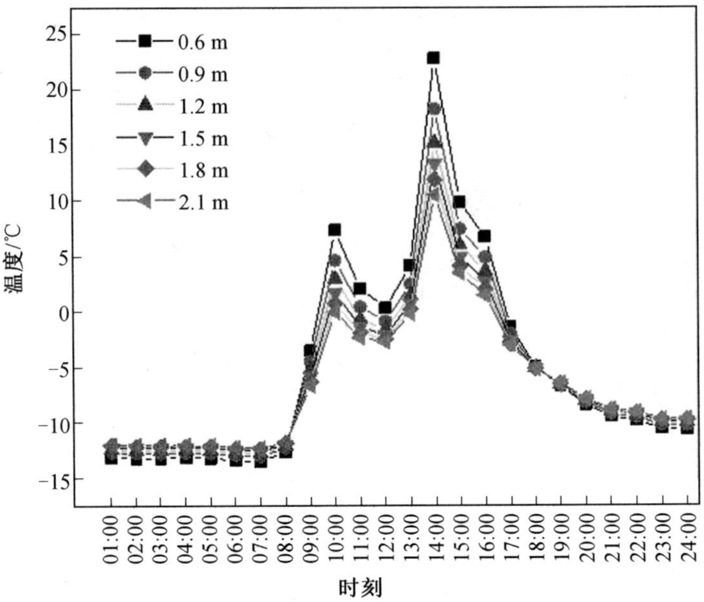

(a) 阳光间温度

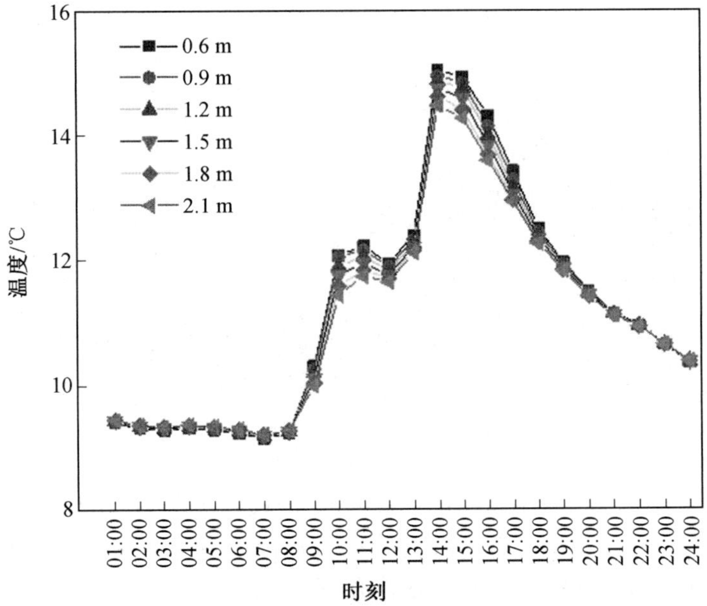

(b) 室内温度

图 6.81　带有不同进深凸出式阳光间建筑最冷日逐时温度

响更大，所以阳光间空间体积越小越节能。由图可知，带有 0.6 m 进深凸出式阳光间和 2.1 m 进深凸出式阳光间建筑的室内温度在太阳辐射时间段约可差 0.6 ℃，因此农宅阳光间的进深越小越好，但阳光间一般还兼具休闲功能，特别是在一些农宅中老年人喜欢养花草或晒阳光等，因此进深也应满足功能需求，综合考虑后建议进深设为 0.9 m 或 1.2 m。

2. **阳光间构造屋顶形式研究**

对如图 6.82 所示 4 种阳光间屋顶形式展开探究。建筑平面尺寸为 3 m×6 m，层高为 3 m，屋顶起坡高为 1.2 m；南向窗距离地面 0.9 m，尺寸为 1.5 m×1.5 m；墙体和屋顶采用彩钢板填充 120 mm 玻璃棉形式；阳光间玻璃幕墙材料为 3 mm 普通玻璃。模拟得出各建筑年总能耗依次为 2 155.56 kW·h、2 266.67 kW·h、2 166.67 kW·h、2 163.89 kW·h。由此可知，建筑屋顶若采用如图 6.82(a) 和(b) 所示的纵向双坡，阳光间采用平屋顶形式更有利于节能；若采用如图 6.82(c) 和(d) 所示的横向双坡，坡屋顶形式能耗比平屋顶略低，推测原因为：一是阳光间与室外接触的外表面积增大造成热损失，二是阳光间空间体积增大造成内部温度下降，对室内热增益效果减弱。综上所述，阳光间屋顶形式取决于主建筑屋顶的起坡方向，当主建筑屋顶为纵向双坡时阳光间采用平屋顶，当主建筑屋顶为横向双坡时阳光间采用坡屋顶。下面分别对屋顶、墙体和窗的构造展开探讨。

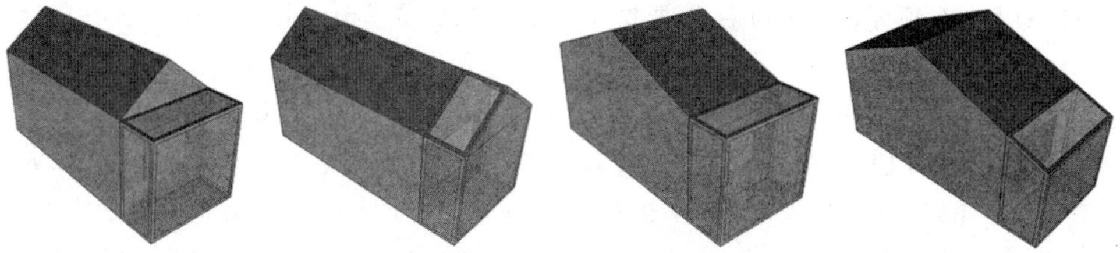

(a) 平屋顶一　(b) 坡屋顶一　(c) 平屋顶二　(d) 坡屋顶二

图 6.82　4 种阳光间屋顶形式

(1) 屋顶。

为简化模型并去除干扰因素，选取平面尺寸为 3 m×6 m、层高为 3 m 的平屋顶建筑作为研究对象，其南墙离地面 0.9 m 高处有一个尺寸为 1.5 m×1.5 m 的窗。另在建筑南向加设一个高 3 m、进深 1.2 m 的阳光间，阳光间亦采用平屋顶，其南向设厚度为 3 mm 的玻璃幕墙。建筑外墙和屋顶均采用彩钢板填充 120 mm 玻璃棉形式，内墙采用彩钢板填充 60 mm 玻璃棉形式。内窗为 3 mm 普通玻璃。基础模型如图 6.83 所示。

图 6.83　基础模型

首先对玻璃顶阳光间的建筑进行模拟。选取 3 mm、5 mm、3 mm＋3A＋3 mm、3 mm＋6A＋3 mm、3 mm＋9A＋3 mm及3 mm＋12A＋3 mm的玻璃进行模拟，得出各建筑年总能耗依次为 2 066.67 kW・h、2 063.89 kW・h、2 036.11 kW・h、2 025 kW・h、2 019.44 kW・h 及 2 019.44 kW・h。分析各建筑年总能耗数值可知，3 mm和5 mm玻璃顶阳光间对建筑能耗影响差别不大，两者比较选取前者更好。带有夹层玻璃顶阳光间的建筑能耗随空气层厚度增大而逐渐降低，在空气层厚度达到 9 mm 后能耗保持恒定，因此空气层厚度宜选择 9 mm。相比 3 mm 单层玻璃，带有 3 mm＋9A＋3 mm 玻璃顶阳光间建筑年节能量为47.23 kW・h，年节约资金 28.34 元，成本增加 144元，增益回收期约为 5.08 年，证明夹层玻璃代替单层玻璃具备可行性。而进一步将普通玻璃换成 Low-E 玻璃，得出带有 3 mm＋9A＋3 mm(Low-E) 玻璃顶阳光间建筑的年总能耗为 1 986.11 kW・h，与普通 3 mm ＋ 9A ＋ 3 mm 玻璃顶建筑相比，年节能量为33.33 kW・h，年节约资金 20 元，成本增加 43.2 元，增益回收期约为 2.16 年。综上所述，若阳光间采用玻璃顶屋面，其构造宜选取 3 mm ＋ 9A(或 9mm 以上) ＋ 3 mm 的 Low-E玻璃。

其次对具有彩钢板顶阳光间的建筑进行能耗模拟。选取 60 mm、90 mm 和 120 mm的彩钢板填充玻璃棉屋顶，模拟得出各建筑年总能耗依次为 1 997.22 kW・h、1 980.56 kW・h、1 972.22 kW・h、1 969.44 kW・h。对能耗数值进行经济性计算得出，各屋顶建筑增益回收期分别为 4.03 年(60mm)、8.04 年(90mm) 和 24.13 年(120mm)，因此若想在 10 年内回收成本宜选取的玻璃棉厚度为 90 mm。

将玻璃屋顶与彩钢板顶进行经济性对比分析。经过计算可知，90 mm 玻璃棉夹心彩钢板顶的成本为 151 元，而 3 mm＋9A＋3 mm(Low-E) 玻璃屋顶的成本为 792 元，玻璃屋顶成本约为彩钢板顶成本的 5.2 倍，而采用 90 mm 玻璃棉夹心彩钢板顶构造建筑能耗低于 3 mm ＋ 9A ＋ 3 mm(Low-E) 玻璃屋顶构造建筑，因此若仅考虑节能降耗宜选取彩钢板顶，但从室内采光角度来说，彩钢板顶阳光间对建筑室内采光产生遮挡，随着进深增加其遮挡效果逐渐增强，不利于满足室内光环境要求，但由于两者成本差距悬殊，因此在不影响室内采光的基础上宜选取彩钢板顶。

(2) 墙体。

下面对阳光间东西侧立面墙体构造展开探究。以图 6.83 中基础模型为原型，阳光间屋顶构造为彩钢板填充 90 mm 玻璃棉，除阳光间东西侧立面墙体外其他构造不变。首先对阳光间东西侧立面使用玻璃幕墙的效果展开探讨。模拟得出带有 3 mm、5mm、3 mm＋3A＋3 mm、3 mm＋6A＋3 mm、3 mm＋9A＋3 mm及3 mm＋12A＋3 mm玻璃幕墙建筑的年总能耗依次为 2 091.67 kW・h、2 088.89 kW・h、2 058.33 kW・h、2 044.44 kW・h、2 036.11 kW・h 及 2 030.56 kW・h。分析可知，阳光间东西侧玻璃厚度变化对建筑年总能耗影响很小，建筑年总能耗随夹层玻璃中空气层厚度增加而有所降低，相比 3 mm 普通玻璃幕墙建筑，3 mm ＋ 12A ＋ 3 mm 玻璃幕墙建筑年总节能量为61.11 kW・h，年节约资金 36.67 元，成本增加 288 元，增益回收期为 7.85 年；将普通玻璃换成 Low-E 玻璃后年总能耗为1 994.44 kW・h，与普通 3 mm＋12A＋3 mm 玻璃幕墙建筑相比，节能量为 36.12 kW・h，年节约资金 21.67 元，成本增加 86.4 元，增益回收期为

3.99 年。因此若阳光间东西侧采用玻璃幕墙构造宜选择 3 mm＋12A＋3 mm(Low-E)玻璃。

其次对 30 mm、60 mm、90 mm、120 mm 及 150 mm 夹心彩钢板侧墙建筑进行研究模拟得出各建筑年总能耗依次为 2 022.22 kW·h、1 994.44 kW·h、1 980.56 kW·h、1 972.22 kW·h 及 1 966.67 kW·h。通过能耗值求得增益回收期分别为 2.41 年(60 mm)、4.83 年(90 mm)、8.04 年(120 mm) 及 12.08 年(150 mm)。分析可知,若阳光间东西侧立面为夹心彩钢板侧墙,宜选取彩钢板填充 120 mm 玻璃棉。

对比侧墙和侧窗的能耗及价格,发现阳光间侧立面为彩钢板填充 120 mm 玻璃棉比 3 mm＋12A＋3 mm(Low-E) 玻璃幕墙更节能,说明侧墙的保温隔热增益效果优于侧窗的透光蓄热效果。采用彩钢板填充 120 mm 玻璃棉的建筑成本为 369.07 元,而采用 3 mm＋12A＋3 mm(Low-E) 玻璃幕墙的建筑成本为 1 584 元,约为侧墙成本的 4.29 倍。因此宜优先选取彩钢板填充 120 mm 玻璃棉。

(3) 窗。

以图 6.83 中基础模型为原型,阳光间屋顶构造为彩钢板填充 90 mm 玻璃棉,东西侧立面侧墙构造为彩钢板填充120 mm 玻璃棉,其余构造参数不变。对阳光间南向窗的构造展开探讨。模拟具有 3 mm、5 mm、3 mm＋3A＋3 mm、3 mm＋6A＋3 mm、3 mm＋9A＋3 mm、3 mm＋12A＋3 mm、3 mm＋12A＋3 mm(Low-E) 玻璃幕墙建筑能耗,得出年总能耗依次为 1 972.22 kW·h、1 969.44 kW·h、1 900 kW·h、1 858.33 kW·h、1 833.33 kW·h、1 819.44 kW·h 和 1 761.11 kW·h。对比 3 mm 和 5 mm 阳光间南向窗可知,玻璃厚度对建筑能耗影响较小,而采用夹层玻璃后建筑节能量获得较大提升,与 3 mm 玻璃幕墙建筑相比,3 mm＋12A＋3 mm 玻璃幕墙建筑年节能量为 152.78 kW·h,年节约资金 91.67 元,成本增加 360 元,增益回收期为 3.93 年;将玻璃替换成 Low-E 玻璃后,每年又节能 58.33 kW·h,年节约资金 35 元,成本增加 108 元,增益回收期为 3.09 年。综上所述,阳光间南向宜选用 3 mm＋12A＋3 mm(Low-E) 玻璃,相比 3 mm 普通玻璃,建筑年总节能量为 211.11 kW·h,年节约资金 126.67 元,成本增加 468 元,增益回收期为 3.7 年。

3. 阳光间优化性能评价

为对阳光间进行整体优化性能评价(基于图 6.83 中基础模型),阳光间构造参数设置均采用前面章节中选定的最优值,围护结构各部位构造参数及成本见表 6.16。模拟后得出无阳光间建筑的年总能耗为 2 352.78 kW·h,对阳光间进行整体优化后其建筑年总能耗为1 761.11 kW·h,年节能量为 591.67 kW·h,节能率为 25.15%,再次验证了阳光间节能效果显著。对其经济性与回收期进行分析,根据年节能量算得年节约资金为 355 元,而总投资为 2 482.32 元,因此增益回收期为 6.99 年,在当地居民可接受的时间跨度范围内。

表 6.16　围护结构各部位构造参数及成本

部位	构造	材料单价	结构面积	成本
原外墙	0.6 mm 彩钢板	7 元 /m^2	45 m^2	2 306.7 元
	120 mm 玻璃棉	310.5 元 /m^3		
	0.6 mm 彩钢板	7 元 /m^2		
原内墙（附加阳光间后）	0.6 mm 彩钢板	7 元 /m^2	6.75 m^2	220.25 元
	60 mm 玻璃棉	310.5 元 /m^3		
	0.6 mm 彩钢板	7 元 /m^2		
原窗	3 mm 普通玻璃	180 元 /m^2	2.25 m^2	405 元
原屋顶	0.6 mm 彩钢板	7 元 /m^2	18 m^2	922.68 元
	120 mm 玻璃棉	310.5 元 /m^3		
	0.6 mm 彩钢板	7 元 /m^2		
阳光间南向窗	3 mm Low-E 玻璃	232 元 /m^2	9 m^2	2 088 元
	12 mm 空气层			
	3 mm Low-E 玻璃			
阳光间侧墙	0.6 mm 彩钢板	7 元 /m^2	7.2 m^2	369.07 元
	120 mm 玻璃棉	310.5 元 /m^3		
	0.6 mm 彩钢板	7 元 /m^2		
阳光间屋顶	0.6 mm 彩钢板	7 元 /m^2	3.6 m^2	151 元
	90 mm 玻璃棉	310.5 元 /m^3		
	0.6 mm 彩钢板	7 元 /m^2		

模拟阳光间改造全年逐月、最冷月逐日和最冷日逐时能耗与温度结果如图 6.84 ～ 6.86 所示。可以看出，相比室外全年逐月温度，阳光间室内温度具有较大提升且曲线更加平缓，室外越冷其提升数值越大，节能量越多。在最冷月温度提升最大，为 29.16 ℃，节能量最大为 123.46 kW·h；在 6 月节能效果最差，但也较室外温度提高了 4.2 ℃，能耗减

少了3.73 kW·h。阳光间的逐月室内温度曲线高于建筑室内温度曲线，且室外温度越高其差值越大，证明了阳光间充分发挥了集热蓄热作用，使建筑内部整体温度大幅提高。在6月到9月附加阳光间建筑的室内温度低于无阳光间的原建筑，但其室内温度依然处于18～24 ℃之间，因此在严寒地区的夏季阳光间也不会产生负增益。

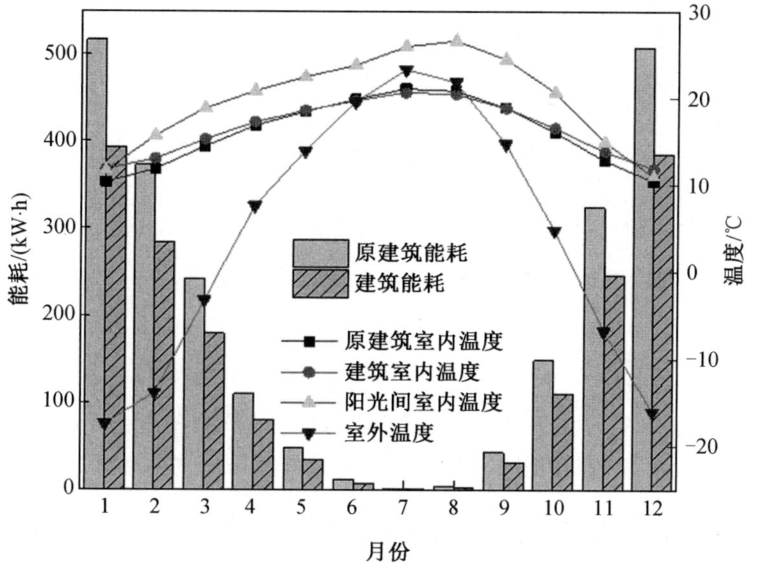

图 6.84　阳光间改造全年逐月能耗与温度

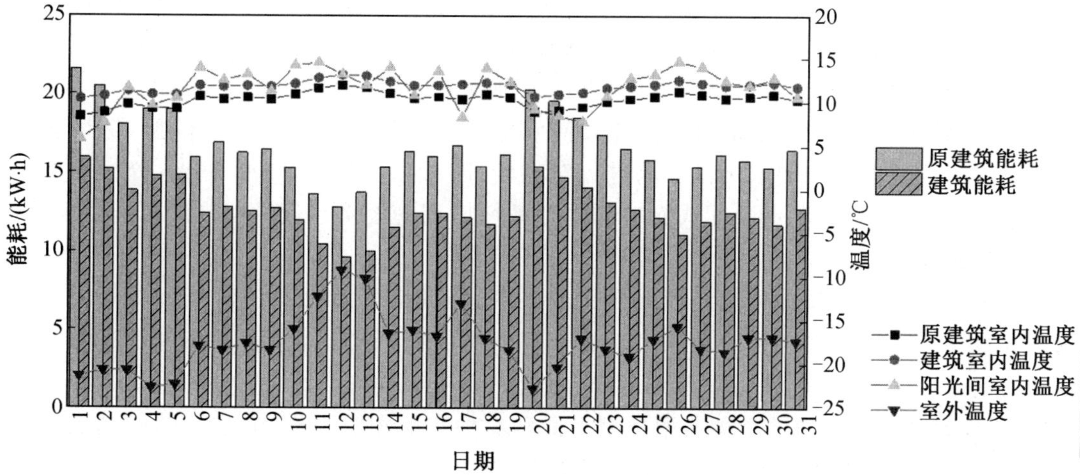

图 6.85　阳光间改造最冷月逐日能耗与温度

根据最冷月逐日能耗变化情况可知，虽然每日能耗有所变化，但基本稳定在21.9%～27%之间，阳光间室内温度变化相较室外温度更加稳定，但相较建筑室内温度而言其曲线波动仍较为剧烈。附加阳光间建筑与原建筑的逐日室内温度曲线变化趋势相同，但温度数值约提高了1.47 ℃。从最冷日逐时温度曲线可以看到，阳光间室内温度在8:00到18:00的温度变化比室外温度更加剧烈，说明在此时间段阳光间吸收太阳辐射对其内温度有较大影响，而由于原建筑在此时间段直接受到太阳辐射变化影响，其室内温度

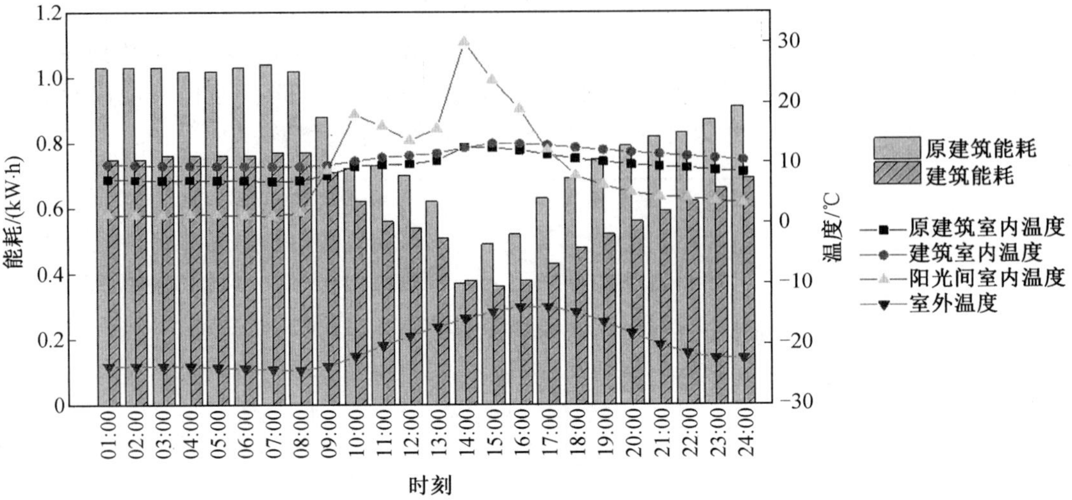

图 6.86　阳光间改造最冷日逐时能耗与温度

变化比附加阳光间建筑室内温度更大,造成两者此时间段的温度差异缩小。阳光间与原建筑的室内温度变化趋势基本相同,说明阳光间内温度与室内温度不存在迟滞效应。

6.8.3　一体化近低能耗装配式农宅设计优化

建筑平面布局对施工技术要求、居住舒适性和能耗影响较大,本小节对建筑设计布局进行探究。首先,调研大量严寒地区农宅平面布局,总结农宅设计特点并分析原因,同时对目前市面上常见的双层别墅的平面布局进行调研,汲取适宜应用在农宅平面中的有益因素,结合上述章节的节能策略与方法,设计一种普遍适用于严寒地区的装配式农宅平面布局形式;其次,依据设计平面分别建立砖混农宅模型和轻钢装配式农宅模型,探讨装配式农宅的节能性能并与国家规范要求进行对比验证;最后,进行经济性对比,分析成本增量与增益回收期,验证轻钢装配式农宅在严寒地区应用的经济合理性与推广可行性。

1. 建筑布局分析

合理的建筑平面布局可起到增强居住舒适性、降低工程造价及使建筑节能降耗等作用。为找出一种适合在严寒地区农宅普遍推广的平面布局形式,笔者对该村现有农宅平面和目前市面上常见的双层别墅平面布局展开分析,考虑到北方一家的人口数目为 2 ～ 5 人,针对该村设计了 7 种典型户型平面和 6 种双层别墅平面,通过总结归纳农宅的共性特点与差异对现有农宅的布局合理性展开探讨。

2. 建筑平面形态分析

对现有农宅平面形态展开分析,发现若将车库和露台等附属功能房间去除后,其外轮廓多为规整的矩形且开间长度略大于进深,推测是为了减小建筑体型系数及降低材料成本。由于大庆地区建筑南向吸收太阳辐射量大,太阳照射时间长,该地区建筑多面朝南向,且在南向开窗尺寸大而在北向开小窗,东西墙由于西北风侵袭及作为承重山墙一般不开窗,外门多位于建筑南向。外墙厚度多为 500 mm,而内墙则为 240 mm,既满足了承重需要又加强了室内保温隔热效果,但由于墙体过厚而侵占了部分室内使用面积。再对别墅平面形态展开分析，发现由于内部功能的复杂化及对外立面的装饰化处理，其外轮廓通常并不规整，二层的外轮廓与一层相近但并不完全等同，因此对其体型系数的优化应分层考虑。一般建筑每个朝向均有开窗，主入口在南侧或北侧设置。总的来说相比双层别墅，传统农宅的平面形态更利于节能降耗，适宜在严寒地区农宅的节能设计之中继续沿用，但当人口数目大于 5 人时，一些居民将老年人分离出来，两部分人员分别居住在两栋房子中，或采用联排布置形式，但却使能耗较高，而双层农宅中底层屋顶多为上层的楼板，从而增加了一层保温隔热层，增强了保温效果且利于垂直分区与管线布置并节约了土地，因此人口数目较多的农宅宜设双层。

3. 功能组织与交通流线分析

通过对该村农宅平面的功能布置进行分析，发现卧室、客厅等采暖房间多位于南向，而卫生间、厨房、储藏间、杂物房等多位于北向，为保证房间的热舒适度，卧室和客厅通常仅有两面或一面墙与室外环境接触，这种布局手段使采暖房间获得了充足的太阳辐射且利用不采暖房间阻挡了西北风并加强了采暖房间北侧的保温隔热性能。传统农宅多以炕采暖，其厨房和卧室常临近布置，为满足洁污分区要求其杂物房通常与厨房相邻；北方串门和宴客等活动频繁，传统农宅的客厅多兼具餐厅功能。由于农宅为降低体型系数其外轮廓多为矩形，因此其建造多在确定大致轮廓后赋予功能，这造成了部分功能空间的居住舒适性降低。通过对比该村农宅与双层别墅的功能构成发现，农宅存在部分功能缺失问题，多数农宅仅具有厨房、客厅、卧室及杂物房等，仅能满足基本生活需求，而不具有车库、卫生间、书房及阳光间等功能房间，而别墅中的工人房和家政间等房间应在农宅中剔除，因此应对农宅的功能做出调整，使居住舒适性随着人民经济水平的上升而逐渐提高。

分析农宅现有的交通流线发现，农宅多以客厅作为交通枢纽再分散到各个房间，但一些平面布局存在流线交叉及使用不便的问题。单层布局农宅中老年人、儿童和青年的卧室距离很近且没有个人专用的独立卫生间，居住私密性较差。双层别墅的交通流线较为合理，私密性也较好，但过厅的设置存在交通空间所占面积过大的问题。综上所述，农宅交通应在房间功能确定后重新组织交通流线，兼顾居住舒适性、经济性与建筑节能。

4. 农宅布局设计与建模分析

通过借鉴传统农宅和双层别墅的平面布局，将车库、卫生间及阳光间等功能房间引入建筑，并在平面布局中综合考虑建筑节能、经济性及居住舒适性等，当人口数为 2 ～ 3 人时建筑仅设一层并将双层别墅中一层楼梯所占空间改成储藏间，当人口数为 3 ～ 5 人时建筑应设两层。建筑一层外轮廓为规整的矩形，二层外轮廓为 2 个矩形拼接而成。将客厅和餐厅放置于建筑中心作为交通联系空间，南北侧均可获取充足光照；为节约空间，利用楼梯下部空间设置储藏间，楼梯与卫生间相邻，从南向主入口进入后视野较好，辅助房间隐蔽又易寻找；老年人（或青年）的主卧室与儿童房相邻，便于照看；厨房与锅炉房设在同一空间，通过水暖设备将热传送到各个房间的暖气片，卧室与锅炉房较近且卫生间；卧室、客厅等上下层对位，便于结构与管线布置；一层主入口处设防寒门斗，阳光间进深与门斗一致并由于房间对位关系可直接将阳光间延伸到二层；车库放置于建筑西南侧（一是为了临近主入口，二是为了对客厅起到一定的保温隔热作用）；车库、厨房和餐厅的屋顶可作为二层的露台，大幅增加农宅活动空间。考虑到如今许多农宅采用联排布置形式以降低能耗，此种排布方式将相同热区房间拼接，削弱相邻房间热传导造成的热损失，主卧室、卫生间、车库、厨房及楼梯的东侧或西侧外墙变为内墙，增加了保温隔热效果且降低了部分材料成本，在单层和双层农宅中普遍适用。

对设计的农宅进行热区规划，热环境分区如图 6.87 所示。将客厅、办公、餐厅和卧室设为采暖房间，由于楼梯下部储藏间与客厅连通，因此也归入采暖房间。一些辅助类房间使用次数较少或时间很短，如车库、卫生间和防寒门斗，另一些房间本身能够集热蓄热或产生热量，如阳光间、厨房和锅炉房，因此将车库、卫生间、阳光间、防寒门斗、厨房和锅炉房设为不采暖房间。一层和二层采暖房间的整体外轮廓也大致呈矩形，四周多围绕不采暖房间，总的来说此种设置能够大幅减少室内能耗，保证人经常活动范围的舒适性。

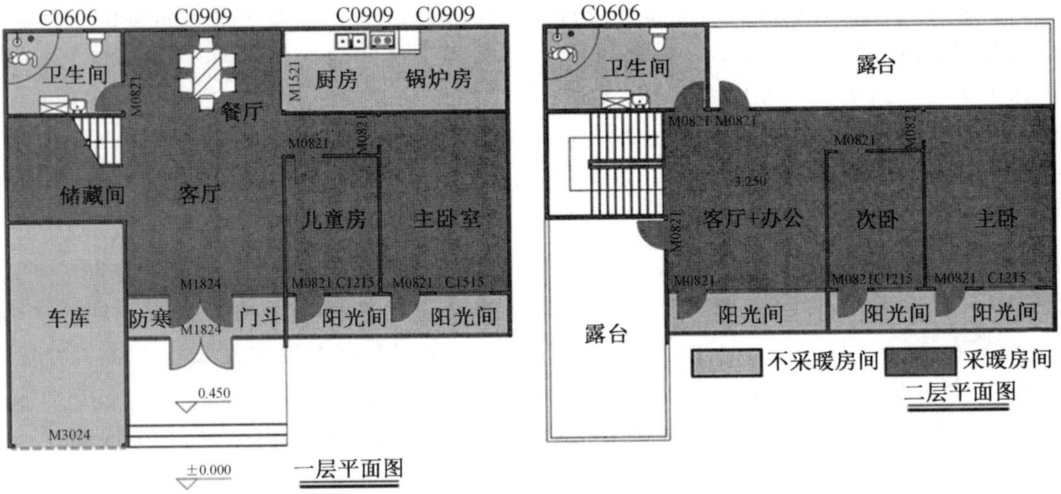

图 6.87　热环境分区

参照人的活动规律及房间使用性质对农宅进行动静分区，如图 6.88 所示。客厅作为一个公共活动场所承担了餐饮、休闲娱乐、待客和交通枢纽的作用，因此将其划归为半动半静区；厨房与锅炉房在做菜及采暖时产生较大声响，因此归为动区；其他空间人的活动行为较少，因此均划归为静区。从整体上看主要功能房间很少受到相邻房间影响，各自房间的声环境私密性较好。

交通流线如图 6.89 所示，从主入口进入后以客厅作为公共空间，可通过其进入其他空间，而合理的功能组合可使其内部无流线交叉与混乱问题。一层为老年人和小孩使用，二层为青年或中年使用，以上下层区分不同年龄段人群的活动空间。阳光间的使用性质也根据交通流线产生变化，客厅的阳光间是对外公共空间，可满足晾晒及储藏等需要，而卧室的阳光间却是私密的独立空间，可作休闲和养花草等空间使用。

洁污分区如图 6.90 所示。由图可知，洁污分区上下对位，洁区集中在南侧，形成了一个规整的矩形，而污区集中在西侧和北侧，餐、厨、卫于北侧横向布置，这样洁污分区的交通流线很少会产生交叉。

综上所述，此平面布局形式较原农宅在功能方面有了合理补充，流线更加明确简洁且进行了阳光间的一体化设计，对农宅的居住舒适性及建筑节能均有充分考虑，这一平面布局形式应用在严寒地区农宅中较为适宜。

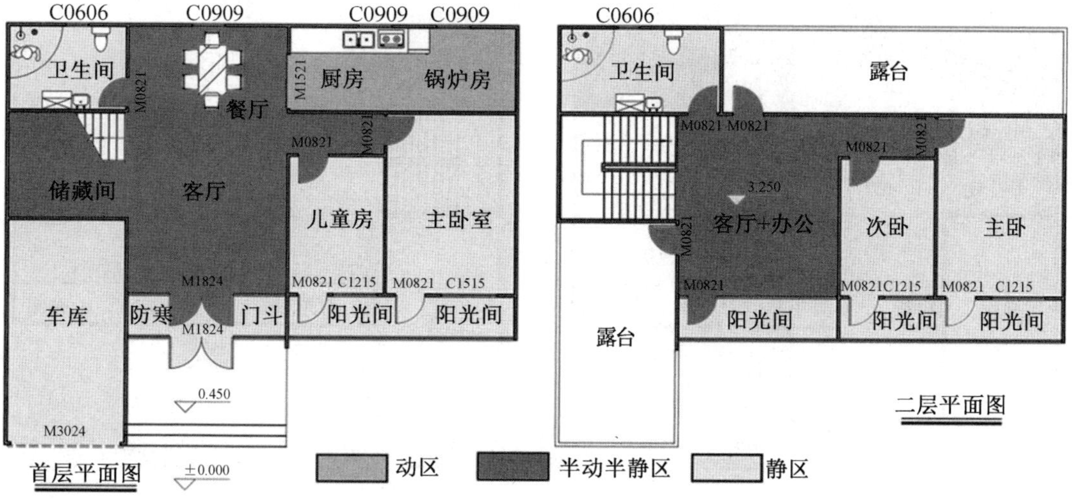

图 6.88　动静分区

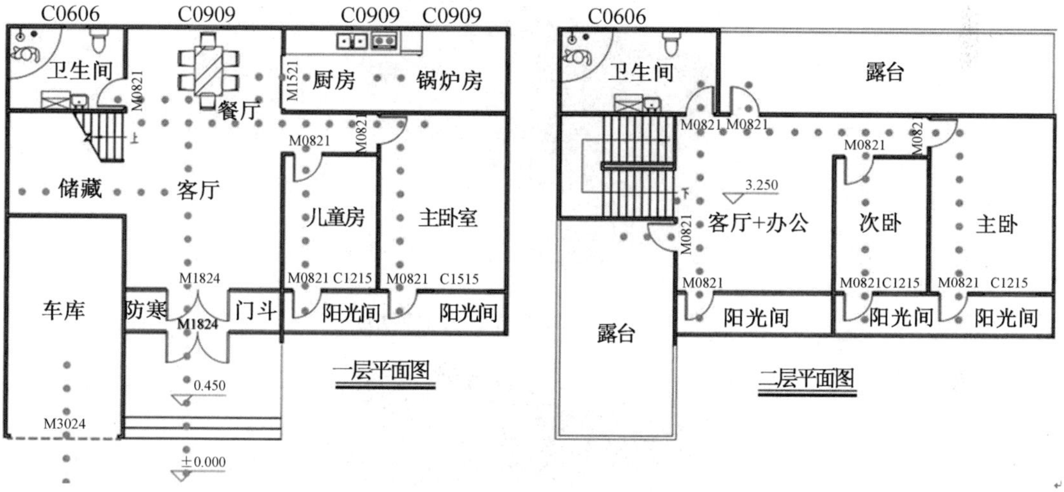

图 6.89　交通流线

5. 模型建立与参数设定分析

以农宅优化平面为基础，将层高设定为 2.8 m，采用双坡屋顶，屋脊高出屋面 1.2 m，建立 2～3 人居住的单层装配式农宅模型（图 6.91）和 3～5 人居住的双层装配式农宅模型（图 6.92）。为直观反映节能优化效果，将模型的构造替换实地砖混农宅构造进行模拟数据对比。

装配式农宅所用材料参数见表 6.17，其构造见表 6.18。

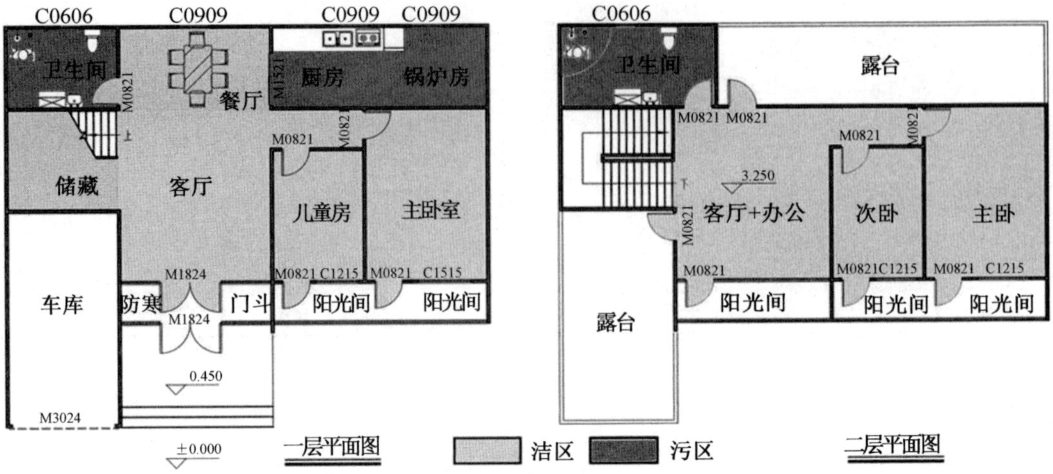

图 6.90　洁污分区

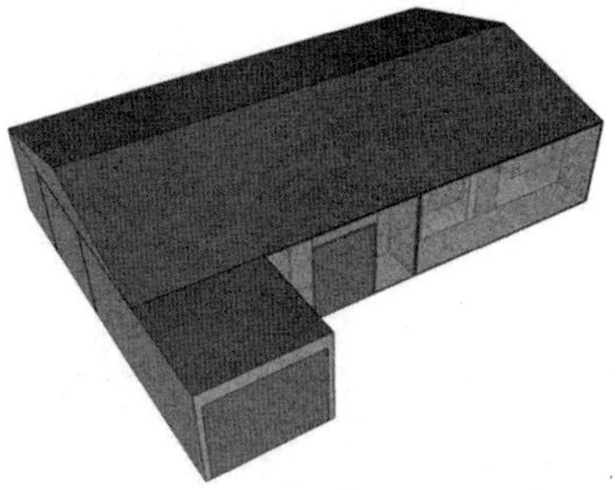

图 6.91　单层装配式农宅模型

图 6.92　双层装配式农宅模型

表 6.17　装配式农宅所用材料参数

材料	密度 /(kg · m^{-3})	导热系数 /(W · m^{-1} · K^{-1})	比热 /(J · kg^{-1} · K^{-1})	蓄热系数 /(W · m^{-2} · K^{-1})
水泥砂浆	1 800	0.93	1 050	11.37
EPS	20	0.039	1 790	0.347
石膏板	1 250	0.47	840	5.93

续表

材料	密度 /(kg·m^{-3})	导热系数 /(W·m^{-1}·K^{-1})	比热 /(J·kg^{-1}·K^{-1})	蓄热系数 /(W·m^{-2}·K^{-1})
彩钢板	7 850	58.15	0.5	126
玻璃棉	140	0.045	1 220	0.75
木地板	500	0.14	2 510	3.85
普通玻璃	2 500	0.76	837	—
Low-E 玻璃	2 500	0.9	837	—
混凝土	2 000	1.28	920	13.09
灰土	2 000	1.16	1 010	12.99

表 6.18 装配式农宅构造

外墙	内墙	吊顶	屋顶	外窗	内窗	门	地面	阳光间侧墙	阳光间屋顶	楼板
20 mm 水泥砂浆	12 mm 石膏板	20 mm 水泥砂浆	0.6 mm 彩钢板	3 mm Low-E 玻璃		均为预制构件，厂家自理(外门：金属保温防盗门；内门：普通木门)	30 mm 水泥砂浆	0.6 mm 彩钢板	0.6 mm 彩钢板	50 mm 水泥砂浆
80 mm EPS							3 mm 素水泥浆			12 mm 石膏板
12 mm 石膏板	60mm 玻璃棉	80 mm EPS	150 mm 玻璃棉	12 mm 空气间层	3 mm 普通玻璃		60 mm 混凝土垫层	120 mm 玻璃棉	90 mm 玻璃棉	60 mm 玻璃棉
150 mm 玻璃棉							300 mm 灰土夯实			
12 mm 石膏板	12 mm 石膏板	12 mm 石膏板	0.6 mm 彩钢板	3 mm Low-E 玻璃			素土夯实	0.6 mm 彩钢板	0.6 mm 彩钢板	12 mm 石膏板

6. 热工性能分析

对单层农宅模型进行模拟，得出单层装配式农宅和砖混农宅的年总能耗分别为 1 841.67 kW·h 和 8 077.78 kW·h，节能量为 6 236.11 kW·h，节能率为 77.2%，说明构造优化的装配式农宅具有很强的节能潜力。单层装配式农宅和砖混农宅的采暖热区单位面积年能耗量分别为 24.3 kW·h 和 106.6 kW·h，而根据《严寒和寒冷地区居住建筑节能设计标准》(JGJ 26—2018) 可知，大庆地区新建居住建筑设计供暖年累计热负荷为

34.7 kW·h,此砖混农宅远超规定限值,而装配式农宅达标且比规定要求低 29.97%,因此从国家标准规范角度看单层装配式农宅具备可推广性。

单层农宅全年逐月、最冷月逐日和最冷日逐时能耗与温度如图 6.93 ~ 6.95 所示。分析全年逐月能耗数据可知,相比单层砖混农宅,单层装配式农宅逐月能耗大幅下降,且室外越冷其节能效果越好。在最冷月(1 月)装配式客厅节能量最多,为876.34 kW·h,装配式卧室节能率最高可达 47.58%。装配式儿童房年能耗最小,其次是装配式卧室,装配式客厅最高,但从单位面积年节能量来看装配式儿童房年能耗最小,其次是装配式客厅而装配式卧室最高,分析是由于客厅采暖面积大造成年能耗较高,而客厅围护结构与室外直接接触面积占比相比卧室更小,因此客厅空间的保温隔热效果比卧室更好,造成单位面积能耗比卧室小。根据逐月温度曲线可知,相比单层砖混农宅,单层装配式农宅的逐月温度曲线更趋于平缓,在采暖月份单层装配式农宅室内温度具有较大提升,而在夏季其室内温度有小幅降低,但逐月室内温度稳定在舒适温度(18 ~ 24 ℃)范围内。单层装配式农宅吊顶(闷顶)内温度相比室外温度有较大提升,最冷月温度相差14.08 ℃,证明闷顶的设置起到了一定的保温隔热效果。装配式阳光间内温度波动范围为 13.7 ~ 24.04 ℃,在 3 月到 10 月内部逐月温度均在舒适温度范围内。装配式采暖房间的室内温度范围为 15.9 ~ 19.81 ℃,且在 4 月到 10 月间室内逐月温度均为舒适温度,而非采暖房间的室内温度范围为 13.26 ~ 24.04 ℃。对比发现其温度波动范围比采暖房间大,分析原因:一是由于非采暖房间多布置在北向;二是其围护结构与室外接触面积所占比重大,因而受外界气候影响更大。

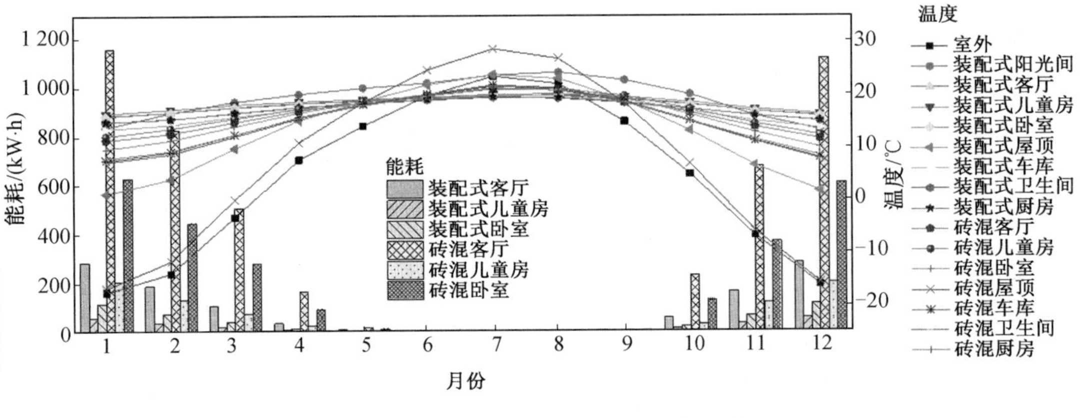

图 6.93 单层农宅全年逐月能耗与温度

由图 6.94 可知,装配式农宅每日能耗有所变化但差别不大,相较其他房间室内温度,阳光间温度曲线振幅较大,验证了太阳辐射照度对室内温度影响明显的结论。在采暖月份,车库未采用坡屋顶造成其内温度较卫生间和厨房更低,而由于卫生间和厨房均位于北向且开窗大小基本一致,因此两者室内温度相近。

由图 6.95 可知,单层砖混农宅闷顶节能效果不大甚至在某些时间段会出现反作用,分析是由于采用彩钢板的导热系数过大及遮阳造成太阳辐射热流失;而单层装配式农宅的夹心彩钢板闷顶内温度获得大幅提升且相较室外温度波动程度明显减小,室内外温度的最大值不在同一时间段说明室外与闷顶温度存在迟滞效应。在太阳辐射时间段,砖混

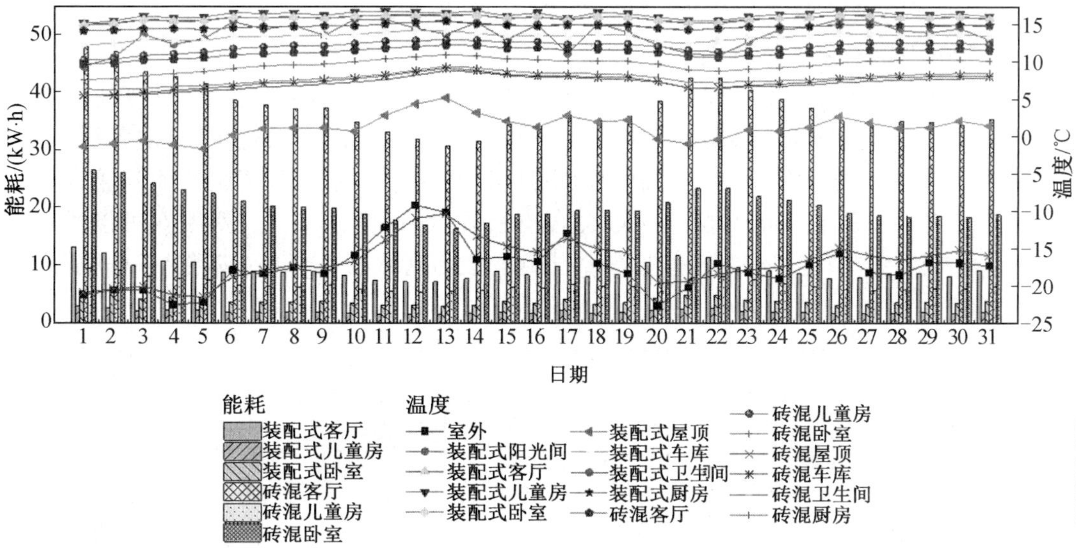

图 6.94　单层农宅最冷月逐日能耗与温度

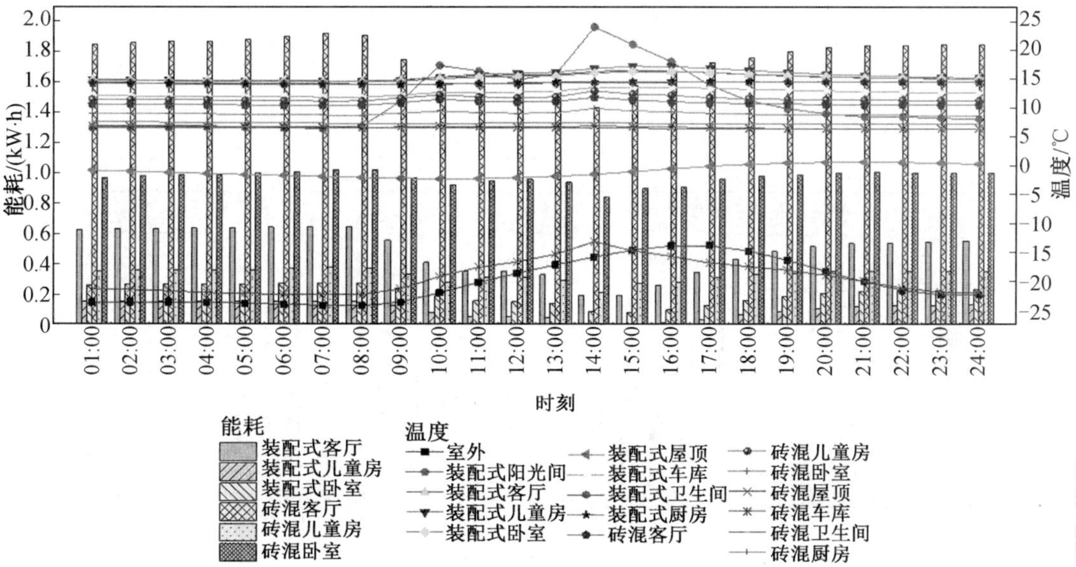

图 6.95　单层农宅最冷日逐时能耗与温度

农宅的南向采光房间温度提升显著，而单层装配式农宅阳光间内温度出现大幅波动，与其直接相连的卧室与儿童房的室内温度得到小幅提升，说明装配式阳光间不仅可起到提升相邻房间室内温度的作用，还能降低其温度波动幅度。

对双层农宅模型进行模拟，得出双层装配式农宅和砖混农宅的年总能耗分别为 3 955.56 kW·h和19 302.78 kW·h，节能量为15 347.22 kW·h，节能率为79.51%，相比单层装配式农宅节能率小幅上升。双层装配式农宅和砖混农宅采暖房间年单位面积能耗量分别为28.11 kW·h和137.16 kW·h，可知相比单层装配式农宅其单位面积年能耗量有所上升，但双层装配式农宅供暖年累计热负荷小于规定数值 34.7 kW·h，相比规范低18.99％，证明双层装配式农宅能耗需求依然满足规范。

双层装配式农宅全年逐月、最冷月逐日和最冷日逐时能耗与温度如图6.96～图6.98所示。分析发现其与单层装配式农宅和砖混农宅的能耗与温度变化规律基本一致，但由于采暖房间增多其在能耗数值上有所增加。双层装配式农宅中，一层餐厅、厨房和车库的屋顶为二层的露台，导致二层采暖房间围护结构与室外环境接触面积较一层增大，因此二层比一层单位面积能耗增大，温度有所降低，但整体来说其影响在可接受范围内。综合考虑建筑节能、居住舒适性、节约土地与设备管线成本等得出双层装配式农宅布局是合理的。

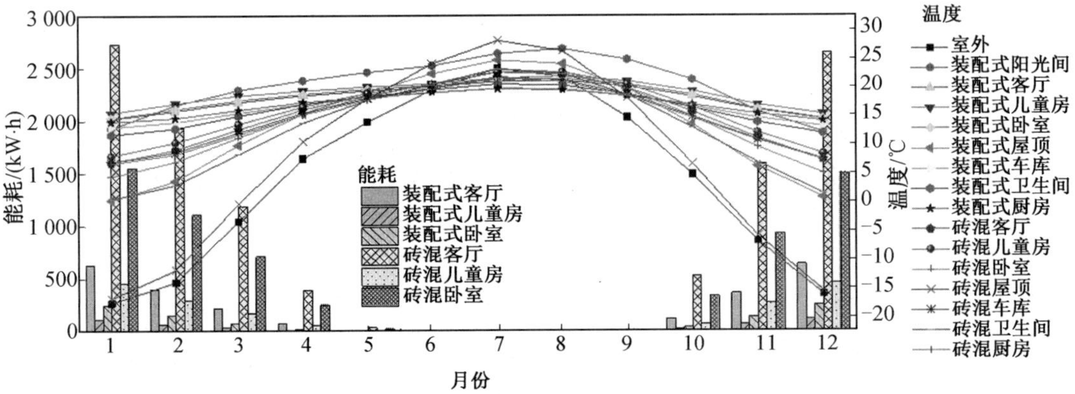

图6.96　双层农宅全年逐月能耗与温度

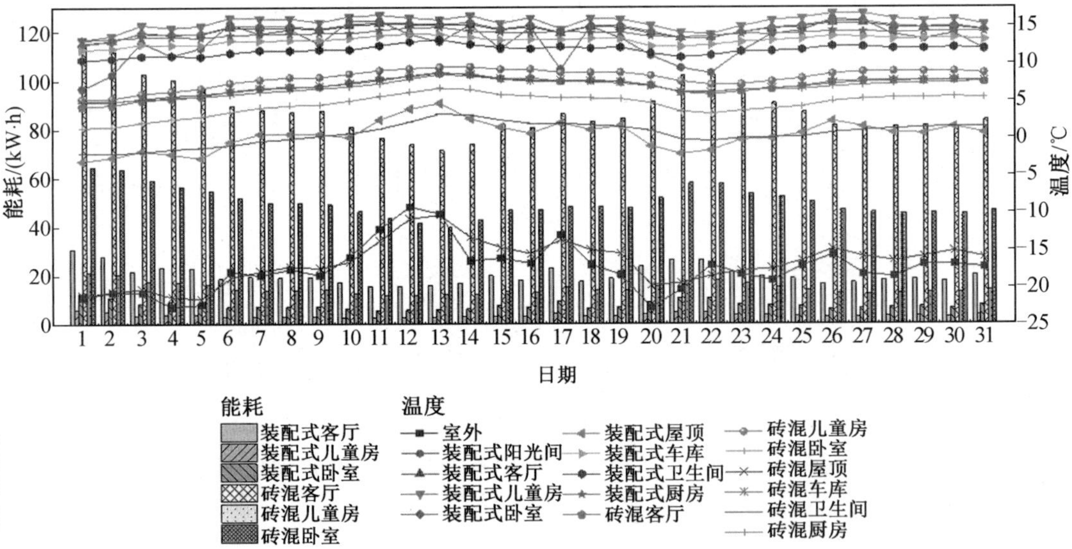

图6.97　双层农宅最冷月逐日能耗与温度

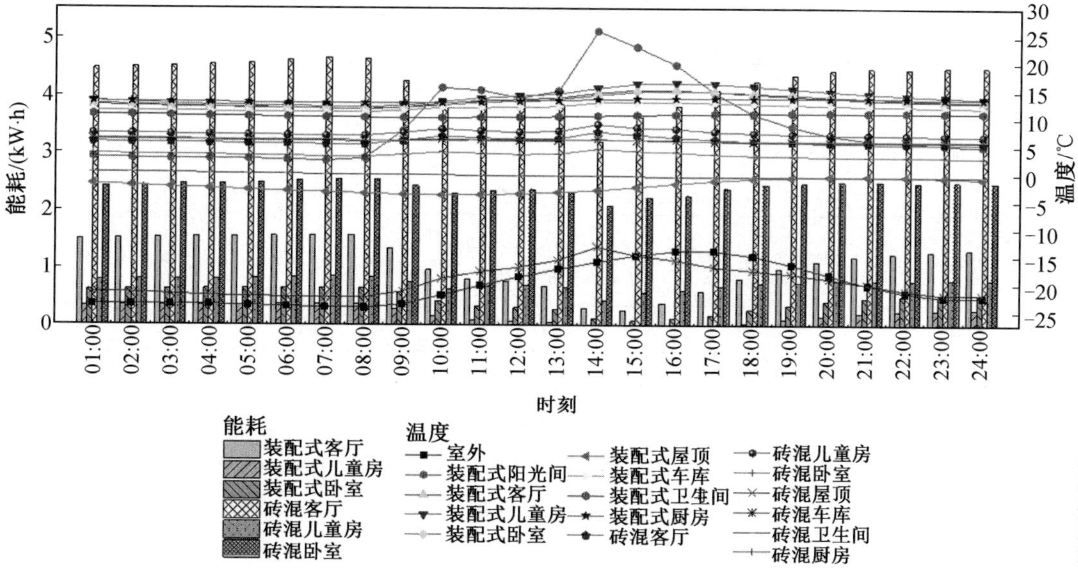

图 6.98　双层农宅最冷日逐时能耗与温度

7. 经济性分析

与砖混农宅进行成本对比，按当地农宅造价 800 元 / m^2 进行估算，单层砖混农宅面积为135.16 m^2，双层砖混农宅面积为 226.19 m^2，计算得出单层砖混农宅成本为 108 128 元，双层砖混农宅成本为 180 952 元。为验证装配式农宅的经济合理性，根据所需材料价格和建筑各部位构造及面积，对单层装配式农宅费用估算（表 6.19）和双层装配式农宅费用估算（表 6.20）进行分析可知：单层装配式农宅的成本为 113 785.82 元，相比单层砖混农宅成本多 5 657.82 元，成本投入增加 4.97%，在当地居民可接受范围内；其年节能量为 6 236.11 kW · h，按 0.6 元 / 度电费计算，每年可节约 3 741.67 元，增益回收期约为 1.51 年。而双层装配式农宅的成本为 168 389.33 元，比双层砖混农宅成本降低 12 562.67 元，成本投入减小 7.46%，而年节能量为 15 347.22 kW · h，年节约资金可达 9 208.33 元，证明双层装配式农宅更节能、成本投入更小且可大幅改善室内热环境。综上所述，单层和双层的装配式农宅均比传统单层和双层砖混农宅性价比高，具备经济合理性。

表 6.19　单层装配式农宅费用估算

成本项目	面积 / 数量 / 长度	构造	材料价格	成本
外墙	114.69 m^2	20 mm 水泥砂浆	256.86 元 / m^3	10 762.07 元
		80 mm EPS	242.2 元 / m^3	
		12 mm 石膏板	12.79 元 / m^2	
		150 mm 玻璃棉	310.5 元 / m^3	
		12 mm 石膏板	12.79 元 / m^2	

续表

成本项目	面积/数量/长度	构造	材料价格	成本
内墙	97.41 m^2	12 mm 石膏板 60 mm 玻璃棉 12 mm 石膏板	12.79 元/m^2 310.5 元/m^3 12.79 元/m^2	4 306.5 元
外窗	28.71 m^2	3 mm＋12A＋3 mm Low-E 玻璃窗	232 元/m^2	6 660.72 元
内窗	12.33 m^2	3 mm 普通单玻窗	180 元/m^2	2 219.4 元
屋顶	133.78 m^2	0.6 mm 彩钢板 150 mm 玻璃棉 0.6 mm 彩钢板	7 元/m^2 310.5 元/m^3 7 元/m^2	9 652.9 元
吊顶	122.67 m^2	20 mm 水泥砂浆 80 mm EPS 12 mm 石膏板	256.86 元/m^3 242.2 元/m^3 12.79 元/m^2	4 575.96 元
外门	1 扇	金属保温防盗门	1 500 元/扇	1 500 元
内门	8 扇	普通木门	400 元/扇	3 200 元
阳光间侧墙	3.36 m^2	12 mm 石膏板 120 mm 玻璃棉 12 mm 石膏板	12.79 元/m^2 310.5 元/m^3 12.79 元/m^2	211.14 元
轻钢结构骨架	700 m	轻钢龙骨(CH 型)	20 元/m	14 000 元
地面	135.16 m^2	30 mm 水泥砂浆 60 mm 混凝土垫层 地基(300 mm 灰土夯实、素土夯实)	256.86 元/m^3 319.93 元/m^3 200 元/m^2	30 668.02 元
人工费	135.16 m^2	—	192.58 元/m^2	26 029.11 元
总费用	—	—	—	113 785.82 元

表 6.20 双层装配式农宅费用估算

成本项目	面积/数量/长度	构造	材料价格	成本
外墙	176.97 m^2	20 mm 水泥砂浆 80 mm EPS 12 mm 石膏板 150 mm 玻璃棉 12 mm 石膏板	256.86 元/m^3 242.2 元/m^3 12.79 元/m^2 310.5 元/m^3 12.79 元/m^2	17 107.37 元

续表

成本项目	面积/数量/长度	构造	材料价格	成本
内墙	147.96 m^2	12 mm 石膏板 60 mm 玻璃棉 12 mm 石膏板	12.79 元/m^2 310.5 元/m^3 12.79 元/m^2	6 541.31 元
外窗	59.31 m^2	3 mm＋12A＋3 mm Low-E 玻璃窗	232 元/m^2	13 759.92 元
内窗	27.3 m^2	3 mm 普通单玻窗	180 元/m^2	4 914 元
屋顶	138.05 m^2	0.6 mm 彩钢板 150 mm 玻璃棉 0.6 mm 彩钢板	7 元/m^2 310.5 元/m^3 7 元/m^2	9 961 元
吊顶	77.94 m^2	20 mm 水泥砂浆 80 mm EPS 12 mm 石膏板	256.86 元/m^3 242.2 元/m^3 12.79 元/m^2	2 907.41 元
外门	1 扇	金属保温防盗门	1 500 元/扇	4 500 元
内门	8 扇	普通木门	400 元/扇	5 600 元
阳光间侧墙	6.72 m^2	12 mm 石膏板 120 mm 玻璃棉 12 mm 石膏板	12.79 元/m^2 310.5 元/m^3 12.79 元/m^2	422.28 元
楼板	77.94 m^2	50 mm 水泥砂浆 12 mm 石膏板 60 mm 玻璃棉 12 mm 石膏板	256.86 元/m^3 12.79 元/m^2 310.5 元/m^3 12.79 元/m^2	4 448.35
轻钢结构骨架	1200 m	轻钢龙骨(CH 型)	20 元/m	24 000 元
地面	135.16 m^2	30 mm 水泥砂浆 60 mm 混凝土垫层 地基(300 mm 灰土夯实、素土夯实)	256.86 元/m^3 319.93 元/m^3 200 元/m^2	30 668.02 元
人工费	226.19 m^2	—	192.58 元/m^2	43 559.67 元
总费用	—	—	—	168 389.33 元

6.9 本章小结

本章建立含集热器的农宅模型，研究集热器玻璃盖板、吸热板和保温层厚度对集热器集热效率的影响并进行参数优化，同时分析优化后的集热器对农宅室内热环境的影响，得到如下结论。

(1) 增加集热器透明玻璃盖板光学性能和保温性能可提高集热器集热效率，采用双层低铁玻璃，且空气层厚度为 12 mm 时，集热器集热效率可提高 4%。

(2) 吸热板的太阳能吸收率越高，集热器集热效率越好，当吸热板吸热率达 0.9 时，与传统集热器相比集热效率提高 2%。

(3) 增加集热器保温层厚度，可提高集热器集热效率，保温层厚度为 200 mm 时，集热器集热效果最好。

(4) 无任何采暖设施情况下，优化后的集热器内温度较传统集热器升高 3.3 ℃，集热效率升高 19%。将集热器应用到附加阳光间农宅中，采暖期内室内平均温度可升高 1.3 ℃且室内温度波动仅在 1 ℃左右；最冷日室内最高温度可达 9.8 ℃，较传统集热器下的建筑室内平均温度高 3 ℃。

根据前文对含 PCM 烟囱的优化结果，将新型阳光间与传统阳光间的热环境、建筑能耗进行对比分析，并对阳光间热惰性进行了讨论。具体结果如下。

(1) 在供暖季，新型阳光间与传统阳光间比较，在平均室温与热惰性方面表现更好，并且最低温度更高。在最冷月，新型阳光间比传统阳光间平均室温高出 2.85 ℃。

(2) 在夏季，与传统阳光间相比，新型阳光间平均室温大大低于传统阳光间，温度极值差距较大，两种阳光间在最热日的最高温度差达到了 7 ℃。

(3) 根据方差结果的对比分析，可知两种阳光间的热惰性存在差距，新型阳光间拥有更好的热惰性和热环境稳定性。

(4)PCM 在建筑节能、热环境改善和经济性方面具有潜在的应用价值，由所建模型的模拟分析可得：① 附加阳光间对降低建筑采暖能耗有着明显的效果；② 采取主被动太阳能联合利用的模型节能率远大于单独利用太阳能的建筑，其节能率高达 41.3%，对大庆地区主被动太阳能联合利用的农宅适用性研究具有积极意义。

参 考 文 献

[1] GOWREESUNKER B L,STANKOVIC S B,TASSOU S A,et al. Experimental and numerical investigations of the optical and thermal aspects of a PCM-glazed unit[J]. Energy and Buildings,2013,61:239-249.

[2] 杨秀,江亿. 中外建筑能耗比较[J]. 中国能源,2007, 29(6):21-26.

[3] 金虹,赵华. 关于严寒地区乡村住宅节能设计的思考[J]. 哈尔滨建筑大学学报,2001(3):96-100.

[4] 黄胜岚. 既有建筑节能改造实践:重庆市渝中区人民村居住区综合整治工程[D]. 重庆:重庆大学,2012.

[5] 凌伟,张泉,陈晓明,等. 夏热冬冷地区双层相变墙体与外保温墙体对比分析[J]. 新型建筑材料,2018(9):75-78,121.

[6] 刘然. 相变储能混凝土调温节能效果数值模拟[D]. 深圳:深圳大学,2016.

[7] 郭娟利,徐贺,刘刚. 相变材料与建筑围护结构蓄能一体化设计及应用[J]. 建筑节能,2017,45(10):38-42,55.

[8] 李鹏辉,胡明禹,朱婷婷. 相变蓄能采暖地板的热性能研究[J]. 建筑节能,2018,47(6):26-30,128.

[9] 中华人民共和国住房和城乡建设部. 民用建筑供暖通风与空气调节设计规范:GB 50736—2012[S]. 北京:中国建筑工业出版社,2012.

[10] GOIA F, PERINO M,SERRA V. Experimental analysis of the energy performance of a full-scale PCM glazing prototype[J]. Solar Energy,2014,100:217-233.

[11] ZHONG K C, LI S H, SUN G F, et al. Simulation study on dynamic heat transfer performance of PCM-filled glass window with different thermophysical parameters of phase change material[J]. Energy and Buildings, 2015, 106: 87-95.

[12] LI D, ZHENG Y M, LI Z W, et al. Optical properties of a liquid paraffin-filled double glazing unit [J]. Energy and Buildings,2015,108:381-386.

[13] BAKER P H,MCEVOY M. Test cell analysis of the use of a supply air window as a passive solar component[J]. Solar Energy,2000,69:113-130.

[14] YOUNG C H,CHEN Y L,CHEN P C. Heat insulation solar glass and application on energy efficiency Buildings[J]. Energy and Buildings, 2014, 78: 66-78.

[15] XAMÁN J,JIMÉNEZ-XAMÁN C,ÁLVAREZ G,et al. Thermal performance of a double pane window with a solar control coating for warm climate of Mexico[J].

Applied Thermal Engineering,2016,106:257-265.
[16] KARABAY H,ARICI M. Multiple pane window applications in various climatic regions of Turkey[J]. Energy and Buildings,2012 ,45:67-71.
[17] BAO M X,LIU X G,YANG J,et al. Novel hybrid vacuum/triple glazing units with pressure equalisation design[J]. Construction and Building Materials,2014,73: 645-651.
[18] ZHU W Y,ZHANG S H,SHIN S H,et al. Effects of pillar design on the thermal performance of vacuum-insulated glazing[J]. Construction and Building Materials,2022,316:125724.
[19] FANG Y P,HYDE T J,HEWITT N. Predicted thermal performance of triple vacuum glazing[J]. Solar Energy,2010,84(12):2132-2139.
[20] BAETENS R,JELLE B P,GUSTAVSEN A. Properties,requirements and possibilities of smart windows for dynamic daylight and solar energy control in buildings:a state-of-the-art review[J]. Solar Energy Materials and Solar Cells,2010,94(2):87-105.
[21] ARICI M,KAN M. An investigation of flow and conjugate heat transfer in multiple pane windows with respect to gap width,emissivity and gas filling[J]. Renewable Energy,2015,75:249-256.
[22] BAETENS R,JELLE B P,GUSTAVSEN A. Aerogel insulation for building applications:a state-of-the-art review[J]. Energy and Buildings,2011,43(4):761-769.
[23] IHARA T,GRYNNING S,GAO T,et al. Impact of convection on thermal performance of aerogel granulate glazing systems[J]. Energy and Buildings,2015,88:165-173.
[24] BURATTI C,MORETTI E. Experimental performance evaluation of aerogel glazing systems[J]. Applied Energy,2012,97:430-437.
[25] CHOW T T,LI C Y,LIN Z. Thermal characteristics of water-flow double-pane window[J]. International Journal of Thermal Sciences,2011,50(2):140-148.
[26] LI C Y,TANG H D. Evaluation on year-round performance of double-circulation water-flow window[J]. Renewable Energy,2020,150:176-190.
[27] LYU Y L,WU X,LI C Y,et al. Numerical analysis on the effectiveness of warm water supply in water flow window for room heating[J]. Solar Energy,2019,177:347-354.
[28] GIL-LOPEZ T,GIMENEZ-MOLINA C. Influence of double glazing with a circulating water chamber on the thermal energy savings in buildings[J]. Energy and Buildings,2013,56:56-65.
[29] LI D,MA T F,LIU C Y,et al. Thermal performance of a PCM-filled double glazing unit with different optical properties of phase change material[J]. Energy

and Buildings,2016,119:143-152.

[30] LIU C Y,WU Y Y,ZHU Y J,et al. Experimental investigation of optical and thermal performance of a PCM-glazed unit for building applications[J]. Energy and Buildings,2018,158:794-800.

[31] LIU C Y,WU Y Y,LI D,et al. Effect of PCM thickness and melting temperature on thermal performance of double glazing units[J]. Journal of Building Engineering,2017,11:87-95.

[32] LI S H,SUN G F,ZOU K K,et al. Experimental research on the dynamic thermal performance of a novel triple-pane building window filled with PCM[J]. Sustainable Cities and Society,2016,27:15-22.

[33] DURAKOVIC B,TORLAK M. Experimental and numerical study of a PCM window model as a thermal energy storage unit[J]. International Journal of Low-Carbon Technologies,2017,12:272-280.

[34] DURAKOVIĆ B,MEŠETOVIĆ S. Thermal performances of glazed energy storage systems with various storage materials:an experimental study[J]. Sustainable Cities and Society,2019,45:422-430.

[35] MCEVOY M E,SOUTHALL R G,BAKER P H. Test cell evaluation of supply air windows to characterise their optimum performance and its verification by the use of modelling techniques[J]. Energy and Buildings,2003,35(10):1009-1020.

[36] GOSSELIN J R,CHEN Q Y. A computational method for calculating heat transfer and airflow through a dual-airflow window[J]. Energy and Buildings, 2008,40(4):452-458.

[37] WEI J S,ZHAO J N,CHEN Q Y. Energy performance of a dual airflow window under different climates[J]. Energy and Buildings,2010,42(1):111-122.

[38] CARLOS J S,CORVACHO H. Evaluation of the thermal performance indices of a ventilated double window through experimental and analytical procedures: U_w-values[J]. Renewable Energy,2014,63:747-754.

[39] GLORIANT F,TITTELEIN P,JOULIN A,et al. Modeling a triple-glazed supply-air window[J]. Building and Environment,2015,84:1-9.

[40] 刘昌宇,马腾飞,李栋,等. 光学物性对含固体石蜡玻璃窗动态光热特性的影响[J]. 工程热物理学报,2018,39(4):866-870.

[41] 张兴祥,王馨,吴文健,等. 相变材料胶囊制备与应用[M]. 北京:化学工业出版社,2009.

[42] ALAWADHI E M, ALQALLAF H J. Building roof with conical holes containing PCM to reduce the cooling load:numerical study[J]. Energy conversion and Management, 2011,52(8-9):2958-2964.

[43] 张寅平,康艳兵,江亿. 相变和化学反应储能在建筑供暖空调领域的应用研究[J].

暖通空调,1999(5):34-37.
[44] 张华,徐宇工. 相变材料在建筑围护结构中的应用[J]. 河北建筑科技学院学报,2005,22(1):26-29.
[45] 吴国忠,赵岩,李栋. 新型相变坡屋顶隔热结构传热分析[J]. 大庆石油学院学报,2011,35(6):67-72.
[46] 冯佑葆. 多层住宅中被动式太阳房建筑设计的探讨[J]. 天津大学学报,1982(S1):27-36.
[47] 邱长存. 临沂地区多层住宅外围护结构被动式节能优化研究[D]. 沈阳:沈阳建筑大学,2016.
[48] 王佳. 我国采暖地区低技术集合住宅节能研究:以阳光间设计为核心[D]. 北京:北京交通大学,2012.
[49] 吕环宇. 被动式太阳房阳光间对寒地村镇住宅室内热环境影响研究[D]. 哈尔滨:哈尔滨工业大学,2013.
[50] 向杰. 被动式太阳能在夏热冬冷地区应用的可能性初探 —— 夏热冬冷地区建筑设计研究子课题分项[D]. 武汉:华中科技大学,2003.
[51] 张国艳,丁昀,杨庆,等. 基于Energyplus的附加阳光间式太阳房节能分析[J]. 土木建筑与环境工程,2015,37(S1):32-35.
[52] 金虹,周春艳. 寒冷地区农村组合式太阳房的节能性分析[J]. 哈尔滨工业大学学报,2008,40(12):2007-2010.
[53] 陈明东,史宇亮,刘学兵. 附加阳光间型被动式太阳房供暖实验研究[J]. 太阳能学报,2012,33(6):944-947.
[54] EDLIN F E. Plastic glazing for solar energyabsorbtion collectors[J]. Solar Energy,1958,2(2):3-6.
[55] MICHALOPOULOS D,MASSOUROS G. The effect of glazing on solar collectors[J]. Energy,1994,19(8):911-918.
[56] BEVILL V D,BRANDT H. A solar energy collector for heating air[J]. Solar Energy,1968,12(1):19-29.
[57] CHANG W,WANG Y F,LI M. The theoretical and experimental research on thermal performance of solar air collector with finned absorber[J]. Energy Procedia,2015,70:13-22.
[58] KARIM M A,PEREZ E,AMIN Z M. Mathematical modelling of counter flow v-grove solar air collector[J]. Renewable Energy,2014,67:192-201.
[59] AGATHOKLEOUS R,BARONE G,BUONOMANO A,et al. Building façade integrated solar thermal collectors for air heating:experimentation,modelling and applications[J]. Applied Energy,2019,239:658-679.
[60] LI X L,LI C,LI B J. Net heat gain assessment on a glazed transpired solar air collector with slit-like perforations[J]. Applied Thermal Engineering,2016,99:1-10.

[61] 季杰,马进伟,孙炜,等. 一种新型双效太阳能平板集热器的光热性能研究[J]. 太阳能学报,2011,32(10):1470-1474.

[62] 车永毅,厚彩琴. 太阳能平板集热器关键参数对其热性能的影响[J]. 建筑节能,2016,44(11):28-33.

[63] 朱丹. 哈尔滨地区节能窗传热系数的研究[D]. 哈尔滨:哈尔滨工业大学,2012.

[64] 代金,姜曙光,周洋. 新疆寒冷地区外窗对住宅能耗的影响[J]. 石河子大学学报(自然科学版),2018,36(6):746-752.

[65] JIANG W,LIU B,ZHANG X,et al. Energy performance of window with PCM frame[J]. Sustainable Energy Technologies and Assessments,2021,45:101109.

[66] LI D,WU Y Y,ZHANG G J,et al. Influence of glazed roof containing phase change material on indoor thermal environment and energy consumption[J]. Applied Energy, 2018,222:343-350.

[67] ZIAPOUR B M,RAHIMI M,GENDESHMIN M Y. Thermoeconomic analysis for determining optimal insulation thickness for new composite prefabricated wall block as an external wall member in buildings[J]. Journal of Building Engineering,2020,31:101354.

[68] DAOUAS N,HASSEN Z,AISSIA H B. Analytical periodic solution for the study of thermal performance and optimum insulation thickness of building walls in Tunisia[J]. Applied Thermal Engineering,2010,30(4):319-326.

[69] ANH H L D,PÁSZTORY Z. An overview of factors influencing thermal conductivity of building insulation materials[J]. Journal of Building Engineering,2021,44:102604.

[70] LEE C,WON J S. Analysis of combinations of glazing properties to improve economic efficiency of buildings[J]. Journal of Cleaner Production,2017,166:181-188.

[71] HUERTO-CARDENAS H E,LEONFORTE F,ASTE N,et al. Validation of dynamic hygrothermal simulation models for historical buildings:state of the art,research challenges and recommendations[J]. Building and Environment,2020,180:107081.

[72] JI Y C,WANG Z J,NING H R,et al. Field investigation on indoor thermal environment at a rural passive solar house in severe cold area of China[J]. Procedia Engineering,2015,121: 596-603.

[73] TUHUS-DUBROW D,KRARTI M. Genetic-algorithm based approach to optimize building envelope design for residential buildings[J]. Building and Environment,2010, 45(7):1574-1581.

[74] LEE J W,JUNG H J. PARK J Y,et al. Optimization of building window system in Asian regions by analyzing solar heat gain and daylighting elements[J]. Renewable Energy,2013,50:522-531.

[75] JIANG W, LIU B, LI Q, et al. Weight of energy consumption parameters of rural residences in severe cold area[J]. Case Studies in Thermal Engineering, 2021, 26: 101131.
[76] 中华人民共和国住房和城乡建设部. 严寒和寒冷地区居住建筑节能设计标准:JGJ 26—2018[S]. 北京:中国建筑工业出版社,2018.
[77] MA L Y, ZHANG X, LI D, et al. Influence of sunspace on energy consumption of rural residential buildings[J]. Solar Energy, 2020, 211: 336-344.
[78] KLASSEN M S, SUTULA J A, HOLTON M M, et al. Transmission through and breakage of multi-pane glazing due to radiant exposure[J]. Fire Technology, 2006, 42: 79-107.
[79] LI D, AI Q, XIA X L, et al. Optical constants effect on laminar natural convection and radiation in rectangular enclosure with one vertical semitransparent wall[J]. International Journal of Heat and Mass Transfer, 2013, 67: 724-733.
[80] WANG F Q, LAI Q Z, HAN H Z, et al. Parabolic trough receiver with corrugated tube for improving heat transfer and thermal deformation characteristics[J]. Applied Energy, 2016, 164: 411-424.
[81] WANG F Q, SHUAI Y, TAN H P, et al. Thermal performance analysis of porous media receiver with concentrated solar irradiation[J]. International Journal of Heat and Mass Transfer, 2013, 62: 247-254.
[82] ISMAIL K A R, SALINAS C T, HENRIQUEZ J R. Comparison between PCM filled glass windows and absorbing gas filled windows[J]. Energy and Buildings, 2008, 40(5): 710-719.
[83] KONG X F, LU S L, LI Y R, et al. Numerical study on the thermal performance of building wall and roof incorporating phase change material panel for passive cooling application[J]. Energy and Buildings, 2014, 81: 404-415.
[84] HICHEM N, NOUREDDINE S, NADIA S, et al. Experimental and numerical study of a usual brick filled with PCM to improve the thermal inertia of buildings[J]. Energy Procedia, 2013, 36: 766-775.
[85] LI D, WU Y Y, LIU C Y, et al. Energy investigation of glazed windows containing Nano-PCM in different seasons[J]. Energy Conversion and Management, 2018, 172: 119-128.
[86] SOUAYFANE F, BIWOLE P H, FARDOUN F. Thermal behavior of a translucent superinsulated latent heat energy storage wall in summertime[J]. Applied Energy, 2018, 217: 390-408.
[87] LI D, ZHANG C J, LI Q, et al. Thermal performance evaluation of glass window combining silica aerogels and phase change materials for cold climate of China[J]. Applied Thermal Engineering, 2020, 165: 114547.
[88] BERTHOU Y, BIWOLE P H, ACHARD P, et al. Full scale experimentation on a

new translucent passive solar wall combining silica aerogels and phase change materials[J]. Solar Energy,2015,115:733-742.

[89] IENNARELLA S,SERRA V,LO VERSO V R M. A novel concept of a responsive transparent façade module: Optimization of energy performance through parametric design[J]. Energy Procedia,2015,78:358-363.

[90] ESLAMI M,NAHANI P. How policies affect the cost-effectiveness of residential renewable energy in Iran:a techno-economic analysis for optimization[J]. Utilities Policy,2021,72:101254.

[91] CUZZILLO B R,PAGNI P J. Thermal breakage of double-pane glazing by fire[J]. Journal of Fire Protection Engineering,1998,9(1):1-11.

[92] FAUDZI F B M,SCHULZ J,DODD G. Qualitative assessment of fire hazard posed by laminated glass balcony balustrades on fire spread[J]. Fire Technology,2021,57:1951-1967.

[93] YIN F,LIU M Y,BAI Y,et al. Experimental study on failure mechanism of point-supported tempered glass panels under fire conditions[J]. Structures,2021,30:495-502.

[94] KOŠTIAL P,JANČÍKOVÁ Z K,FRISCHER R. Case study on fire resistance of sandwiches for means of transport[J]. Coatings,2021,11:207.

[95] XIE Q M,WANG T,GUO S S,et al. A comparative study of statistical methods for critical parameters at tempered glass fallout in an enclosure fire[J]. Construction and Building Materials,2021,266: 121033.

[96] SHIELDS T J,SILCOCK G W H,FLOOD M. Performance of a single glazing assembly exposed to a fire in the centre of an enclosure[J]. Fire and Materials,2002,26(2):51-75.

[97] WANG Q S,WANG Y,ZHANG Y,et al. A stochastic analysis of glass crack initiation under thermal loading[J]. Applied Thermal Engineering,2014,67(1-2):447-457.

[98] 张庆文. 受限空间火灾环境下玻璃破裂行为研究[D]. 合肥:中国科学技术大学,2006.

[99] WANG Y,WANG Q S,WEN J X,et al. Investigation of thermal breakage and heat transfer in single, insulated and laminated glazing under fire conditions[J]. Applied Thermal Engineering,2017,125:662-672.

[100] 中华人民共和国住房和城乡建设部. 建筑玻璃应用技术规程:JGJ 113—2015[S]. 北京:中国建筑工业出版社,2015.

[101] WANG Y,LI K,SU Y F,et al. Determination of critical breakage conditions for double glazing in fire[J]. Applied Thermal Engineering,2017,111:20-29.

[102] WARREN P D. Fracture of brittle materials:effects of test method and

threshold stress on the Weibull modulus[J]. Journal of the European Ceramic Society,2001,21(3):335-342.

[103] 陆伟,陈昊东,王青松,等. 风载荷作用下火灾中玻璃首次破裂时间和应力分布模拟预测[C] // 陆新征.第26届全国结构工程学术会议论文集(第 Ⅲ 册). 北京:《工程力学》杂志社,2017:471-475.

[104] 程旭东,谢启源,李立明,等. 非均匀辐射条件下浮法玻璃破裂行为实验研究[J]. 工程热物理学报,2010,31(7):1255-1259.

[105] DALAL R,NAYLOR D,ROELEVELD D. A CFD study of convection in a double glazed window with an enclosed pleated blind[J]. Energy and Buildings, 2009,41(11): 1256-1262.

[106] GOIA F,PERINO M,HAASE M. A numerical model to evaluate the thermal behaviour of PCM glazing system configurations[J]. Energy and Buildings, 2012,54:141-153.

[107] 杨柳,刘加平. 利用被动式太阳能改善窑居建筑室内热环境[J]. 太阳能学报, 2003(5):605-610.

[108] 王选,聂晶晶,何涛,等. 青海省藏区被动式太阳房全年室温模拟分析[J]. 建筑科学,2010(8):102-106.

[109] 姜伟,刘功良. 改性复合稻草砖的综合性能分析与应用[J]. 建筑节能,2010, 38(6): 54-56.

名 词 索 引